普通高等教育汽车类专业"十二五"规划教材

汽车鉴定估价与回收

主　编　姚　明　王文山
副主编　范炳良　熊　新　黄大星　杨效军
主　审　葛如海

国防工业出版社
·北京·

内 容 简 介

本书主要介绍旧机动车鉴定评估与回收相关的基本理论和基本方法，以及针对车辆故障及事故造成的贬值分析。内容包括：旧机动车鉴定评估概述、旧机动车技术状况的鉴定、影响汽车评估价格的故障及诊断、车辆损耗贬值及其计算方法、旧机动车评估的基本方法、汽车碰撞损失评估、旧机动车鉴定评估报告、旧机动车的市场交易等。本书力求涵盖旧机动车鉴定评估及回收等各方面的知识，并且客观地反映出目前国内旧机动车市场运作的实际状况和具体操作程序。

本书可作为高等学校汽车运用服务工程专业的教材，也可供交通运输、载运工具运用工程等专业的学生使用，还适合从事汽车定价、销售、信贷人员，汽车保险的审核人员，旧机动车的经销代理及鉴定评估人员阅读参考。

图书在版编目（CIP）数据

汽车鉴定估价与回收 / 姚明，王文山主编 . —北京：国防工业出版社，2012.8

普通高等教育汽车类专业"十二五"规划教材

ISBN 978-7-118-08177-0

Ⅰ.①汽⋯ Ⅱ.①姚⋯ ②王⋯ Ⅲ.①汽车—鉴定—高等学校—教材 ②汽车—价格评估—高等学校—教材 Ⅳ.①U472.9②F766

中国版本图书馆 CIP 数据核字（2012）第 177008 号

※

国防工业出版社出版发行

（北京市海淀区紫竹院南路 23 号　邮政编码 100048）

国防工业出版社印刷厂印刷

新华书店经售

*

开本 787×1092 1/16　印张 15½　字数 357 千字

2012 年 8 月第 1 版第 1 次印刷　印数 1—4000 册　定价 29.00 元

（本书如有印装错误，我社负责调换）

国防书店：(010) 88540777　　　发行邮购：(010) 88540776

发行传真：(010) 88540755　　　发行业务：(010) 88540717

普通高等教育汽车类专业"十二五"规划教材

编审委员会

编写委员会

前　言

随着我国经济的迅猛发展，汽车已经从原先的生产资料逐步转变为提高人民生活质量的消费品而进入千家万户。尤其是 2003 年以来，轿车进入家庭的速度越来越快，也促进了汽车工业的迅猛发展。2004 年我国汽车产量已经位于全球第四，2009 年，我国汽车销量已经超过美国，产量超过美国、日本之和，产销量均位居世界第一。这迅速增长的数字的背后，预示着一个巨大的潜在的旧汽车的交易市场。

随着旧机动车交易量的迅速上升，为了促进旧机动车交易的健康正常发展，迫切需要具有旧机动车相关鉴定评估经验的人员。同时，与汽车相关的评估行为也越来越多，如旧机动车的典当、质押评估，汽车保险中的保险价值评估，事故汽车的损失评估，旧机动车的回收评估等。

本书力求能较全面地涵盖旧机动车鉴定估价及回收相关方面的基本理论知识和实践知识，同时结合国家现行的相关管理法规和标准，介绍了旧机动车交易中的运行规律和运作方式，并辅以一定的实例。本书理论体系合理，内容循序渐进，具有较强的可读性和实用性。

全书由姚明和王文山任主编，范炳良、熊新、黄大星、杨效军任副主编，其中第一章、第三章由扬州大学的王文山编写，2.1 节、2.2 节由常熟理工学院的范炳良编写，2.3 节由盐城工学院的熊新编写，第四～六章及附录由江苏大学的姚明编写，第七章由韶关学院的黄大星编写，第八章由山东交通职业学院的杨效军编写。全书由姚明负责统稿，江苏大学的葛如海教授担任主审。

本书的编著过程中，引用了国内外相关的期刊、文献等资料，在此谨向有关资料的作者表示感谢。由于编者水平有限，加之经验不足，书中难免还有不足和疏漏之处，恳请广大读者批评斧正。最后，感谢所有支持与参加本书编著与出版的相关人士。

目　录

第一章 概 述

1.1 旧机动车相关的几个概念

1.1.1 旧机动车交易市场

1. 旧机动车交易市场的内涵

旧机动车交易是指买主和卖主进行旧机动车商品交换和产权交易。由于政府对机动车辆实行严格的管理，旧机动车的产权只能在旧机动车市场中进行交易、转换。因而，为满足旧机动车的产权流动而建立的旧机动车产权交易市场，其主要业务就是接受产权交易双方委托并撮合成交，以及对旧机动车交易及产权转换的合法性进行审查。

2. 旧机动车交易市场的功能

旧机动车交易市场是机动车商品二次流动的场所，它具有中介服务商和商品经营者的双重属性。具体而言，旧机动车交易市场的功能有：旧机动车鉴定评估、收购、销售、寄售、代购代销、租赁、置换、拍卖、检测维修、配件供应、美容装饰、售后服务，以及为客户提供过户、转籍、上牌、保险等服务。此外，旧机动车交易市场还应严格按国家有关法律、法规审查旧机动车交易的合法性，坚决杜绝盗抢车、走私车、非法拼装车和证照与规费凭证不全的车辆上市交易。

3. 旧机动车交易市场的形式

随着旧机动车交易市场的发展，目前在我国已有多种旧机动车交易市场形式，常见的有旧机动车交易市场、旧机动车经营公司、旧机动车置换公司、旧机动车经纪公司和经纪人等。但旧机动车经纪公司和经纪人只能在旧机动车市场中进行旧机动车的撮合成交。

随着旧机动车市场的发展和壮大，旧机动车超市和旧机动车园区也在逐渐形成和发展。其主要功能是在一般旧机动车市场的基础上，引入了汽车文化、科技、科普教育、展示、旅游、娱乐等多项功能。

总之，随着我国机动车保有量的不断增加，旧机动车市场的发展前景将是一片光明，二手车产品的流通，逐渐成为一种朝阳产业，已成不争的事实。

1.1.2　机动车与旧机动车、汽车

1. 机动车与旧机动车的内涵

机动车是指由金属及其他材料制成，并由若干零部件装配起来的机械结构，在一定的动力驱动或牵引下，能够自行行驶，并可完成某些专项工作的车辆。如汽车可在公路上运行，同时完成载客或载货的工作；装载机可在货场中完成短距离搬运物品并装卸货物的工作。

机动车区别于非机动车的本质特征有两点：一是机动车具有轮式或履带式行走系统；二是具有动力装置。

旧机动车是指在公安交通管理机关登记注册，在达到国家规定的报废标准之前或在经济使用寿命期内服役，并仍可继续使用的机动车辆。这与《旧机动车流通管理办法》中的定义是一致的。

2. 机动车的分类

（1）按照公安交通管理机关对机动车辆的管理，可将机动车分为：汽车、拖拉机、农用运输车、轮式专用机械、摩托车、电车、挂车 7 大类。其中轮式专用机械系指有特殊结构和专门功能，可在道路上自行行驶的轮式工程机械，其设计行驶速度应等于或小于 50km/h。它一般包括叉车、装载机、挖掘机和其他专用机械。而设计速度大于 50km/h 的轮式自行专用机械按汽车分类。挂车本身无驱动装置，由牵引车辆牵引行驶，从行驶的安全性考虑，亦列为机动车辆之类。

（2）按照国家对机械产品的用途，可将机动车分为：公路运输机械、农业机械、工程机械、起重运输机械。公路运输机械主要指各类汽车、摩托车；农业机械主要指拖拉机、农用运输车辆；工程机械是指设计行驶速度在 50km/h 以下的专用机械；起重运输机械主要是指短距离运输的车辆，如叉车、电瓶车等。

3. 汽车

汽车一般是指本身具有动力装置，由动力驱动，具有 4 个或 4 个以上车轮的非轨道承载的车辆，它主要用于：载运人员和（或）货物；牵引载运人员和（或）货物的车辆。汽车也包括与电力线相联的车辆，如无轨电车；整车整备质量超过 400kg 的三轮车辆。

从广义来说，汽车的范畴也包括汽车列车在内。汽车列车一般由一节有动力装置的牵引车和一节或两节无动力装置的挂车组成。

汽车是机动车辆中，应用最广、数量最大、最普通、最常见，与广大人民群众关系最为密切的一种机动车辆。所以，若不作特别说明，本书中所谓的机动车和旧机动车，均指的是汽车和旧汽车，而鉴定评估的有关内容，也是以旧汽车为主。希望读者能通过学习旧汽车的鉴定评估技术，举一反三，触类旁通，从而能鉴定评估其他旧机动车。

1.2　旧机动车市场的形成与发展

1.2.1　从斯隆的"销售四原则"说起

阿尔弗雷德·斯隆是美国最大的汽车工业公司——通用公司历史上贡献最大的总裁和董事长，他对通用公司作出了不可磨灭的巨大贡献。

斯隆担任通用公司总裁的初期，就对通用汽车公司进行了一系列重大改革，这些改革适应了当时美国经济发展的新潮流。他的改革措施集中体现在以下 3 个方面。

首先，他为通用公司建立了"分散经营，协调控制"的管理体制。在半个多世纪以后，这个体制仍然指导着今天的通用汽车公司，除了进一步完善之外，没有发生根本性的改变。

其次，他创建了技术研发中心，奠定了通用汽车公司逢凶化吉、长盛不衰的产品技术基础。公司每年均要投入巨额资金来保障科研和技术发展工作的稳定进行。通用公司每年所花的科研与发展费用，均为其销售额的 3% 以上，其中绝大部分直接用于技术开发。

第三，斯隆在就任总裁后不久，就提出了著名的"销售四原则"，即"分期付款、旧车折价、年年换代、密封车身"4 条销售原则。根据这 4 条原则，通用公司迅速拉开了产品的档次，以适应不同顾客的需求，从而在根本上挽救了濒临绝境的通用公司，并使之走上健康发展的光明大道。

斯隆这 4 条销售原则一实施，很快使福特公司和通用公司的市场占有率完全调换了一个位置。通用公司由原来 10% 的市场占有率，一下提升为 56%；而福特公司的市场占有率则正好由 56% 以上，下降到 10%。这样的奇迹，不是偶然的，是因为斯隆的 4 条销售原则是以科学认识为基础的，顺应了市场的发展。从 1928 年以后，通用公司一直是美国和世界上最大的汽车工业公司，直至现在。

销售 4 原则中的"旧车折价"就是所谓的置换和旧机动车收购。这条原则不仅减轻了顾客买新车时经济上的负担，而且延伸了产业链条，扩展了汽车产业的下游产业链条，扩大了下游产业的利润空间，开辟了汽车产业新的服务系统，使汽车产业增加了金融服务、旧机动车服务的内容。

斯隆前瞻性地洞察到了当时汽车产业的发展方向。到 1926 年，当时世界汽车的保有量达 2000 万辆，大部分汽车在美国本土，这些汽车新旧杂陈，然而最后都免不了转手出卖。为此，旧机动车便夺去了被福特公司统治了近 20 年之久的廉价汽车市场，并使后来任何廉价汽车制造商也都无法与旧机动车的价格竞争。甚至，有时只需花 10 美元 ~15 美元就可买到一辆便宜的旧机动车。此外，这时人们开始认识到汽车不仅是一种交通工具，而且还是财富和地位的象征，也是健康文明生活不可缺少的一种基本日常需求。随着美国公众所拥有的汽车数量日益增多，以旧换新的交易自然兴旺起来。置换来的旧机动车除少数已达到使用寿命期，需报废外，大多只要稍加维护保养或修理、换件，仍可继续使用。为此，汽车经销商可从收旧卖新的经销过程中，获得更大的利润。经销商乐此不疲，从而使旧机动车市场迅速发展起来。与此同时，以旧换新的竞争也越来越激烈。竞争的结果使旧机动车的消费者得到更多的实惠。最终，旧机动车的销售和新车销售一样，消费者可享受到售后服务、配件供应、质量保证等优惠服务。

斯隆这4条销售原则的实施，开辟了旧机动车销售的先河。从此旧机动车市场就迅猛发展起来。目前，在发达国家，旧机动车的销售量和利润额均成倍地超过新车的销售量和利润额。

1.2.2　旧机动车产生的原因与市场需求

1. 旧机动车产生的原因

旧机动车产生的原因多种多样，其中车源充足、消费者需求旺盛是旧机动车市场兴旺发达的主要条件。旧机动车产生的其他主要原因有如下方面。

1）喜新厌旧的消费心理

从前述的"销售4原则"中可以看出，斯隆那个时候就窥视到人们对汽车的消费心理，提出汽车生产要"年年换代"的原则，也就是要不断地推出新车，以满足消费者"喜新厌旧"的消费心态。

旧机动车交易市场买卖双方的需求不同，其心理动机也不一样，他们都有各自的政治经济背景。作为卖者，有的受求新心理动机的驱使，不断玩新车、卖旧车；有的是在政治或经济上到位后，为满足自尊和显耀心理的需要，要求换档次更高的名牌车辆，以象征自己的名誉、地位和个人能力。作为旧机动车的买者，则受求实、求便、求廉等心理动机的驱使，他们重视车辆的实际效用，以图省钱省事。买卖双方虽有不同心理，但有一点是相通的，那就是都认识到，汽车不再是一种单纯的交通运输工具，而且还是人们地位和财富的象征，是自尊、显耀心理的外部表现；同时也是求快、求便、求美、求舒适、求健康心理的体现。

此外，提倡超前消费，今天花明天甚至后天钱的观念，越来越被广大中、青年所接受。再加上方便的车贷服务，这些都为汽车消费市场起到了"推波助澜"的作用。

在西方发达国家，中产阶级是一个主要的庞大消费群体，他们购车以新车为主，注重的是新车的档次、品质、安全和可靠性，而非价格。通常在4年～5年更新一次，条件更好点的3年就更新车辆。在日本，绝大多数人5年肯定要卖旧车，换新车；条件更好一点的2年～3年就换新车；条件差的7年也一定要更换车辆；极个别经济条件很差的用到10年才换新车。为此，世界上大的汽车公司，一个新的品牌型号的车辆，通常只生产5年就下线，不再生产。例如，奥拓轿车，1985年投入生产，到1990年生产线上一天才有两辆车下线，该车型基本下线停产了。另外，西方发达国家多数家庭不止拥有一辆车，通常均有两辆车，甚至3辆车。这样更新时间短，更新率就高，产出的旧机动车就多，这是旧机动车产生的主要渠道。

在进入21世纪以后，我国人均收入不断增长，富裕人群增多。在深圳、广州、上海、北京、浙江等城市和地区，形成了一个较大的高收入阶层，他们已经成为稳定的汽车消费群体，从而推动我国换车消费逐年升温。

2）消费观念不成熟

消费观念不成熟就是理性消费欠缺。经历市场经济的时间越长，消费者成熟程度也越高，消费起来就更理性一些。但总有一部分人过分的自尊、求新或显耀心理作祟，过分地追求时髦，盲目攀比，购车时考虑不周，对车辆缺乏全面了解，一时冲动，买了新车。使用后，发现新买的"爱车"并不值得热爱，一些毛病使自己心里不痛快，例如，乘坐并不舒适、车内空间小、动力不足、提速慢、油耗高等，就想处理现有车辆，从而将车送入二手车市场。还有的人，看见以前的同学、同事或邻居买了新车，就觉得条件不比人差，随即产生要买一辆比其高一档次的新车，炫耀一下的念头，并没有考虑到购车的用途以及车辆的养护和维修等使用开支。车的档次越高，使用费用也越高。若车辆闲置不用，车辆也有自然老化的损耗，时间越长，贬值率越高。这样，只好将车送入旧机动车市场。

汽车就像计算机一样，是一种消耗性商品，它不可能保值（除古董车外），更不可能升值，随着时间的推移，只会越来越贬值，消费者必须清楚这一点。

此外，由于市场油价不断攀升，汽车的使用费用越来越高，而且这种趋势没有缓解的迹象。事实上，石油这种不可再生的资源，开采量逐年增加，开采难度越来越大，成本也逐渐上升，导致国际市场原油价格上升的趋势是不可遏制的。在世界原油市场这个大环境的影响下，我国的油价逐年上升的趋势是不可逆转的。

另一方面，我国的用车环境还不是很理想。特别是在一些大城市，如北京、上海等，过桥费、过路费、停车费等费用还是很高的。

还有就是国家的宏观政策的影响，例如环境政策的变化，汽车尾气排放已经开始执行国Ⅲ标准，部分城市已经提前执行国Ⅳ标准，这些都将使已有车辆产生贬值，从而提高汽车的使用费用。

消费者在购车时，对上述实际情况考虑不周，缺乏理性，则容易成为旧机动车的车源点。

3）车主收支失衡

无论在国外还是国内，许多车主都是通过银行贷款购车。由于各种各样的原因，如由于车的档次较高，车价高，每月还贷超出车主的实际承受能力，难于还贷，又如车主买车时，只考虑到买车的钱，而未仔细考虑使用过程中，各种规费及维护保养等各项支出，使用中，发现超出自己的支付能力，这样手中的车就可能成为欲出售的旧机动车。

4）企业、政府部门或个人的产权变动

有的企业或公司在进行合作、合资、合并、兼并、联营、企业分设、企业出售、股份经营、租赁、破产时，也可能会产生欲出售的机动车辆，这些欲出售的机动车辆也是旧机动车的重要来源。

此外，我国政府部门按规定要配公务用车，而且数量较大，一般均为中、高档车。由于各种原因，需要更换。这些公务用车也将流入旧机动车市场，但多半以拍卖方式出售。

而个人由于资金发生困难，需要将"爱车"抵押或典当来进行融资，当事人用自己的车辆作为抵押物与融资的贷款方签订合同。这样提供车辆的一方为抵押人，接受抵押车辆的一方为抵押权人。当抵押人不能履行合同的义务时，抵押权人有权将抵押车辆根据合同的有关条款，在法律允许范围内，将抵押车辆变卖，从变卖的价款中优先受偿。这些欲变卖的车辆也是旧机动车的一个重要来源。

2. 旧机动车的市场需求

前已述及，早在 20 世纪 20 年代，斯隆就已看出旧机动车的市场机会，提出"旧车折价"的销售原则，以便以旧换新，从而开创了旧机动车市场的先河。市场经济就是这样，凡是消费者未能满足的需求，就是市场机会，寻找市场机会，首先就要分析市场，准确地把握住市场机会，积极进入该市场，从而获得丰厚的利润。

目前世界汽车保有量超过 7 亿辆，在西方发达国家，汽车的保有量多则上亿辆，少则千万辆。美国汽车保有量就达 2.4 亿多辆，所产生的旧机动车数量也是很大的。在这样的一些国家，一般中产阶级以下的消费者大都以购买旧机动车为主。旧机动车的价格通常不足新车价格的 1/2，而且这类车还能可靠地使用 3 年 ~4 年之久。使用后的贬值率要比新车小得多，若再转手卖掉，还可卖到新车价格的 20% 左右。这样再转手卖掉的旧机动车，大多流向收入很低或者没有收入的人群。在美国和日本，主流旧机动车的价格大概折合人民币约 2 万元，比新车要便宜得多。正因为旧机动车很便宜，在日本可看到很多五六成新的车，作报废处理。因此，旧机动车是学生或年轻的驾车新手的理想选择。在美国和德国，有时会碰到车主把自己用过的车，白送给人，不要一分钱，但办理过户手续需要收车的人自己去跑。

在工业发达国家，旧机动车年交易量是新车的 2 倍 ~3 倍。交易量极大，需求一直很旺盛。而我国是个人口众多的大国，目前，我国的汽车保有量已经超过 1 亿辆。随着汽车保有量的增长，旧机动车市场的需求也在逐年增加，特别是北京和上海这样的特大型城市，二手车市场的发展是极快的。在北京 2010 年旧机动车的年销售量已接近新车，而且发展势头不减。在上海，2010 年汽车保有量约为 270 万辆，仅为北京的 60%，但旧机动车的交易量却很大。其原因可能是新车上牌比较困难，费用过高，在拍卖市场一个新车牌号的价格均在 5 万元以上。

此外，北京和上海的旧机动车，有相当一部分都销售到郊区和周边省份的中、小城市和乡村去了。据调查，辽宁和河南新乡地区就有专门的旧机动车采购团体，常驻北京旧机动车市场，成批采购旧机动车到相关地区去销售，从而获得不菲的利润。上海也一样，远郊区和周边中、小城市是旧机动车销售的热点地区。杭州就有采购团体常驻上海，成批采购不带牌照的旧机动车到浙江各地去销售，在销售地重新上牌，投入使用。

上述情况可知，我国国民消费水平有很大的地域性差异，这是符合我国目前经济发展的实际状况的。我国目前还存在城乡之间，大城市与中、小城市之间，东、西部之间的区域性经济发展差异，居民的收入水平和消费水平也存在同样的梯度性差异。我国居民对汽车的需求是极旺盛的，需求是多层次的。旧机动车降低了居民的消费门槛，能满足城乡和地域不同居民的多档次、多品种、低价位的消费需求。

从总体上来看，我国居民收入水平还不高，汽车更新的周期还比较长。另一方面，由于我国汽车总的保有量还不多，造成旧机动车车源有限，从总体上来说，旧机动车还处于供不应求的状态，结果导致旧机动车市场价格比发达国家高出许多，但旧机动车的交易价格有逐年下降的趋势，这是正常的。

1.2.3　国内旧机动车市场的特点

由于我国汽车保有量还远未达到饱和状态，汽车进入家庭的时间还不长，大多数家庭还是刚刚购买了第一辆车，绝大多数还未到换车的时候，旧机动车市场出现井喷式增长尚需时日。然而，旧机动车市场仍然蕴涵着巨大的增长潜力，我国旧机动车市场将会在未来几年内进入高速增长阶段。

同时，我国旧机动车市场新的竞争态势逐渐形成，交易形式由集中交易模式向多元化主体经营模式转变，新老经营主体通过各种途径不断提升服务质量，以适应不断变化的市场需求。国家有关部委相继出台一系列有利于旧机动车市场规范发展的政策，旧机动车行业组织日渐成熟，都昭示我国旧机动车市场迈入了新的发展阶段，旧机动车市场要比新车更具拓展空间。

尽管如此，我国旧机动车交易还不是很完善。由于技术性较强，业务构成较复杂，涉及的部门较多。从整体上看，我国旧机动车交易市场还存在发展水平偏低，交易量不大，价格偏高，交易功能单一，不够灵活，鉴定评估水平较低，缺乏整体的评估体系，流通领域缺乏健全的法规和科学的管理体系等问题。

1. 交易量较小，价格偏高

我国经济发展水平还不很高，生活水平还正在向建设全面小康的方向努力，远没有达到 3 年～5 年就换一次车的水平。规定的汽车报废年限较长。这种种原因，导致进入旧机动车市场的汽车总量有限。相反，市场需求却较旺盛。特别是年青一代，对拥有一辆自驾车有着强烈的愿望。全国目前尚有 1000 多万持有驾照而无车开的人，其中绝大多数是青年人。若干年后，也许汽车会像目前的手机一样普及。由于需求旺盛，旧机动车价格自然就会偏高。旧机动车价偏高，利润空间就较大，利润较丰厚。目前经营新车的利润一般在 10% 以下，低的只有 3%～5%。而旧机动车一般的经营利润均在 10% 以上，有的达 20%，甚至更多。

2. 经营模式开始转变，但交易功能单一，不够灵活

近来，国家有关部委发布了一系列有利于规范旧机动车市场的政策法规，从而打破了过去经营主体单一的模式，而向经营主体多元化格局转变。一批新车制造商、新车销售商，纷纷下海试水旧机动车经营业务，并且在注重品牌效应、连锁经营、售后服务等更高层面上开始了规模化经营的尝试。新车经销商直接在旧机动车市场摆摊设点，或与旧机动车交易市场、经纪公司联手参与旧机动车经营活动。各地拍卖企业也纷纷尝试进行旧机动车实地拍卖和网络拍卖，都取得了满意的效果。国际知名旧机动车交易企业也跃跃欲试进入我国旧机动车市场。一个以旧机动车交易市场、旧机动车经纪公司为传统力量，旧机动车经营、旧机动车拍卖、旧机动车置换等众多新兴主体参与多元化旧机动车经营格局已初步形成，实现了经营主体由单一模式向多元化经营格局的转换。

尽管旧机动车经营格局发生了变化，但经营范围较窄，功能单一，经营方式也不够灵活的情况，尚无大的变化。多数旧机动车交易市场仅局限于提供场地，办理手续，粗略地评估，收取评估费和交易费，功能过于单一。缺乏现代化经营手段，旧机动车交易

市场的功能作用远未挖掘和发挥。各地的旧机动车交易仍以代理为主，而收购、寄售、代销、租赁、拍卖等多种经营方式尚未普遍开展。至于跨地区的流通网络更是严重滞后，信息不畅。今后必须努力拓宽服务领域，延伸服务产业链，变单一功能为多环节的一条龙服务。给企业找到新的利润增长点，为旧机动车交易市场在新的形势下，实现可持续发展，提供新的思路和支撑点。

3. 评估质量不高，缺乏市场认可的评估体系

为了使旧机动车鉴定评估更加公开、透明，维护交易双方权益，根据有关文件，各地相继成立了一批专业的鉴定评估机构，对评估师也进行了专业培训。但到目前为止全国还没有统一的旧机动车鉴定评估标准，评估师的执业水平参差不齐，甚至良莠不分，差别很大。很多鉴定评估机构采用单一的平均年限折旧法进行价值评估，评估结果缺乏科学依据，也与现实的市场情况相背，难以为公平的市场交易提供价值尺度。评估师培训内容，也变化不大，缺乏与时俱进的精神，没有很好地去总结经验，跟踪市场，研究深化鉴定评估的理论、方法和技巧。

4. 需要尽快建立健全旧机动车流通的相关法律法规

2005 年我国相继出台了《汽车贸易政策》和《二手车流通管理办法》等相关法规，对规范旧机动车市场，将起到重要作用。但也应看到，我国旧机动车市场在流通管理上相对滞后，与旧机动车市场高速发展之间的矛盾仍很突出。虽然管理办法已出台，制定了旧机动车交易专用发票，从宏观上解决了放开经营，搞活市场的问题。但是与之配套的实施细则，目前还没有出台，还需要做许多细致的工作。企业在具体操作过程中，还会遇到各种各样的问题。建立一个顺畅高效的旧机动车流通体系，健全旧机动车流通管理法规体系，进行科学管理，营造出一个健康有序的市场环境，恐怕还尚需时日。

1.3　旧机动车估价的标准和基本假设

随着市场经济体制的建立和发展，企业资产的再生产已从一个封闭的系统走向了全面开放。不同所有者之间的合资、联营，企业之间的收购兼并，企业破产清算以及资产重组等资产业务的开展，使得资产流动逐渐社会化，加之融资租赁，抵押贷款，债券发行，风险担保等信用业务以及房地产业务的发展，国家行政事业单位的资产合理配置和流动都需要进行资产评估，使得资产评估逐渐发展成为一个专门性的职业。从资产评估对象上看，旧机动车属固定资产机器设备的一类产品，故机动车鉴定估价的理论依据和估价方法都是以资产评估学为指导思想的。

1.3.1　旧机动车估价的计价标准

和其他资产评估一样，旧机动车估价的计价标准是关于旧机动车估价所适用的价格标准的准则，它要求计价标准与旧机动车估价的业务相匹配。

旧机动车估价的计价标准是旧机动车评估价值形式上的具体化，旧机动车在价值形

态上的计量可以有多种类型的价格，分别从不同的角度反应旧机动车的价值特征。这些价格不仅在质上不同，在量上也存在较大差异，而旧机动车评估业务所要求的具体计价标准却是唯一的。否则，就失去了正确反映和提供价值尺度的功能，因此，必须根据评估的目的，弄清楚所要求的价值尺度的内涵，从而确定旧机动车评估业务所适用的价格类别。

根据我国资产评估管理要求，旧机动车估价亦遵守这 4 种类型的标准：重置成本标准、现行市价标准、收益现值标准和清算价格标准。

1. 重置成本标准

重置成本是指在现时条件下，按功能重置机动车并使其处于在用状态所耗费的成本。重置成本的构成与历史成本一样，也是反映车辆的购建、运输、注册登记等建设过程中全部费用的价格，只不过它是按现有技术条件和价格水平计算的。重置成本标准适用的前提是车辆处于在用状态，一方面反映车辆已经投入使用；另一方面反映车辆能够继续使用，对所有者具有使用价值。决定重置成本的两个因素是重置完全成本及其损耗（或称贬值）。

2. 现行市价标准

现行市价是车辆在公平市场上的售卖价格。现行市价标准源产生于公平市场，具有如下规定性：有充分的市场竞争，买卖双方没有垄断和强制，双方都有足够的时间和能力了解实情，具有独立的判断和理智的选择。决定现行市价的基本因素有如下方面。

（1）基础价格：即车辆的生产成本价格。一般情况下，一辆车的生产成本高低决定其价格的高低。

（2）供求关系：车辆价格与需求量成正比关系，与供应量成反比关系。当一辆车有多个买方竞买时，车的价格就会上升，反之则会下降。

（3）质量因素：是指车辆本身功能、指标等技术参数及损耗状况。优质优价是市场经济法则，在旧机动车评估中，质量因素对车辆的价格的影响必须予以充分考虑。

3. 收益现值标准

收益现值是指根据机动车辆未来预期获利能力的大小，按照"将本求利"的逆向思维——"以利索本"，以适应的折现率或资本化率将未来收益折成现值。可见，收益现值是指为获得旧机动车辆以取得预期收益的权利所支付的货币总额。收益现值标准适用的前提条件是车辆投入使用，同时，投资者投资的直接目的是获得预期的收益。

4. 清算价格标准

清算价格是指在非正常市场上限制拍卖的价格。清算价格标准适用的前提条件与现行市价标准的区别在于市场条件。现行市价是公平市场价格，而清算价格则是一种拍售价格，它由于受到期限限制和买主限制，其价格一般低于现行市价。在旧机动车交易的实践中，旧机动车的拍卖，均是这种性质的价格出售。

对于旧机动车评估计价标准的选择，必须与机动车经济行为的发生密切结合起来，不同的经济行为，所要求车辆评估价值的内涵是不一样的。如果不区别车辆经济行为确定评估价值类型——计价标准，或者笼统地确定机动车辆的评估值，就会失去评估价值的科学性；实际工作中，旧机动车评估的经济行为是多种多样的，要求鉴定估价人员充分理解机动车评估计价标准的涵义和适用前提，分析选择科学合理的计价标准。

1.3.2　旧机动车评估的假设

假设是任何一门学科形成的前提，相应的理论、观点和方法是建立在一定假设基础之上的。旧机动车的评估适用于资产评估的理论和方法，也是建立在一定的假设条件之上的。旧机动车评估的假设前提有继续使用假设、公开市场假设、破产清算假设。

1. 继续使用假设

继续使用假设是指旧机动车将按现行用途继续使用，或转换用途继续使用。对这些车辆的评估，就要从继续使用的假设出发，而不能按车辆拆零出售零部件所得收入之和进行估价。

比如一辆汽车用作营运、其估价可能是 4 万元；而将其拆成发动机、底盘等零部件分别出售时也可能仅值 3 万元。可见同一车辆按不同的假设用作不同的目的，其价格是不一样的。

在确定机动车能否继续使用时，必须充分考虑的条件是：车辆具有显著的剩余使用寿命，而且能以其提供的服务或用途，满足所有者经营上或工作上期望的收益；车辆所有权明确，并保持完好；车辆从经济上和法律上允许转作他用；充分地考虑了车辆的使用功能。

2. 公开市场假设

公开市场是指充分发达与完善的市场条件：公开市场假设，是假定在市场上交易的旧机动车辆，交易双方彼此地位平等，彼此双方都有获取足够市场信息的机会和时间，以便对车辆的功能、用途及其交易价格等作出理智的判断。

公开市场假设是基于市场客观存在的现实，即旧机动车辆在市场上可以公开买卖。不同类型的旧机动车，其性能、用途不同，市场程度也不一样，用途广泛的车辆一般比用途狭窄的车辆市场活跃，而不论车辆的买者或卖者都希望得到车辆的最大最佳效用。所谓最大最佳效用是指车辆在可能的范围内，用于最有利又可行和法律上允许的用途。在旧机动车评估时，按照公开市场假设处理或做适当地调整，才有可能使车辆获得的收益最大。而最大最佳效用，由车辆所在地区，具体特定条件以及市场供求规律所决定。

3. 清算（清偿）假设

清算（清偿）假设是指旧机动车辆所有者在某种压力下被强制进行整体或拆零，经协商或以拍卖方式在公开市场上出售。这种情况下的旧机动车评估具有一定的特殊性，适应强制出售中市场均衡被打破的实际情况，旧机动车的估价大大低于继续使用或公开市场条件下的评估值。

综上所述，在旧机动车评估中，由于机动车辆未来效用有别而形成了"三种假设"。在不同假设条件下，评估结果各不相同。在继续使用假设前提下要求评估旧机动车辆的继续使用价值；在公开市场假设前提下要求评估旧机动车辆的市场价格；在清算假设前提下要求评估旧机动车辆的清算价格。因此，旧机动车鉴定估价人员在业务活动中要充分分析了解。判断认定被评估车辆最可能的效用，以便得出旧机动车辆的公平价格。

1.4 旧机动车鉴定估价的原则和程序

1.4.1 旧机动车鉴定估价的依据

旧机动车鉴定估价工作同其他资产评估工作一样，在评估时必须有正确科学的依据，这样才能得出正确合理的结论。其主要依据包括如下方面。

1. 政策法规依据

旧机动车鉴定估价工作政策性强，依据的主要政策、法规有：1992 年《国有资产评估管理办法》及《国有资产评估管理办法实施细则》、1997 年《关于发布（汽车报废标准）的通知》、1998 年《关于调整轻型载货汽车报废标准的通知》、2000 年《关于调整汽车报废标准若干规定的通知》、国经贸贸易［2001］1281 号《关于加强旧机动车市场管理工作的通知》、国经贸贸易［2002］825 号《关于规范旧机动车鉴定评估工作的通知》、2003 年《汽车金融公司管理办法》、2004 年《汽车产业政策》、2004 年《机动车登记规定》、2004 年《旧机动车交易规范及流通管理办法》（征求意见稿）、2004 年《汽车贷款管理办法》等，以及其他方面的政策、法规。

2. 理论依据

旧机动车鉴定估价的理论依据是资产评估学。

3. 旧机动车的价格依据

（1）历史数据。主要是旧机动车的账面原值、净值等资料，它作为估价的直接依据。

（2）现实数据。在评估价值时要以基准日这一时点的现实条件为准，即现时的价格，现时的车辆功能状态等。

另外，旧机动车评估还依赖于上节所述的理论假设前提。假设前提不同，所适用的评估标准也不同，评估结果就会相去甚远。

1.4.2 旧机动车鉴定估价的工作原则

由于车辆评估的汽车数量多、单价大、型号复杂、情况各异以及必须以技术鉴定为基础这些特点决定了旧机动车鉴定估价必须遵循一定的原则。评估工作人员在评估工作中应遵循的基本原则主要有：独立性原则、客观性原则、公正性原则、科学性原则、专业性原则。

1. 独立性原则

独立性原则要求旧机动车鉴定估价工作人员应该依据国家的有关法规、相关评估理论及可靠的数据资料，对被评估车辆的价格独立地作出评定。坚持独立性原则是保证评估结果具有客观性的基础。

2. 客观原则

客观性原则要求评估结果应以充分的事实为依据。评估者对技术状况的鉴定分析实事求是，在评估过程中依据的数据与资料必须真实。

3. 公平性原则

公平、公正是旧机动车鉴定估价工作人员必须遵守的一项基本道德规范。评估人员在工作中应科学严谨、公正无私，不为当事人的利益所影响，确保评估结果的公正性。

4. 科学性原则

评估人员在评估过程中，必须根据特定目的，选择适用的标准和科学的方法，制定科学的评估方案，提高评估效率，降低评估成本，使评估结果准确、合理。

5. 专业性原则

专业性原则要求鉴定估价人员接受国家专门的职业培训，经职业技能考核合格后由国家统一颁发执业证书，持证上岗。评估人员良好的相关教育背景、专业知识、实践经验和较高专业技术水平是保证评估方法正确、评估结果公正的技术基础。

1.4.3 资产评估的法定程序

国有资产评估的程序在国家有关的法律、法规和规章制度中有具体规定。按照国家的有关规定，整个资产评估工作可分为 3 个阶段：前期准备、评估操作、后期管理；4个步骤：申请立项、资产清查、评定估算、验收确认。其中每个阶段和步骤中还有若干具体环节。资产评估的一般程序如下。

1. 申请立项

国有资产占有单位有涉及国家规定的必须评估资产的情形之一：如国有资产占有单位拍卖、转让，企业兼并、出售、联营、股份制经营、与外国公司及企业或其他经济组织经营，企业清算，行政、事业、企业单位之间发生单位性质的互相转变等情况时必须按照国家规定向国有资产管理部门或主管部门提出资产评估申请，进行资产评估立项。

申请的内容包括资产评估的目的，被评估资产用于何种经营活动，被评估资产的范围、种类、评估基准日。同时提供有关经济业务的合同可行性报告、资产目录、财务会计报表等基本文件。

立项是指国有资产管理部门或者由其授权委托的资产占有单位的主管部门，对评估申请进行审查，对符合规定的做出批准决定并书面通知申报单位，同时建档备案，准许评估项目成文的管理行为。对资产评估申请主要从申报单位对资产占有的合法性、申报理由的充分性、资产业务的效益性、申报内容和资料的完备性及数据资料的可靠性等方面进行审核；符合要求的可批准立项，否则限期补充修正后再行审核，不符合要求的则不予立项。

经审核后不论是否批准立项审核机关都应及时书面通知申报单位及其主管部门；已经批准立项的申请单位，可委托评估机构着手进行评估工作。评估机构接受委托后应与资产占有单位办理委托手续，双方共同签订《资产评估业务委托书》，明确委托事项及内容、双方的责任和义务、双方应承担的违约责任、评估收费标准、费用总额、交费时间和方式等。同时国有资产管理部门应对已批准立项的评估项目登记评估立项表。连同申报文件资料建档备案，作为对其管理监督和验证确认的依据。

2. 资产清查

资产清查是指按确定的评估范围对被评估资产的实际数量、质量等进行的实地盘点，并做出清查报告的过程。资产清查是资产评估的准备工作，一般由委托单位完成。资产评估机构的任务是核实清查评估资产，并收集待估资产的各种有关资料。评估人员可按照实际情况，对待估资产采取不同的方式进行清查，取得评估所需的第一手资料。

3. 评定估算

评定估算是评估人员根据特定的评估目的和所掌握的待估资产的有关资料，选择适当的评估标准和评估方法，进行具体的计算和判断，从而得出资产评估结果的过程。评定估算是整个评估过程最关键的程序，一般分为3个步骤。

（1）合理划分资产类别。

（2）根据特定的评估目的、评估范围、资产种类和所掌握资料数据的实际情况，选择正确的估价标准和适当的评估方法。

（3）逐一计算资产价值，汇总资产总值，撰写评估报告。在评定估算的基础上撰写评估报告。资产评估报告是公证性文件，资产评估机构及人员对资产评估报告负有法律责任。

4. 验证确认

验证确认是国有资产管理行政主管部门对国有资产占有单位提交的资产评估报告从合法性、真实性、科学性等方面进行检验和确认的过程。对不符合要求的资产评估报告要分别令其修改重评或作出不予确认的决定。验证确认是资产评估的最后阶段。

有关单位对确认通知如有异议，可以向上一级国有资产管理部门提出复议，并具体阐述理由和根据，上一级国有资产管理部门收到复议申请后要根据申请人提出的理由和根据，对已经确认的评估报告书中的问题进行重新验证，经复议裁定，向当事人各方下达裁定通知书，并根据资产评估的目的和国家有关会计制度进行账务处理。至此，资产评估过程全部结束。

1.4.4　旧机动车鉴定估价操作程序

广义讲旧机动车评估是资产评估的一种。所以旧机动车鉴定估价的程序是按资产评估的法定程序进行的。从专业评估角度看，旧机动车评估又与资产评估有些不同点。如评估目的、评估内容等。旧机动车评估除作为国有资产身份涉及国有资产评估外，一般的客户委托鉴定、咨询估价、双方买卖交易等远没有国有资产评估的繁杂步骤。同时旧机动车评估的目的也是多种多样的。不像国有资产评估目的指向十分明确。

鉴于旧机动车评估与其他资产评估有其自身特点，所以在实际工作中既要遵守资产评估的法定程序，又要简化法定程序中申报立项、审批、资产清查、验收确认等操作手续，摸索出一套适合旧机动车鉴定估价特点、简便易行的操作程序。

旧机动车评估作为一个重要的专业评估领域、情况复杂、技术鉴定作业量大，在进行评估工作时，应依法分阶段、分步骤地实施相应的工作，即按申请、验证、技术鉴定、评估和出具鉴定评估报告书 5 个阶段进行。

1. 申请

旧机动车鉴定估价的第一阶段就是当事人申请评估，确定估价的要求，向委托方收集有关资料、了解情况。

2. 验证

评估机构验证的主要工作有如下方面。

（1）验证所有证明车辆合法性资料：车辆的购车发票、行驶证、号牌、运输证、准运证以及各种车辆税费、杂费的缴纳凭证、车辆所有人的身份或单位证明等。

（2）实地验车，考察车辆与证明合法性资料一致性；考察待评车辆情况：车辆的原价、折旧、预计使用年限、已使用年限、车辆的型号、完好率等。实地考察后签订评估委托协议书。

3. 技术鉴定

评估人员深入现场，主要任务了解车辆实际情况，鉴定车辆的技术状况。评估人员对汽车的技术件能、结构参数、运行维护、使用状况和完好程度等进行鉴定，结合实体性损耗、功能性损耗、经济性损耗等因素，作出技术鉴定。尽可能在工作现场对被评估车辆做出成新率的初步判断。因为完成对车辆成新率的鉴定工作是完成车辆现场检查工作的一个重要标志。

4. 评估

在前面阶段工作的基础上，根据当事人委托的评估目的，选择适用的估价标准和评估计算方法，对所收集的数据资料进行补充、筛选、整理，本着客观、公正的原则对车辆进行评定估算，确定评估结果。

5. 出具鉴定评估报告书

审查前期的所有工作，对被评估车辆的各主要参数及计算过程进行核对。在确认结果准确无误的基础上，填写评估报表，出具鉴定评估报告书。

第二章　旧机动车技术状况的鉴定

旧机动车技术状况的鉴定是旧机动车鉴定评估工作的基础与关键。其鉴定方法主要有静态检查、动态检查和仪器检查3种。其中，静态检查和动态检查是依据评估人员的技能和经验对被评估车辆进行直观、定性的判断，即初步判断评估车辆的运行情况是否正常、车辆各部分有无故障及故障的可能原因、车辆各总成及部件的新旧程度等。而仪器检查是对评估车辆的各项技术性能及各总成部件技术状况进行定量、客观的评价，是进行二手车技术等级划分的依据，在实际工作中往往视评估目的和实际情况而定。

2.1　机动车技术状况的静态检查

2.1.1　静态检查所需的工具和用品

为了在进行旧车检查时能够得心应手，在检查之前，应该先准备一些工具和用品。需要准备的工具和用品有如下方面。

（1）一个笔记本和一支钢笔或铅笔。用来记录看到、听到和闻到的异常情况，以及需要让机械师进一步检测和考虑的事情。

（2）一个手电筒。用来照亮发动机舱和汽车下面又暗又脏的地方。

（3）一些棉丝头或纸巾。用于擦手或用于擦干净将要检查的零件。

（4）一块大的旧毛毯或帆布。用于仰面检查汽车下面是否有漏油、磨损或损坏的零件等现象。

（5）一截 300mm ~ 400mm 的清洁橡胶管或塑料管。可以当作"听诊器"，用来倾听发动机或其他不可见地方是否有不正常的噪声。

（6）一个卷尺或小金属直尺。用于测量车辆和车轮罩之间的距离。

（7）一盒盒式录音带和一个光盘。用来测试磁带收放机和 CD 唱机。

（8）一个小型工具箱，里面应该装有：成套套筒棘轮扳手、一个火花塞套筒扳手、各种旋具、一把尖嘴钳子和一个轮胎撬棒。

（9）一个小磁铁。用于检查塑料车身腻子的车身镶板。

（10）一只万用表。用来进行辅助电气测试。

2.1.2　静态检查的主要内容

旧机动车静态检查是指在静态情况下，根据评估人员的经验和技能，辅之以简单的量具，对旧车的技术状况进行静态直观检查。

静态检查的目的是快速、全面地了解旧车的大概技术状况。通过全面检查，发现一些较大的缺陷，如严重碰撞、车身或车架锈蚀或有结构性损坏、发动机或传动系严重磨损、车厢内部设施不良、损坏维修费用较大等，为价值评估提供依据。

旧机动车静态检查主要包括识伪检查和外观检查两大部分。其中，识伪检查主要包括鉴别走私车辆、拼装车辆和盗抢车辆等工作，外观检查包括鉴别事故车辆、检查发动机舱、检查内室、检查行李箱和检查车底等内容，具体如下。

$$
\text{静态检查}
\begin{cases}
\text{识伪检查}
\begin{cases}
\text{鉴别走私车辆} \\
\text{鉴别拼装车辆} \\
\text{鉴别鉴抢车辆}
\end{cases} \\
\text{外观检查}
\begin{cases}
\text{鉴别事故车辆：包括碰撞、水流、火灾等事故} \\
\text{检查发动机舱：包括机体外观、冷却系统、润滑系统、点火系统、供油系统、} \\
\qquad\qquad\qquad\text{进气系统等} \\
\text{检查内室：包括驾驶操作机构、开关、仪表、报警灯、内饰件、座椅、电器部件等} \\
\text{检查行李箱：行李箱锁、气压减振器、防水密封条、备用轮胎、随车工具、} \\
\qquad\qquad\qquad\text{门控开关等} \\
\text{检查车身底部：包括泄漏、排气系统、转向机构、悬架、传动轴等}
\end{cases}
\end{cases}
$$

2.1.3　走私和拼装车辆的鉴别

在旧机动车交易市场不可避免地会出现一些走私车辆、拼装车辆、盗抢车辆以及事故车辆，如何界定这部分车辆，是一项十分重要而又艰难的工作。它必须凭借技术人员所掌握的专业知识和丰富经验，结合有关部门的信息材料，对评估车辆进行全面细致地鉴别，将这部分车辆与其他正常车辆区分开，从而促使旧机动车交易规范、有序地进行。

走私车辆是指没有通过国家正常进口渠道进口的，未完税的进口车辆。拼装车辆是指一些不法厂商和不法分子为了牟取暴利，非法组织生产、拼装的无产品合格证的假冒、低劣汽车。这些汽车有些是境外整车切割，境内焊接拼装的车辆；有些是进口汽车散件国内拼装的国外品牌汽车；有些是国内零配件拼装的国内品牌汽车；有些是旧机动车拼装的车辆，即两台或者两台以上的旧机动车拼装成一台汽车；甚至也有的是国产或进口零配件拼装的杂牌汽车。

在旧机动车交易鉴定评估中，对于走私车辆、拼装车辆，首先要确定这些车辆的合法性。其中，一种情况是车辆技术状况较好，符合国家有关机动车行驶标准和要求，已经被国家有关执法部门处理，通过拍卖等方式，在公安车管部门注册登记上牌，并取得合法地位的车辆。这些旧机动车在评估价格上要低于正常状态的车辆。另一种情况是无牌、无证的非法车辆。对走私车辆、拼装车辆的鉴别方法如下。

（1）运用公安车管部门的车辆档案资料，查找车辆来源信息，确定车辆的合法及来源情况。这是一种最直接有效的判别方法。

（2）查验旧机动车的汽车产品合格证、维护保养手册。对进口车必须查验进口产品检验证明书和商验标志。

（3）检查旧机动车外观。查看车身是否有重新喷过油漆的痕迹，特别是顶部下沿部位。车身的曲线部位线条是否流畅，尤其是小曲线部位，根据目前技术条件，没有专门的设备不可能处理得十分完美，留下再加工的痕迹特别明显。检查门柱和车架部分是否有焊接过的痕迹，很多走私车辆是在境外把车身切割后，运入国内再进行焊接拼凑起来的。要看车门、发动机盖、行李箱盖与车身的接合缝隙是否整齐、均衡。

（4）查看旧机动车内饰。检查内装饰材料是否平整，内装饰压条边沿部分是否有明显的手指印或有其他工具碾压后留下的痕迹，车顶装饰材料上或多或少都会留下被弄脏后的痕迹。

（5）打开发动机盖，检查发动机和其他零部件是否有拆卸后重新安装的痕迹，是否有旧的零部件或缺少零部件现象。查看电线、管路布置是否有条理、安装是否平整。核对发动机号码和车辆识别代码（车架号码）的字体和部位。

2.1.4　盗抢与事故车辆的鉴别

1. 盗抢车辆的鉴别

盗抢车辆一般是指公安车管部门已登记上牌的，在使用期内丢失的或被不法分子盗窃的，并在公安部门已报案的车辆。由于这类车辆被盗窃方式多种多样，它们被盗窃后所遗留下来的痕迹会不同。如撬开门锁、砸车窗玻璃和撬转向盘锁等，一般都会留下痕迹。同时，这些被盗赃车大部分经过一定修饰后，再将赃车卖出。这些车辆很可能会流入旧机动车交易市场。这类车辆的鉴别方法一般有如下方面。

（1）根据公安车辆管理部门的档案资料，及时掌握车辆状态情况，防止盗抢车辆进入市场交易。这些车辆从车辆主人报案起到追寻找到为止这段时期内，公安车管部门将这部分车辆档案材料锁定，不允许进行车辆过户、转籍等一切交易活动。

（2）根据盗窃的一般手段，主要检查汽车门锁是否过新，锁芯有无被更换过的痕迹，门窗玻璃是否为原配正品，窗框四周的防水胶是否有插入玻璃升降器开门的痕迹，转向盘锁或点火开关是否有破坏或调换的痕迹。

（3）不法分子急于对有些盗抢车辆销赃，他们会对车辆或有关证件进行篡改和伪造，使被盗赃车面目全非。检查重点是核对发动机号码和车辆识别代码，看钢印周围是否变形或有褶皱现象，钢印正反面是否有焊接的痕迹。

（4）查看车辆外观是否全身重新喷过油漆，或者改变原车辆颜色。

打开发动机盖察看管线布置是否有条理，发动机和其他零部件是否正常，空调是否制冷、有无暖风，发动机及其他相关部件有无漏油现象。

内装饰材料是否平整，表面是否干净。尤其是对压条边沿部分要进行特别仔细的检查，经过再装配过的车辆内装饰压条边沿部分会有明显手指印或其他工具碾压过后留下的痕迹。车顶装饰材料或多或少要留下弄脏过的印迹。

2. 事故车辆的鉴别

机动车发生事故无疑会极大地损害车辆的技术性能，但由于车辆在交易以前往往会进行整修、修复，因此正确判别车辆是否发生过事故对于准确判断车辆技术状况、合理评定车辆交易价格具有重要意义。车辆事故状况判断一般从以下几个方面进行。

1）检查车辆的周正情况

在汽车制造厂，汽车车身及各部件的装配位置是由生产线上经过严格调试的装配夹具保证的，装配出的车辆各部分对称、周正。而维修企业对车身的修复则是靠维修人员目测和手工操作，装配难以保证精确。因此，检查车身是否发生过碰撞，可站在车的前部观察车身各部的周正、对称状况，特别注意观察车身各接缀，如出现不直、缝隙大小不一、线条弯曲和装饰条有脱落或新旧不一现象，说明该车可能出现过事故或修理过。检查车辆的周正情况，有以下两种方法。

（1）从汽车的前面走出 5m 或 6m，蹲下沿着轮胎和汽车的外表面向下看汽车的两侧。在两侧，前、后车轮应该排成一线。然后，走到汽车后面进行同样观察，前轮和后轮应该仍然成一条直线。如果不是这样，则车架或整体车身弯曲。如果左侧前、后轮和右侧前、后轮互相成一条直线，但一侧车轮比另一侧车轮更突出车身，则表明汽车曾碰撞过。

（2）蹲在前车轮附近，检查车轮后面的空间，即车轮后面与车轮罩后缘之间的距离，用金属直尺测量这段距离。再转到另一前轮，测量车轮后面和车轮罩后缘之间的距离。该距离应该和另一前轮大致相同。在后轮测量同一间隙，如果发现左前轮或左后轮和它们的轮罩之间距离与右前或右后轮的相应距离大大不同，则车架或整体车身弯曲。

2）检查油漆脱落情况

查看排气管、铝条、窗户四周和轮胎等处是否有多余油漆。如果有，说明该车已做过油漆或翻新。用一块磁铁（最好选用冰箱柔性磁铁，不会损伤汽车漆面，且磁性足以承担此项工作）在车身周围移动，如遇到磁力突然减少的地方，说明该局部补了灰，喷了油漆。当用手敲击车身时，如敲击声发脆，说明车身没有补灰喷漆；如敲击声沉闷，则说明车身曾补过灰喷过漆。

如果发现了新漆的迹象，查找车身制造不良或金属抛光的痕迹。沿车身看，并查找是否有像波状或非线性翼子板或后顶盖侧板那样的不规则板衬。如果发现车身制造或面板、车门、发动机罩、行李箱盖等配合不好，汽车可能曾遭受过碰撞；以致于这些板面对准很困难。换句话说，车架可能已经弯曲。

3）检查底盘线束及其连接情况

在正常情况下，未发生事故的车辆，其连接部件应配合良好，车身没有多余焊缝，线束、仪表部件等应安装整齐、新旧程度接近。因此，在检查车辆底盘时，应认真观察车底是否漏水、漏油、漏气，锈蚀程度与车体上部检查的情况是否相符，是否有焊接过的痕迹，车辆转向节臂、转向横直拉杆及球头销处有无裂纹和损伤，球头销是否松旷，连接是否牢固可靠，车辆车架是否有弯、扭、裂、断、锈蚀等损伤，螺栓、铆钉是否齐全、紧固，车辆前后是否有变形、裂纹现象。固定在车身上的线束是否整齐，新旧程度是否一致，这些都可以作为判断车辆是否发生过事故的线索。

2.1.5 检查发动机舱

1. 检查发动机舱清洁情况

打开发动机罩，观察发动机表面是否清洁，是否有油污，是否锈蚀，是否有零件损坏或遗失，导线、电缆、真空管是否松动。

如果发动机上堆满灰尘，说明该车的日常维护不够；如果发动机表面特别干净，也可能是车主在此前对发动机进行了特别的清洗，不能由此断定车辆状况一定很好。

对于车主而言，为了使汽车能更快售出，且卖个好价钱，所以有的车主将发动机舱进行了专业的蒸汽清洁，但这并不意味着车主想隐瞒什么。

2. 检查发动机铭牌和排放信息标牌

（1）检查发动机铭牌。查看发动机上有无发动机铭牌，如果有，检查上面是否有发动机的型号、出厂编号、主要性能指标等，这可以判别发动机是不是正品。

（2）查看排放信息标牌。排放信息标牌应该在发动机罩下的适当位置或在风扇罩上。这在以后的发动机诊断或调整时需要。

3. 检查发动机冷却系统

发动机冷却系统对发动机有很大影响，应仔细检查发动机冷却系统的相关零部件：冷却液、散热器、水管、风扇传动带及冷却风扇等。

1）检查冷却液

看一下储液罐里的冷却液。冷却液应保持清洁，且冷却液面在"满"标记附近。冷却液颜色应该是浅绿色的（但有些冷却液是红色的），并有点甜味。如果冷却液看上去更像水而不像冷却液，则可能某处有泄漏情况，车主一次又一次地加水而造成的（当然，这意味着冷却液的沸点更低，冷却系统会沸腾溢出更多的冷却液）。冷却液的味道闻起来不应该有汽油或机油味，如果有，则发动机汽缸垫可能已烧坏。如果冷却液中有悬浮的残渣或储液罐底部有发黑的物质，说明发动机可能严重受损。

2）检查散热器

仔细全面地检查散热器水室和散热器芯子，查看是不是有褪色或潮湿区域。芯子上的所有散热片应该是同一颜色的。当看到芯子区域呈现浅绿色（腐蚀产生的硫酸铜），这说明在此区域有针孔泄漏。另外，要特别查看水室底部，如果全湿了，设法查找出冷却液泄漏处。

当发动机充分冷却后，拆下散热器盖，观察散热器盖上的腐蚀和橡胶密封垫片的情况，散热器盖上应该没有锈迹。将手指尽可能伸进散热器颈部检查是否有锈斑或像淤泥那样的沉积物，有锈斑说明没有定期更换冷却液；如果水垢严重，说明发动机机体内亦有水垢，发动机会经常出现"开锅"现象，即发动机温度过高。

3）检查水管

用手挤压散热器和暖风器软管，看是否有裂纹或发脆现象。仔细检查软管上卡紧的两端部，是否有鼓起部分和裂口，是否有锈蚀迹象（特别是连接水泵、恒温器壳或进气歧管的软管处)。新式的暖风器和散热器软管比过去的好。在老式汽车上用的软管通常在汽车行驶 80000km 后要进行更换。而在新式汽车上的软管,通常可以行驶160000km 以上。好的软管为将来的冷却问题提供了安全保障,但是费用也较高。冷却系统软管损坏的几种情形如图 2-1 所示。

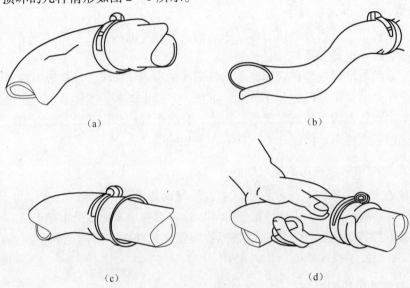

图 2-1   冷却系统软管损坏的几种情况
(a) 擦破或烧蚀;(b) 变形;(c) 密封连接处失效;(d) 局部隆起。

4) 检查散热器风扇传动带

大部分汽车散热器风扇是通过传动带来传动的,但有些轿车则采用电动机来驱动,即电子风扇。对于传动带传动的冷却风扇,应检查散热器风扇传动带的磨损情况。

使用一个手电筒,仔细检查传动带的外部,查看是否有裂纹或传动带层片脱落。应该检查传动带与带轮接触的工作区是否磨亮,如果磨亮,则说明传动带已经打滑。传动带磨损、抛光或打滑可能引起尖啸声,甚至产生过热现象。传动带上常出现的一些不良现象如图 2-2 所示。V 形传动带上有一些细小裂纹,但是可以继续使用。传动带的作用

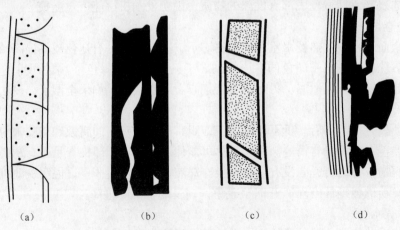

图 2-2   风扇传动带常见的不良现象
(a) 右小裂纹;(b) 右润滑油;(c) 工作面光滑;(d) 底面损坏。

区域是在与带轮接触的部分，所以要将传动带的内侧拧转过来检查。

5）检查冷却风扇

检查冷却风扇叶片是否变形或损坏，若变形或损坏其排风量相应减少，会影响发动机冷却效果，使发动机温度升高，则需要更换冷却风扇。

4. 检查发动机润滑系统

发动机润滑系统是对发动机各个运动部件进行润滑，使其发挥出最大的性能。润滑系统不良，将严重影响发动机的使用寿命，应仔细检查机油质量、机油泄漏、机油滤清器等项目。

1）检查机油

第一步：找出机油口盖。

对直列四缸、五缸或六缸发动机，其机油口盖在气门室盖上。对于纵向安装的 V6 或 V8 发动机，机油口盖在其中一个气门室盖上。如果发动机横向安装，加油口盖一定在前面的气门室盖上。一些老式的加油口盖上有一根通向空气滤清器壳体的曲轴箱强制通风过滤器软管；新式车加油口盖上没有软管但有清晰的标记。在拧开加油口盖之前，一定要保证开口周围区域干净以防止灰尘进入而污染发动机。

第二步：打开机油口盖。

拧下加油口盖，将它反过来观察。这时可以看到机油的牌号。一般卖主将旧机动车开到车市之前常常已经更换机油。在加油口盖的底部可以看到旧油，甚至脏油的痕迹，这是正常的。不正常的是加油口盖底面有一层具有黏稠度的浅棕色巧克力乳状物，还可能是油与油污混合的小液滴。这种情况表明冷却液通过损坏的衬垫或者汽缸盖、汽缸体裂纹进入到机油中。不管是哪种情况，汽车若不进行大修都已不能开得很远或者根本不能开。被冷却液污染的机油在短时间内会对发动机零部件造成许多危害。这种修理通常花费很高，如果情况很严重或者对此不引起注意，可能造成发动机的全面大修。

第三步：检查机油质量。

取一片洁净的白纸，在纸上滴下一滴机油。如果在用的机油中间黑点里有较多的硬沥青及炭粒等，表明机油滤清器的滤清作用不良，但并不说明机油已变质；如果黑点较大，且机油是黑褐色、均匀无颗粒，黑点与周围的黄色油迹界限清晰，有明显的分界线，则说明其中洁净分散剂已经失效，表明机油已经变质。

机油变质的原因有很多，如机油使用时间过长，一般行驶 5000km 应更换机油；或发动机汽缸磨损严重，使燃烧废气进入油底壳，造成机油污染。

也可将机油滴在手上，观察机油的颜色和黏度。先观察其透明度，色泽通透略带杂质说明还可以继续使用，若色泽发黑，闻起来带有酸味说明需要更换机油，因为机油已经变质，不能起到保护作用。然后，检查其黏稠度，沾一点机油在手上，用两根手指检查机油是否还具有黏性，如果在手指中没有一点黏性，像水一样，说明机油已达到使用极限需要更换，以确保发动机的正常运作。

特别需要注意的是：不能用发动机机油来认定保养程度；车主可能在汽车出售前更换了机油和滤清器，这时机油标尺上显示的几乎就是新的、清洁的机油。

第四步：检查机油气味。

拔下机油尺，闻闻机油尺上的机油有无异味，来判断是新机油还是旧机油。如有汽油味，则说明机油中混入了汽油，汽车已经或正在混合气过浓的情况下运行。

发动机在此条件下长时间运转会使其在寿命期到达之前就已经磨损，因为未稀释的燃油会冲刷掉汽缸壁上的机油膜。当拿出量油尺时，仔细检查。如果机油尺上有水珠，说明机油中混入了水分。做近距离的检查，查看是否有污垢或金属粒，若有污垢或金属粒说明应该更换机油。检查量油尺自身的颜色，如果发动机曾严重过热，机油尺会变色。

第五步：检查机油液位。

起动发动机之前或停机30min以后，打开发动机舱盖，抽出机油尺，将机油尺用抹布擦净油迹后，插入机油尺导孔，拔出查看。油位在上下刻线之间，即为合适。若机油液位过低，则观察汽车底下的地面，看是否有机油泄漏的现象。

2）检查机油滤清器

用棘轮扳手拆下机油滤清器，观察机油滤清器有无裂纹，密封圈是否完好。

3）检查 PCV 阀

PCV 阀用于控制发动机曲轴箱通风，如其工作不良，对发动机润滑有严重影响。从气门室盖拔出 PCV 阀，并晃动，它应发出"咔哒"声。若 PCV 阀充满油污并不能自由地发出"咔哒"声，则说明由于发动机机油和滤清器没有经常更换，导致 PCV 阀损坏，此时需要更换新的 PCV 阀。

4）检查机油泄漏

机油泄漏是一种常见现象。机油泄漏的地方主要有如下方面。

①气门室盖。气门室盖处机油泄漏在行驶里程超过80000km的汽车上很普遍，大多数情况下修理不太难，也不太贵（靠安装新气门室盖垫片来解决）。有些采用燃油喷射系统的汽车需更换气门室垫片，则需要相当多的工作。②汽缸垫。③油底壳垫。有的汽车更换油底壳垫的工时费很高。④曲轴前、后油封。更换曲轴前、后油封的工时费用很高，应加以注意。⑤油底壳放油螺塞。放油螺塞松动或密封垫损坏，机油渗漏。⑥机油滤清器。⑦机油散热器的机油管。⑧机油散热器。⑨机油压力感应塞。

5. 检查点火系统

点火系统工作性能的好坏直接影响发动机的动力性和经济性，对点火系统的外观检查主要是检查蓄电池、点火线圈、高压线、分电器和火花塞等零件的外观性能。

1）检查蓄电池

通过检查标牌，看蓄电池是不是原装的。通常标牌固定在蓄电池上部，标牌上有首次售出日期，以编号打点的形式冲出。前面部分表示年，后面部分表示卖出的月份。将卖出的日期与电池寿命进行比较，可算出蓄电池剩余寿命。如果蓄电池的有效寿命快接近极限，则需要考虑更换蓄电池所需成本。

检查蓄电池的表面情况。检查蓄电池表面是否清洁亦可以看出车主对汽车的保养情况。若蓄电池盖上有电解液、尘土等异物或蓄电池端子、接线柱处有严重铜锈或堆满腐蚀物，可能会造成正、负极柱之间短路，使蓄电池自行放电或电解液消耗过快及蓄电池充不进电等情况。

检查蓄电池压紧装置和蓄电池安装位置。蓄电池压紧装置是否完整，是否为原来的部件。蓄电池必须牢固地安装在汽车上，以防止蓄电池、发动机舱和附近线路、软管等损坏。如果原来的压紧装置遗失，必须安装一个汽车零件市场的"万能"压紧装置。钢索和软绳不足以防止振动对蓄电池的损害且不足以防止酸液泄漏。

2）检查高压线

查看点火线圈与分电器之间的高压线，及分电器与火花塞之间的高压线，高压线应该清洁、布线整齐、无切割口、无擦伤部位、无裂纹或无排气烧焦处，否则会造成高压线漏电，需要更换高压线。注意：高压线更换需成套更换，费用较高。

3）检查分电器

对于带分电器的点火系统，应仔细检查分电器的工作情况，检查分电器盖有无裂纹、炭痕、破损等现象，这些现象均会使分电器漏电，造成点火能量不足，引起发动机动力性能下降。若存在这些现象，则应更换分电器。

4）检查火花塞

用火花塞套筒扳手任意拆下一个火花塞，检查火花塞的情况。火花塞位于发动机缸体内，可直接反映发动机的燃烧情况。若火花塞电极呈现灰白色，而且没有积炭，则表明火花塞工作正常，燃烧良好。若火花塞严重积炭、电极严重烧蚀、绝缘体破裂、漏气、侧电极开裂，均使点火性能下降，造成发动机动力不足，则需要更换火花塞。火花塞更换需成组更换，费用较高。

5）检查点火线圈

观察点火线圈外壳有无破裂现象。若点火线圈外壳破裂，会使点火线圈容易受潮而使点火性能下降，影响发动机的动力性。

6. 检查发动机的供油系统

1）检查燃油泄漏

燃油泄漏并不常见，而且人们对燃油泄漏普遍关注，尤其是燃油喷射汽车，有很高的燃油系统压力，引起泄漏会明显地显露出来。首先查找进气歧管上残留的燃油污迹并仔细观察通向化油器或燃油喷射装置的燃油管和软管。对化油器式发动机，察看燃油泵本身（通常安装在前方下部附近）在接头周围或垫片处是否有泄漏的迹象。在化油器式汽车上更换机械式燃油泵，较简单且价格便宜，但是在燃油喷射的汽车上，由于高压电动泵很昂贵，并且高压电动泵通常位于燃油箱内，这就使更换工作很费劲。对于所有车型，应注意发动机的罩下的燃油气味或在行驶中注意燃油气味。有燃油味通常暗示着有燃油泄漏。

2）检查汽油管路

发动机供油系统有进油管路和回油管路，要检查油管是否老化。

3）检查燃油滤清器

燃油滤清器一般在汽车行驶 50000km 左右更换，如果这辆车接近某一里程间隙且燃油滤清器看起来和底盘的其他部件一样脏，可能是燃油滤清器还没有更换过。

7. 检查发动机进气系统

发动机进气系统性能的好坏，尤其是混合气浓度的控制，对发动机工作性能有很大影响，因此应仔细检查发动机进气系统。

（1）检查进气软管（波纹管）。进气软管一般采用波纹管，检查进气软管是否老化变形，是否变硬，是否有损坏或烧坏处，有这些现象表明进气软管需要更换。如果进气软管比较光亮，可能喷过防护剂喷射液，应仔细检查，以防必须更换的零部件不能检查出。

（2）检查真空软管。现代发动机上有与发动机管理系统有关的无数小软管。小尺寸的橡胶管看上去到处都是，它们连到真空源、暖风器空调控制器、排放设备、巡航控制装置、恒温控制阀和开关以及许多其他部件。一般没有必要向厂家要软管图来检查这些设备，而只需学会查找明显的问题就可以了。

首先，用手挤压真空软管情况。这些软管应该富有弹性，而不是又硬又脆。这些软管会随时间的推移而变硬，使之易于开裂和造成泄漏，从而在汽车上造成一些行驶或排放方面的故障。许多真空软管用各种各样的塑料 T 形管接头互相连接。随着时间的推移，这些塑料 T 形管接头在发动机工作中容易折断，如果在检查时，塑料 T 形管接头破碎或裂开，则需要更换。和冷却液软管一样，这些真空管大致以相同的速率老化，所以如果一根软管变硬或开裂，那么应该考虑是否全部的软管都要进行更换。在检查真空软管的同时，应注意真空软管管路的布置情况。查看软管是否是原来出厂时那样的整齐排列，是否有软管从零件上明显拔出、堵住或夹断等情况。这些可以说明软管是否有人动过，是否隐瞒了某些不能工作的系统或部件。

（3）检查空气滤清器。空气滤清器用于清除空气中的灰尘等杂物，若空气滤清器滤芯过脏，会降低发动机进气量，影响发动机的动力。所以应拆开空气滤清器，检查空气滤芯，观察其清洁情况，若空气滤清器脏污，说明此车可能经常行驶在灰尘较多的地方，保养差、车况较差。

（4）检查节气门拉线。检查节气门拉线是否阻滞、是否有毛刺等现象。

8. 检查机体附件

（1）检查发动机支脚。检查发动机支脚减振垫是否有裂纹，如有损坏，则发动机振动大，使用寿命急剧下降，更换发动机支脚的费用较高。

（2）检查正时带。轿车上凸轮轴的驱动方式，一般采用同步齿形带。同步齿形带噪声小且不需润滑，但耐用性不及链驱动。通常每行驶 10 万 km，必须更换同步齿形带（正时带）。拆下正时罩，如果有必要，使用一个手电筒，仔细检查同步齿形带内、外两侧有无裂纹、缺齿、磨损等现象，若有，则表明此车行驶了相当大的里程。对于 V 形发动机而言，更换同步齿形带的费用非常高。

（3）检查发动机各种带传动附件的支架和调节装置。检查发动机各种皮带传动附件的支架和调节装置是否松动、螺栓是否丢失或有裂纹等现象。支架断裂或松动可能引起像风扇、动力转向泵、水泵、交流发电机和空调压缩机那样的附件运转失调。由于运转失调而不仅可能使传动带丢失，甚至造成提前损坏。

9. 检查发动机舱内其他部件

1）检查制动主缸及制动液

应该检查制动主缸是否发生锈蚀或变色（通常可以在发动机舱壁处看到），制动主缸锈蚀或变色表明制动器有问题；主缸盖橡胶垫泄漏，或是制动液经常加过头使一些油液漏在系统上。主缸中的制动液应该十分清晰，如果呈雾状，说明制动系统中有锈，需要全面冲洗，重新加注新制动液并放气。在一些汽车上，主缸是整体铸铁件，上面包括制动液腔；而另外一些车上，可能有一个单独的白色塑料储液罐，靠软管及密封垫连到液压部件。检查前者的液面情况时，要用一个螺钉旋具或其他工具撬出固定主缸盖的钢丝箍。这种盖内有一个橡胶套，应该检查它的情况。如果主缸盖下面的橡胶套严重损坏，应检查制动液是否被污染。石油基制动液会腐蚀和损坏橡胶制品。

对具有塑料储液主缸的汽车，液面和油液颜色是很明显的，上面有一个方便拧开的塑料盖。对任何一种主缸，都要检查制动液。当滴一些制动液在一张白纸上时，如果看到颜色深，说明油液使用时间已过长或已被污染，应该进行更换。检查制动液中是否存在污垢、杂质或小水滴，以及是否有正常的液面。

2）检查离合器液压操纵机构

对带手动变速器的大多数汽车，离合器是液压操纵的，这意味着在发动机舱壁的某处（通常在制动主缸附近）有一个离合器的储液罐。它使用与制动主缸同样的油液，应该检查油液是否和制动主缸中的油液相同。

3）检查继电器盒

许多汽车在发动机舱内有电器系统的总继电器盒，它在蓄电池附近或沿着发动机舱壁区域。打开继电器盒的塑料盖，查看内部。通常在塑料盖内侧有一张图，指明继电器属于哪一系统，如果有一个或两个继电器遗漏，不必惊慌。制造厂家常常为用于某种车型或某种选项的继电器提供了空间和线路。

4）检查发动机线束

为了保证汽车的寿命，线束应该保持良好，防止任何敲打、意外损伤或不合理的结构。查看发动机舱中导线是否擦破或是裸露：是否露在保护层外；是否固定在导线夹中；是否用非标准的胶带包裹；是否有旁通原有线束的外加导线。有胶带或外加导线可能预示着早期的线路问题，或预示着安装了一些附件，如立体声收音机、附件驱动装置、雾灯、民用频带收音机或防盗报警器等。这些附件如果是专业安装，通常导线线路和线束整齐固定在原来的线束卡中或线束中使用非焊接的卷边接头，而不是使用许多绝缘胶带包裹。

2.1.6　检查车舱

1. 检查驾驶操纵机构

1）检查转向盘

将汽车处于直线行驶的位置，左右转动转向盘，最大游动间隙由中间位置向左或向右应不超过15°。如果游动间隙超过标准，说明转向系统的各部间隙过大，转向系统需要保养维修。

两手握住转向盘，将转向盘向上下、前后、左右方向摇动推拉，应无松旷的感觉。如果有松旷的感觉，说明转向机内轴承松旷，需要调整。

2）检查加速踏板

观察加速踏板是否因磨损过度而发亮，若磨损严重，说明此车行驶里程已很长。踩下加速踏板，试试踏板有无弹性。若踩下很轻松，说明节气门拉线松弛，需要检修；若踩下加速踏板较费劲，说明节气门拉线有阻滞、破损情况，可能需要更换。

3）检查制动踏板

检查制动踏板的踏板胶皮是否磨损过度，通常制动踏板胶皮寿命是 3 万 km 左右，如果换了新的，说明此车已经行驶了 3 万 km 以上。

用手轻压制动踏板，自由行程应在 10mm ~ 20mm 范围内，若不在此范围内，则应调整踏板自由行程；踩下制动踏板全程时，检查制动踏板与地板之间应有一定的距离。踩下液压制动系统的制动踏板时，踏板反应要适当，若过软说明制动系统有故障。空气制动系统气路中的工作气压必须符合规定。

4）检查离合器踏板

检查离合器踏板的踏板胶皮是否磨损过度，如果已更换了新的踏板胶皮，说明此车已行驶了 3 万 km 以上。

轻轻踩下或用手指压下离合器踏板，试一试踏板有没有自由行程，离合器踏板的自由行程一般在 30mm ~ 45mm 之间。如果没有自由行程或自由行程小，会引起离合器打滑。如果踩下离合器踏板几乎接触到底板时才能分离离合器，说明离合器踏板自由行程过大，可能是由于离合器摩擦片或分离轴承磨损严重，需要检修离合器及其操纵机构。

5）检查驻车制动操纵杆

放松驻车制动，再拉紧驻车制动，检查驻车制动操纵杆是否灵活、有效，锁止机构是否正常。大多数驻车制动拉杆拉起时应在发出五、六声咔哒声后使后轮制动。多次咔哒声后不能拉起制动杆，可能是因为太紧的缘故。如果用驻车制动拉杆施加制动时，发出更多或更少咔哒声，说明驻车制动器需要检修。

6）检查变速器操纵杆

用手握住变速器操纵杆球头，根据挡位图，逐一将变速器换至各个挡位，检查变速器换挡操纵机构是否灵活。

观察变速器操纵机构防护罩是否破损，若有破损，说明异物就有可能掉入换挡操纵机构内，引起换挡阻滞，所以必须更换。

2. 检查开关、仪表、指示灯

车上一般有点火开关、转向灯开关、车灯总开关、变光开关、刮水器开关和电喇叭开关等。分别依次开启这些开关，检查这些开关是否完好，能否正常工作。

一般汽车设有气压表、车速里程表、燃油表、机油压力表（或机油压力指示器）、水温表和电流表等仪表。应分别检查这些仪表是否能正常工作，有无缺失损坏。

汽车上有很多指示灯或警报灯，如制动警报灯、机油压力警报灯、充电指示灯、远光指示灯、转向指示灯、燃油残量指示灯、驻车制动指示灯等，应分别观察检查这些指示灯或警报灯是否能正常工作。

新型轿车上采用了大量的电子控制设备，这些电子控制设备均设置故障灯，当这些灯亮时，表明此电子控制系统有故障，需要维修，因此应特别注意观察。汽车上电子控制设备主要故障灯有发动机故障灯、自动变速器故障灯、ABS 故障灯、SRS 故障灯、电控悬架故障灯等。

电控系统的故障灯一般在仪表盘上，其检查方法是：打开点火开关，观察这些故障灯是否在亮 3s 内自动熄灭。若在 3s 内自动熄灭，则表明此电子控制系统自检通过，系统正常；若在 3s 内没有熄火，或根本就不点亮，说明此电子控制系统自检不通过，系统有故障。由于电控系统的故障较复杂，对汽车的价格影响很大，若有故障，应借助于专用诊断仪来检查故障原因，以判断此系统的故障位置，确定其维修价格。

3. 检查座椅、地毯和地板

检查座椅罩是否有撕破、裂开或有油迹等情况。检查座椅前后是否灵活，检查座椅高、低能否调节，检查座椅后倾调节角度。

确保所有座椅安全带数量是否正确、在合适位置并工作可靠。特别是后排座椅，是不是所有安全带都能互相可靠地扣在一起。当坐在座椅上，若感到座椅弹簧松弛，弹力不足，说明该车已行驶了很长里程。

抬起车内的地板垫或地毯。检查是否有霉味，是否有水危害或修饰污染的痕迹。检查地板垫或地毯底下是否有水，如果水的气味像防冻液，则散热器芯子可能泄漏，水通过发动机舱上的孔洞从外部进入汽车内部。这些孔洞可能是：制动器和离合器踏板联杆孔、加速踏板拉锁孔、换挡拉锁孔、散热器芯软管孔、空调蒸发器管孔和连接发动机舱与仪表板下线路的大线束孔。这些孔洞通常是用橡胶护孔圈隔离的，如果橡胶圈因老化而干裂，有时候脱落，或者在完成一些维修工作后，安装不正确，使得这些孔洞失去橡胶隔离作用，使水进入汽车内部。如果汽车已经浸泡也可能出现车身地板变湿或生锈等情况。在汽车已经浸泡情况下，应在装饰板上查找高水位标记，如果水位达到车门整饰板的一半以上，损坏的可能性要比单纯生锈更大和更严重。因为发动机 ECU、电动车窗电动机、电动座椅电动机以及其他电器装置和系统往往位于车身地板、控制台或前车门前面的踏脚板上。如果发现地板上有被水浸泡的迹象，则汽车的价格要大打折扣。

4. 检查杂物箱和托架

一般汽车设有杂物箱和托架，用于放置汽车维修手册、汽车保养记录等物件。所以检查内饰最后的重要事项是仔细查看杂物箱和托架（如果装备的话），可能会有旧单据告诉我们汽车过去的一些事情，但必须找到保养记录。大多数汽车刚出厂时都会有这样的记录，但是许多车主在保养期完了之后并未再填入任何消息。有些细心的车主保留着保修期前后的所有维修作业、机油更换、保养记录等资料。

还要查找原来车主的手册，里面有许多关于汽车上各项操作、油液容量和一般规范的信息。有时找到手册仅仅是为了解决如何设置仪表板上的电子钟。如果找到了手册，应查阅工厂推荐的保养时间表或主要保养项目，将它与汽车里程表读数比较。如果汽车接近其中的某一保养里程，而没有保养记录，则保养该车将需要一定的费用。

5. 检查电器设备

（1）检查刮水器和前窗玻璃洗涤器。打开刮水器和前窗玻璃洗涤器，观察前窗玻璃洗涤器能否喷出洗涤液。观察刮水器是否在所有模式下都能正常工作，刮刷是否清洁，刮水器运转是否平稳，刮水器关闭时，刮片应能自动返回初始位置。

一般刮水器有高速、低速两个位置，新型轿车一般还设有间隙位置，当间隙开关开启后，刮水器能以 2 次/s ~ 12 次/s 的速率自动停止和刮拭。

（2）检查电动车窗。按下电动车窗开关，各车窗升降器应能平稳、安静地工作，无卡滞现象，各车窗能升起和落下。

（3）检查电动外后视镜。按下电动外后视镜开关上的 UP（上升）按钮，然后再按 DOWN（下降）按钮，后视镜平衡应先向上移动，再向下移动。按下电动外后视镜开关上的 LEFT（向左）按钮，再按下 RIGHT（向右）按钮，电动后视镜平衡应先向左移动，再向右移动。

（4）检查电动门锁。如果汽车有电动门锁，应试用一下，确保从外面能打开所有门锁。同时，确保操作门锁按钮能让所有车门开锁，再从外面试试看。

（5）检查点烟器。按下点烟器，观察点烟器能否正常工作。点烟器插座是许多附件共用的插座，如电动剃刀、冷却器、民用频带收音机等。点烟器不能工作可能说明其他电路有故障（或者只是保险丝烧断）。

（6）检查音响和收音机。用一盒式录音带和一张 CD 唱盘来检查磁带机和音响系统，观察磁带机或 CD 机能否正常工作，音质是否清晰。打开收音机开关，检查收音机能否工作。

许多汽车在静止和发动机停机时发出声响，应在发动机运转时倾听音响系统或收音机，检查是否有发动机电气系统干扰或由于松动、断裂或低标准天线引起的信号接收不良。

（7）检查电动天线。如果汽车安装了电动天线，当打开点火开关或按下天线按钮后，天线应能自动升高和降低，否则电动天线需要更换。

（8）检查电动天窗。如果有电动太阳天窗，操作一下，观察是否工作平稳，关闭时是否密封良好。当打开太阳天窗时，检查轨道上是否有漏水的痕迹，这是天窗常见的问题，特别是在旧机动车上。如果天窗上有玻璃板或塑料板，察看玻璃板或塑料板是否清洁并且有无裂纹；许多的太阳天窗上有遮阳板，当不想让阳光射进来时，可以向前滑动或转动从内部遮住太阳天窗。应确保遮阳板良好，工作正常。

（9）检查活顶。如果正在检查一辆活顶轿车，即使在冬天，也必须试试顶部的机械系统。电动顶部机械系统包含复杂、昂贵的电气和液压部件，必须了解它们是否能正常工作。前窗玻璃顶部边缘的锁门是否合适并能安全锁上，车顶降下和升起是否自始至终没有延迟或冲击，大多数活顶轿车有个乙烯树脂防尘罩盖（用于保护折叠后的车顶），它在车顶折叠时被装上。应确保随车带有一个防尘罩盖并处于良好状态。活顶轿车车顶最大的问题是塑料后窗在露天下很容易褪色。检查车顶上所有可看到的接缝和检查塑料后窗的状况。轻微擦伤后可能损伤塑料后窗，而更换车窗是很贵的。

（10）检查除雾器。如果汽车配备了后窗除雾器，即使无雾可除，也要试一下。如果系统工作正常的话，打开后窗除雾器几分钟后，后窗玻璃摸上去应该是热的。还须检查暖风器（即使是夏天）并确保风速开关在所有速度挡都能工作。试一试前窗玻璃除霜器，并在前窗玻璃底部感受一下热空气。如果没有热气，可能意味着除霜器导管丢失或破裂。

（11）检查防盗报警器。一些汽车上加装了防盗报警器，应检查是否正常工作。先设置报警，然后再振动翼子板，观察防盗报警器能否启动报警，但在实验之前应确保知道如何解除报警。

（12）检查空调鼓风机。打开空调鼓风机，依次将风速开关旋转至不同的速度位置观察鼓风机是否能正常运转。

（13）检查电动座椅。如果是电动座椅，应检查是否所有调行方向上都能工作。

6. 检查行李箱及附属设施

行李箱的锁只能用钥匙才能打开，观察行李箱的锁有无损坏。一般行李箱采用气体助力支柱，要检查气压减振器能否支撑起行李箱盖的重量。失效的气压减振器可能使行李箱盖自动倒下，这是很麻烦甚至危险的。有些汽车在乘客舱内部有行李箱开启拉索或电动开关。确保其能正常工作，并能不费劲地打开行李箱或箱盖。行李箱防水密封条对行李箱内部贮物和地板车身的防护十分重要。所以应仔细检查防水密封条有无划痕、损坏脱落。

在打开行李箱后，对内部进行近距离全面观察，检查油漆是否相配。行李箱区漆的颜色是否的确与外部的颜色相同，行李箱盖底部的颜色是否与外部的颜色相同，当将汽车重新喷成不同颜色时，行李箱、发动机罩底部、车门柱喷成与新的外部颜色相配常常是特别昂贵的。然而，廉价的喷漆作业并不包括这些工作。如果行李箱中喷漆颜色与原车颜色不相同，则表明已重喷了便宜漆或者是更换了板面或有过其他一些碰撞修理。查看行李箱盖金属构件、地板垫、后排座椅后的纸板、线路或是尾灯后部等这些地方是否喷漆过多。

拉起行李箱下的橡胶地板垫或地毯，观察地板是否有铁锈、修理和焊接过的痕迹，或由行李箱密封条泄漏引起的发霉的迹象。如果是一辆行驶里程较短的汽车，其备用轮胎应该是新标记，与原车上的标记相同，而不像废品回收站里花纹几乎磨光的轮胎。设法找到出厂原装的千斤顶、千斤顶手柄和轮毂盖/带耳螺母拆卸工具，它们应该全在车里。检查行李箱内部地板是否有损坏的痕迹。检查原装千斤顶贮放处和使用说明，如果轮胎安装在行李箱地板的凹槽内的话，那里通常贴有印花纸，它处于行李箱盖下、行李箱壁上或备胎上方的纤维板上。由于一些碰撞修理的结果，这些贴花纸可能已经发暗或丢失。

行李箱上有一门控灯，当行李箱打开时，门控灯应点亮。否则，门控灯或门控开关损坏。轻轻按下行李箱盖，不用很大力气就应能关上行李箱盖。对于一些高档轿车，行李箱盖是自动闭合的，不能用大力关行李箱盖。行李箱盖关闭后，行李箱盖与车身其他部分的缝隙应均匀，不能有明显的偏斜现象。

7. 检查车底

检查完发动机机舱、车舱、行李箱、车身表面等工作后，就要进行下一步工作，即检查汽车底部。将汽车用举升机举起后，就可对车底各部件进行检查，而车主在卖车之前，一般不会对车底各部件进行保养，所以，车底各部件的技术状况更能真实地反映出汽车整体的技术状况。

1）检查泄漏

在汽车底下很容易检查出泄漏源，从车底下可以检查出的泄漏有冷却液泄漏、机油泄漏、制动液泄漏、变速器油泄漏、动力转向油泄漏、主减速器油泄漏、电控悬架油泄漏、减振器油泄漏及排气泄漏等。

（1）检查冷却液泄漏。冷却液泄漏通常从上部最容易看见，但是如果暖风器芯或软管泄漏，液滴可能只出现在汽车下侧，所以应在离合器壳或发动机机舱壁周围区域寻找那些冷却液污迹。注意：空调车通常滴水，有时相当多，汽车熄火后，可能还会滴。当从路试返回并在测试空调时，不要把水滴和冷却液泄漏混淆。来自空调的水是蒸汽凝结成的，无色无味，不像冷却液呈绿色（防冻剂的颜色）并有一点甜味。

（2）检查机油泄漏。检查油底壳和油底壳放油螺栓区域是否有泄漏的迹象。行程超过80000km的汽车有少量污迹是正常的。当泄漏持续很长时间时，行车气流抽吸型通风装置和发动机风扇将把油滴抛到发动机、变速器或发动机机舱壁下部区域各处，所以严重的泄漏不难被发现，除非汽车的下侧最近用蒸汽清洁过。一般说，大多数旧机动车买主都不会像这里描述的那样费力地进行彻底的检查，所以经销商也不会付额外的费用来用蒸汽清洁底盘。他们只清洁打开发动机罩时能看到的地方。

（3）检查动力转向油泄漏。在一些汽车上，动力转向液泄漏可能看起来像变速器油液泄漏，因为两种油液相似，但是动力转向液泄漏通常造成的污迹集中在动力转向泵或转向器（或齿条齿轮）本体附近。

（4）检查变速器油泄漏。对于自动变速器，一般有自动变速器冷却装置，其管道较长，容易出现泄漏。其检查方法如下：

在冷却管路连接到散热器底部的地方察看是否有变速器液泄漏，沿着冷却管路本身和变速器油盘和变速器后油封周围的区域查看。返回变速器的金属冷却管应成对布置，有几个金属夹子沿着管路将它们固定。管路不应该悬下来。还应该检查是否曾经在某些地方不切断金属管而用螺丝夹安装橡胶软管作为修理。只有几种具有足够强度和足够耐油耐热的橡胶软管才可以用在变速器管路上。像燃油软管那样的常规软管，在这种应用中，短期使用后可能失效，会引起变速器故障。

（5）检查制动液泄漏。诊断前、后制动器是否有制动油液的痕迹。查找制动钳、鼓式制动器后板和轮胎上是否有污迹。从汽车的前部到后部，循着制动钢管，寻找管路中是否有扭结、凹陷或是否有泄漏的痕迹。

（6）检查排气泄漏。排放系统紧固是很重要的，因为其不仅使汽车行驶时更安静，而且驾驶起来更舒适。但如果排气系统泄漏，使一氧化碳流入汽车内部，对驾驶员和乘客是有致命危险的。可以通过在汽车路试前，汽车发动时，注意倾听发出声音的一些特定区域是否哪里听起来好像有泄漏声来排除。如果没有听到，那么再让另一人发动汽车并稍稍变化发动机转速，同时自己在汽车旁蹲下（发动机运转时，即使汽车可靠地顶在千斤顶上，也切勿钻进汽车底下），仔细倾听是否有嘶嘶声或隆隆声。

排气泄漏通常呈现为白色、浅灰或者黑色条纹。它们可能来自排气管、催化转化器或消声器上的针孔、裂缝或孔洞。特别注意查看消声器和转化器接缝，以及两个管或排气零件的接合处。有排气垫的地方，就有排气泄漏的可能性。

当检查排气系统时，应寻找明显的排气泄漏痕迹。例如，焊接不当的排气管连接处周围的黑色污迹，因为在浅色排放管上，泄漏通常容易造成棕色或黑色污迹。这些小孔周围的污迹是排气管需要更换的迹象。如果装有橡胶环形圈，检查橡胶环形圈排气管吊架的情况。还要检查排气管支座是否损坏，支座损坏容易引起排气系统泄漏或产生噪声。

　　2）检查排气系统

　　观察排气系统上所有吊架，它们是否都在原来的位置上并且是否像原来的部件一样。大多数现代式汽车具有带耐热橡胶环形圈的排气管支承，它连接车架支架与排气管支架。当这些装置在一些汽车零部件商店里被更换为通用金属带时，排放系统将承受更大的应力并使更多的噪声、热量和振动传递到汽车上。

　　检查排放系统零件是否标准，排气尾管是否曾更换，且要确保它们远离制动管。在后轮驱动的汽车上，排气尾管越过后端部，要确保紧靠后桥壳外表的制动钢管没有因为与排放系统上的凸起相遇而压扁。

　　3）检查前、后悬架

　　（1）检查减振弹簧。汽车减振弹簧主要有钢板弹簧和螺旋弹簧两种。对于钢板弹簧，应检查车辆钢板弹簧是否有裂纹、断片和碎片现象；两侧钢板弹簧的厚度、长度、片数、弧度、新旧程度是否相同；钢板弹簧 U 形螺栓和中心螺栓是否松动；钢板弹簧销与衬套的配合是否松旷。对于螺旋弹簧，应检查有无裂纹、折断或疲劳失效等现象。螺旋弹簧上、下支座有无变形损坏。

　　（2）检查减振器。观察 4 个减振器是否有漏油现象，如果有漏油，说明减振器已失效，需要更换。而更换减振器需要全部更换，而不是只更换 2 个，所以成本较高。观察前、后减振器的生产厂家是否一致。减振器上下连接处有无松动、磨损等现象。

　　（3）检查稳定杆。稳定杆主要用于前轮，有时也用于后轮，两端固定于悬架控制臂上。其功用是保持汽车转弯时车身平衡，防止汽车侧倾。检查稳定杆有无裂纹，与车身连接处的橡胶衬有无损坏，与左、右悬架控制臂的连接处有无松旷现象。

　　4）检查转向机构

　　汽车转向机构性能的好坏对汽车行驶稳定性有很大的影响，因此，应仔细检查转向系统，尤其是转向传动机构。检查转向系统除了检查转向盘自由行程之外，还应仔细检查以下项目。

　　（1）检查转向盘与转向轴的连接部位是否松旷；转向器垂臂轴与垂臂连接部位是否松旷；纵、横拉杆球头连接部位是否松旷，纵、横拉杆臂与转向节的连接部位是否松旷；转向节与主销之间是否松旷。

　　（2）检查转向节与主销之间是否配合过紧或缺润滑油，纵、横拉杆球头连接部位是否调整过紧或缺润滑油；转向器是否无润滑油或缺润滑油。

　　（3）检查转向轴是否弯曲，其套管是否凹瘪。

　　（4）对于动力转向系统，还应该检查动力转向泵驱动带是否松动；转向油泵安装螺栓是否松动；动力转向系统油管及管接头处是否存在损伤或松动等。

　　5）检查传动轴

　　对于后轮驱动的汽车，检查传动轴、中间轴及万向节等处有无裂纹和松动；传动轴是否弯曲、传动轴轴管是否凹陷；万向节轴承是否因磨损而松旷，万向节凸缘盘联接螺栓是否松动等。

　　对于前轮驱动的汽车，要密切注意等速万向节上的橡胶套。绝大多数汽车在每一侧（左驱动桥和右驱动桥）都具有内、外万向节，每一个万向节都是由橡胶套罩住的，橡胶套保护万向节避免污物、锈蚀和潮气，它里面填满了润滑脂。更换万向节的价格很昂贵。

用手弯曲或挤压橡胶套，查找是否有裂纹或擦伤。里面已经没有润滑脂且有划痕的等速万向节橡胶套是一个信号，说明万向节已受到污物和潮气的侵蚀需要立即更换。

6）检查车轮

（1）检查车轮轮毂轴承是否松旷。用举升机或千斤顶支起车轮，用手晃动车轮，感觉有旷动，说明车轴轮毂轴承松旷，车轴轴承磨损严重，需要更换车轮轴承，而需更换车轮轴承的费用较高。

（2）检查轮胎磨损情况。在初步检查时，是从汽车的外侧检查轮胎，而现在要检查轮胎的内侧。检查是否有对胎侧进行修理、是否有割痕或磨损、是否有严重的风雨侵蚀。后轮胎内侧胎面过度磨损是很难从外侧发现的，除非将汽车顶起来。通常，后轮胎上内侧胎面磨损暗示着已将汽车前轮胎更换到后轮胎位置，或通过在后面不大能看到的方式来掩饰它们的磨损。

（3）检查轮胎花纹磨损深度。轿车轮胎胎冠上的花纹深度不得小于 1.6mm；其他车辆转向轮的胎冠花纹深度不得小于 3.2mm，其余轮胎胎冠花纹深度不得小于 1.6mm。

有的轮胎设有胎面磨耗（打滑）标记，当磨损量超过正常限度时，磨损标记就会显露出来。若标记已显露出来，则表明轮胎已磨损到极限状态，应更换。

2.2　机动车技术状况的动态检查

机动车的动态检查是指车辆路试检查。路试的主要目的是在一定条件下，通过机动车各种工况，如发动机启动、怠速、起步、加速、匀避、滑行、强制减速、紧急制动，从低速挡到高速挡或从高速挡到低速挡的行驶，检查汽车的操纵性能、制动性能、滑行性能、加速性能、噪声和废气排放情况，以鉴定旧机动车的技术状况。

在对汽车进行静态检查之后，再进行动态检查，其目的是进一步检查发动机、底盘、电器电子设备的工作状况及汽车的使用性能。其检的主要包括发动机工作检查；路试相关性能检查；自动变速器路试检查以及路试后的检查等内容。

2.2.1　路试前的准备

在进行路试之前，先检查机油油位、冷却液液位、制动液液位、转向油液位、踏板自由行程、转向盘自由行程、轮胎胎压和各警示灯项目。各个项目正常后方可启动发动机，进行路试检查。

1. 检查机油油位

检查之前应将车停放在平坦的场地上。将启动开关钥匙拧到关闭位置，把驻车制动杆放到制动位置，变速杆放到空挡位置。

打开发动机舱盖，抽出机油尺，将机油尺用抹布擦净油迹后，插入机油尺导孔，拔出查看。油位在上下刻线之间，即为合适。如果超出上刻线，应放出机油；如果低于下刻线，可从加油口处添加机油，待 10min 后，再次检查油位。补充时应严格注意清洁并检查是否有渗漏现象。

2. 检查冷却液液位

检查冷却液时，对于没有膨胀水箱的冷却系，可以打开散热器盖进行检查，要求液面不低于排气孔10mm。如果使用防冻液时，要求液面高度应低于排气孔50mm～70mm（这是为了防止防冻液因温度升高而溢出）；对于装有膨胀水箱的冷却系，应检查膨胀水箱的冷却液量是否在规定刻线（H-L）之间（图2-3）。检查水量时，应在冷车状态下进行，检查后应扣紧散热器盖。补充冷却液时，应尽量使用软水或同种防冻液。加冷却液前应检查冷却系统是否有渗漏现象。

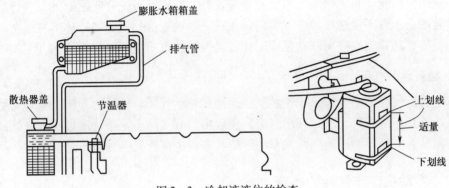

图2-3　冷却液液位的检查

3. 检查制动液液位

正常制动液量位置应在贮液罐的上限（H）与下限（L）刻线之间或标定位置处。当液位低于标定刻线或下限位置时，应把新的制动液补充到标定刻线或上限位置。由于常用的制动液（醇醚类）具有一定的吸湿性。因此，在向贮液罐内补充制动液时，一方面要使用装在密封容器内的新制动液，另一方面要避免长时间开放贮液罐的加液口盖。因为制动液吸收水分后其沸点会显著降低，容易引起气阻，造成制动失灵。

在添加或更换制动液时，要严格执行厂方的有关规定。否则，制动液的效能将会改变，制动件会被损坏，如发现制动液量显著减少，应注意查找渗漏部位，及时修复，防止制动失灵。

4. 检查动力转向液压油的油量

首先，将动力转向储油罐的外表擦干净，然后再将加油口盖从贮油罐上取下，用干净的布块将油标尺上的油擦干净，重新将油标尺装上（检查时，请不要拧紧加油口盖），然后取下油标尺，检查油平面，油尺所示的刻度和意义与机油尺相同。如果油平面高度低于油尺下限刻度，则需要添加同种的转向液压油，直到上限刻度为止。在添加之前应检查动力管路是否有渗漏现象。在检查或添加转向液压油时，应检查油质的污染情况，发现变质或污染时应及时更换。

5. 检查燃油箱的油量

打开点火开关，观察燃油表，了解油箱大致储油量。也可打开油箱盖，观察或用清洁量尺测量。但要注意油箱盖的清洁，避免尘土、脏物等落入。

6. 检查冷却风扇传动带

检查冷却风扇传动带的紧度，用拇指以 90N～100N 的力按压传动带的中间部位时，挠度应为 10mm～15mm，如果不符合要求，按需要可调节发动机支架固定螺栓的位置。

7. 检查制动踏板行程并确保制动灯工作

路试旧机动车前，一定要检查制动系统并确保制动灯工作良好。记住，如果路试的汽车只有一个或没有制动灯的话，会被罚款。感受踩踏制动踏板的感觉，踩下制动踏板 25mm～50mm，就应感到坚实而没有松软感，如果制动踏板有松软感，可能制动管路有空气，这意味着制动系统中某处可能有泄漏现象。对制动系统有问题的汽车进行路试是非常危险的，千万不能这样做。继续路试或进一步检查前一定要坚持让车主将制动系统修好。另外，还要检查驻车制动是否工作，是否能将汽车稳固地保持住。

8. 检查轮胎气压

拧开轮胎气嘴的防尘帽，用轮胎气压表测量轮胎气压。轮胎的气压应符合轮胎的规定。气压不足，应进行充气，气压过高，应放出部分气体。轮胎气压过高或过低，均不宜进行路试，其既不能正确判断汽车的性能状态，也可能发生意想不到的事故。

2.2.2　发动机工作性能的检查

检查发动机工作性能主要是检查发动机的启动性、怠速、异响、急加速性、曲轴箱窜气量及排气颜色等项目。

1. 检查发动机启动性

正常情况下，启动发动机时，应在 3 次内启动成功。启动时，每次时间不超过 5s。再次启动时间要间隔 15s 以上。若发动机不能正常启动，说明发动机的启动性能不好。影响发动机启动性的原因有很多，主要有油路、电路、气路和机械 4 个方面原因。如供油不畅、电动汽油泵无保压、点火系统漏电、蓄电池电极锈蚀、空气滤清器堵塞、汽缸磨损致使汽缸压力过低、气门关闭不严等。发动机启动困难应综合分析各种原因，虽然有很多原因引起发动机启动困难，但对汽车价格的影响相差很大。

2. 检查发动机怠速

发动机启动后使其怠速运转，打开发动机盖，观察怠速运转情况，怠速应平稳，发动机振动很小。观察仪表盘上的发动机转速表，此时，发动机的怠速应在（800±50）r/min，不同发动机的怠速转速可能有一定的差别，若开空调，发动机转速应上升，其转速应在 1000r/min 左右。

发动机怠速时，若出现转速过高、过低、发动机抖动严重等现象，均表明发动机怠速不良。引起发动机怠速不良的原因多达几十种，如点火正时、气门间隙、进气系统、怠速阀、曲轴箱通风系统、废气再循环系统、活性炭罐系统、点火系统、供油系统、线束等均可能引起怠速不良，这也是困扰汽车维修检测人员的一个大难题，有时候为了找到怠速不良的故障原因，可能要花很多的工时，甚至有的汽车怠速不良是顽症，可能一直都无法解决，鉴定评估人员应引起重视。

3. 检查发动机异响

让发动机怠速运转，听发动机有无异响和响声的大小。然后，用手拨动节气门，适当增加发动机转速，倾听发动机的异响是否加大，或是否有新的异响出现。正常情况下，发动机各部件配合间隙适当、润滑良好、工作温度正常、燃油供给充分、点火正时准确，无论转速和负荷怎样变化，都是一种平稳而有节奏、协调而又圆滑的轰鸣声。

在额定转速内，除正时齿轮、机油泵齿轮、喷油泵齿轮、喷油泵传动齿轮及气门有轻微均匀的响声以外，若发动机发出敲击声、咔哒声、爆然声、咯咯声、尖叫声等均是不正常的响声。如果有来自发动机底部的低频隆隆声或爆燃声，则说明发动机严重损坏，需要对发动机进行大修。

发动机异响是很难排除的，尤其是发生在发动机内部。鉴定评估人员应引起高度重视。

4. 检查发动机急加速性

待发动机运转正常后，发动机温度达到80℃以上，用手拨动节气门，从怠速到急加速，观察发动机的急加速性能，然后迅速松开节气门，注意发动机怠速是否熄火或工作不稳。通常急加速时，发动机发出强劲且有节奏的轰鸣声。

5. 检查排气颜色

正常的汽油发动机排出的气体是无色的，在严寒的冬季可见白色的水汽；柴油发动机带负荷运转时，发动机排出气体一般是灰色的，负荷加重时，排气颜色会深一些。汽车排气常有3种不正常的烟雾。

（1）冒黑烟。冒黑烟意味着燃油系统输出的燃油太多。换句话说，空气、燃油混合气太浓，发动机不能将它们完全燃烧。混合气过浓情况是由于几个火花塞不点火，还是由于几个喷油器漏油引起的，很难区分。无论哪种情况，燃油都会被送进催化转化器中。这样就把转化器的工作温度升高到了一个危险温度。这样经过一段时间后，更高的工作温度可能导致催化转化器破裂或融化。

（2）冒蓝烟。冒蓝烟意味着发动机烧机油，即机油窜入燃烧室。若机油油面不高，最常见的原因是汽缸与活塞密封出现问题，即活塞、活塞环因磨损与汽缸的间隙过大。这表明此发动机需要大修。

（3）冒白烟。冒白烟意味着发动机烧自身冷却系统中的冷却液（防冻液和水）。这可能是汽缸垫烧坏，使冷却液从冷却液通道渗漏到燃烧室中；也可能是缸体有裂纹，冷却液进入到汽缸内，这种发动机的价值就要大打折扣。白烟的另一个解释是由非常冷和潮湿的外界空气（低露点）引起的。这种现象类似于在非常寒冷的天气中呼吸时的凝结，当呼出的气体比外界空气热得多，而与外界冷空气混杂在一起时热气凝结，产生水蒸汽。以同样的方式，热排气与又冷又湿的大气混杂在一起产生白色烟雾（蒸汽），但是当汽车热起来后，因为热排气湿度含量低，蒸汽应当消失。当然，如果在非常寒冷的气候条件下检查一辆汽车，即使在发动机热起来后，它的排气可能会继续冷凝，此时要靠鉴定评估人员的判断力来判别。如果在暖和的天气里看到冒白烟，可能表明有某种机械问题。

如果是自动挡汽车，汽车行驶时排出大量白烟可能是自动变速器有问题，而不是由冷却液引起的。许多自动变速器有一根通向发动机的真空管。如果这根变速器真空管末端的密封垫或薄膜泄漏，自动变速器油液可能被吸入发动机中，造成排气冒烟。

（4）排气气流不平稳。将手放在距排气管排气口 10cm 左右处，感觉发动机怠速时排气气流的冲击。正常排气气流有很小的脉冲感。若排气气流有周期性的打嗝或不平稳的喷溅，表明气门、点火或燃油系统有问题而引起间断性失火。

2.2.3　汽车路试检查

汽车路试一般行驶 20km 左右。通过一定里程的路试检查汽车的工况。

1．检查离合器的工作状况

按正常汽车起步方法操纵汽车，使汽车挂挡平稳起步，检查离合器工作情况。正常情况下，离合器应该是接合平稳，分离彻底，工作时无异响、抖动和不正常打滑现象。踏板自由行程符合汽车技术条件的有关规定，一般为 30mm～45mm。自由行程太小，说明离合器摩擦片磨损严重。离合器踏板力应与该型号汽车的踏板力相适应，各种汽车的离合器踏板力不应大于 300N。如果离合器发抖或有异响，说明离合器内部有零件损坏现象，应立即结束路试。

2．检查变速器的工作状况

从起步加速到高速挡，再由高速挡减至低速挡，检查变速器换挡是否轻便灵活，互锁和自锁装置是否有效，是否有异响、乱挡或掉挡现象，换挡时变速杆不得与其他部件干涉。

在换挡时，变速器齿轮发响，表明变速器换挡困难，这是变速器常见的故障现象，一般是由于换挡联动机构失调，或换挡拨叉变形或锈蚀，或同步器损坏所致。对于变速传动机构不当或锈蚀，尤其是远程换挡机构，只需重新调整即可。对于同步器损坏，则需要更换同步器，但费用较高。

在汽车行驶过程中，急速踩下加速踏板或汽车受到冲击时，变速杆将自行回到空挡，即为掉挡。当变速器出现掉挡时，说明变速器内部磨损严重，需要更换磨损的零件，才能恢复正常的性能。

在路试中，若换挡后出现变速杆发抖现象，表明汽车变速器使用时间很长，变速器的操纵机构的各个铰链处磨损松旷，使变速杆处的间隙过大。

3．检查汽车动力性

汽车动力性能最常见的指标是从静态加速至 100km/h 时所需的时间和最高车速，其中前者是最具意义的动力性能指标和国际流行的小客车动力性能指标。

汽车起步后，加速行驶，猛踩加速踏板，检查汽车的加速性能。通常急加速时，发动机会发出强劲的轰鸣声，车速迅速提升。各种汽车设计时的加速性能不尽相同，就轿车而言，一般发动机排量越大，加速性能就越好。有经验的汽车评估人员，能够了解各种常见车型的加速性能，通过路试能够检查出被检汽车的加速性能与正常的该型号汽车加速性能的差距。

检查汽车的爬坡性能，即检查汽车在相应的坡道上，使用相应挡位时的动力性能，是否与经验值相近，感觉是否正常。检查汽车是否能够达到原设计车速，如果达不到，估计一下差距大小。如果汽车提速慢，最高车速与原车设计值差距较大，上坡无力，则说明车辆动力性能差，是一辆"老爷车"。

4. 检查汽车制动性能

汽车起步后，先点一下制动，检查是否有制动：将车加速至20km/h时做一次紧急制动，检查制动是否可靠，有无跑偏、甩尾现象；再将车加速至50km/h，先用点刹的方法检查汽车是否立即减速、是否跑偏；再用紧急制动的方法检查制动距离和跑偏量。机动车在规定的初速度下的制动距离和制动稳定性应符合表2-1的要求。

表2-1　制动距离和制动稳定性要求

机动车类型		制动初速度/（km/h）	制动距离/m		试车道宽度/m
			满载	空载	
三轮汽车		20	≤5.0		2.5
乘用车		50	≤20.0	≤19.0	2.5
总质量≤3500kg	低速汽车	30	≤9.0	≤8.0	2.5
	一般汽车	50	≤22.0	≤21.0	2.5
其他汽车、汽车列车		30	≤10.0	≤9.0	3.0
轮式拖拉机运输机组		20	≤6.5	≤6.0	3.0
手扶变型运输机		20	≤6.5		2.3

当踩下制动踏板时，若制动踏板或制动鼓发出冲击或尖叫声，则表明制动摩擦片可能磨损，路试结束后应检查制动摩擦片的厚度。若踩下制动踏板有海绵感，则说明制动管路进入空气，或制动系统某处有泄漏，应立即停止路试。

5. 检查汽车行驶稳定性

车速以50km/h左右中速直线行驶时，双手松开转向盘，观察汽车行驶状况。此时，汽车应该仍然直线行驶并且不明显地转到另一边。如果汽车明显转向一边，说明汽车的转向轮定位不准，或车身、悬架变形。

车速以90km/h以上高速行驶时，观察转向盘有无摆动现象，即所谓的"汽车摆头"现象。若汽车有高速摆头现象通常意味着存在严重的车轮不平衡或不对称问题。汽车摆头时，前轮左右摇摆沿波形前进，严重地破坏了汽车的平顺性，直接影响汽车的行驶安全，增大了轮胎的磨损，使汽车只能以较低的速度前进。

选择宽敞的路面，左右转动转向盘，检查转向是否灵活、轻便。若转向沉重，说明汽车转向机构各球头缺油或轮胎气压过低。对于带助力转向的汽车，转向沉重可能是动力转向泵和齿轮齿条磨损严重，需要修理或更换转向齿条，但费用相当昂贵。

6. 检查汽车行驶平顺性

将汽车开到粗糙、有凸起的路面上行驶，或通过铁轨、公路有接缝处，感觉汽车的平顺性和乘坐舒适性。通常汽车排量越大，行驶越平顺，但燃油消耗也越多。

当汽车转弯或通过不平的路面时，倾听是否有从汽车前端发出的忽大忽小的嘎吱声或低沉的噪声，这可能是滑柱或减振器紧固装置松了，或轴套磨损严重。汽车转弯时，若车身侧倾过大，则可能是横向稳定杆衬套或减振器磨损严重。

在前轮驱动汽车上，前面发出咯哒声、沉闷金属声、滴答声可能是等速万向节已磨损，需要维修，等速万向节维修费用昂贵，和变速器大修费用差不多。

7. 检查汽车传动效率

在平坦的路面上，做汽车滑行试验。将汽车加速至 30km/h 左右时，踏下离合器踏板，将变速器挂入空挡滑行，其滑行距离应不小于 220m。否则，汽车传动系统的传动阻力大，传动效率低，油耗增大，动力不足。汽车越重，其滑行距离越远。初始车速越高，其滑行距离亦越远。

将汽车加速至 40km/h ~ 60km/h 迅速抬起加速踏板，检查有无明显的金属撞击声，如果有则说明传动系统间隙过大。

8. 检查风噪声

逐渐提高车速，使汽车高速行驶，倾听车外风噪声。风噪声过大，说明车门或车窗密封条变质损坏，或车门变形密封不严，尤其是整形后的事故车。

通常，车速越高，风噪声越大。对于空气动力性好的汽车，其密封和隔音性能好，风噪声较小。而对于空气动力学较差的汽车或整形后的事故车，风噪声一般较大。

2.2.4　自动变速器的路试检查

在道路试验之前，应先让汽车以中低速行驶 5min ~ 10min，让发动机和自动变速器都达到正常的工作温度。

1. 检查自动变速器升挡

将操纵手柄拨至前进挡（D）位置，踩下节气门踏板，使节气门保持在 1/2 开度左右，让汽车起步加速，检查自动变速器的升挡情况。自动变速器在升挡时发动机会有瞬时的转速下降，同时车身有轻微的颤动感。正常情况下，随着车速的升高，试车者应能感觉到自动变速器能顺利地由 1 挡升入 2 挡，随后再由 2 挡升入 3 挡，最后升入超速挡。若自动变速器不能升入高挡（3 挡或超速挡），说明控制系统或换挡执行元件有故障。

2. 检查自动变速器升挡时发动机转速

有发动机转速表的汽车在做自动变速器道路试验时，应注意观察汽车行驶中发动机转速变化的情况。它是判断自动变速器工作是否正常的重要依据之一。在正常情况下，若自动变速器处于经济模式或普通模式，节气门保持在低于 1/2 开度范围内，则在汽车由起步加速直至升入高速挡的整个行驶过程中，发动机转速都低于 3000r/min。通常在加速至即将升挡时发动机转速可达到 2500r/min ~ 3000r/min，在刚刚升挡后的短时间内发动机转速下降至 2000r/min 左右，如果在整个行驶过程中发动机转速始终过低，加速至升挡时仍低于 2000r/min，说明升挡时间过早或发动机动力不足；如果在行驶过程中发动机转速始终偏高，升挡前后的转速在 2500r/min～3500r/min，而且换挡冲击明显，说明升挡时间过迟；如果在行驶过程中发动机转速过高，经常高于 3000r/min，甚至更高，则说明自动变速器的换挡执行元件（离合器或制动器）打滑，需要拆修自动变速器。

3. 检查自动变速器的锁止离合器工作状况

自动变速器中的锁止离合器工作是否正常也可以采用道路试验的方法进行检查。试验中，让汽车加速至超速挡，以高于 80km/h 的车速行驶，并让节气门开度保持在低于 1/2 的位置，使变矩器进入锁止状态。此时，快速将节气门踏板踩下至 2/3 开度，同时检查发动机转速的变化情况。若发动机转速没有太大变化，说明锁止离合器处于接合状态；反之，若发动机转速升高很多，则表明锁止离合器没有接合，其原因通常是锁止控制系统有故障。

2.2.5　路试后的检查

1. 检查各部件温度

（1）检查油、冷却液温度。正常冷却液温度不应超过 90℃，机油温度不应高于 90℃，齿轮油温不应高于 85℃。

（2）检查运动机件过热情况。查看制动鼓、轮毂、变速器壳、传动轴、中间轴轴承和驱动桥壳（特别是减速器壳）等，不应有过热现象。

2. 检查"四漏"现象

（1）在发动机运转及停车时散热器、水泵、汽缸、缸盖、暖风装置及所有连接部位均无明显渗漏水现象。

（2）机动车连续行驶距离不小于 10km，停车 5min 后观察不得有明显渗漏油现象。检查机油、变速器油、主减速器油、转向液压油、制动液、离合器油、液压悬架油等相关处有无泄漏现象。

（3）检查汽车的进气系统、排气系统有无漏气现象。

（4）检查发动机点火系统有无漏电现象。

2.3　机动车技术状况的辅助仪器检查

利用直观检查法，可以对汽车的技术状况进行定性的判断，即初步判定车辆的运行情况是否基本正常、车辆各部分有无故障及故障的可能原因、车辆各总成及部件的新旧程度等。当对车辆各项技术性能及各总成、部件的技术状况进行定量、客观的评价时，通常需借助一些专用仪器、设备进行。仪器设备的检测结果准确度高，但需要有专用的检测设备、专用的场地，操作人员要经过专门的培训，投资大、成本高、费时、费力。为此，在旧机动车的评估中，目前一般不对被评估的汽车进行上线检测，仅由评估人员进行前述的静态和动态检查。然后，再按一定的评估方法和程序，评估出旧机动车的现时价值。

　　但是，对于一些价格很高的旧机动车，买方要求对其技术状况进行准确全面的检测鉴定时，应进行仪器设备的全面检测，以便对被评估汽车作出准确的判断和切合实际的评估。一般来说，对旧机动车进行综合检测，需要检测车辆的动力性、燃油经济性、转向操作性、排放污染、噪声等整车性能指标，以及发动机、底盘、电器电子等各部件的技术状况，汽车主要检测的内容及其采用的仪器设备如表2-2所列。

表2-2　车辆性能检测指标与检测设备

检测项目			检测仪器设备
整车性能	动力	底盘输出功率	底盘测功机
		汽车直接加速时间	底盘测功机（装有模拟质量）
		滑行性能	底盘测功机
	燃油经济性	等速百千米油耗	底盘测功机、油耗仪
	制动性	制动力	制动检测台、轮重仪
		制动力平衡	制动检测台、轮重仪
		制动协调时间	制动检测台、轮重仪
		车轮阻滞力	制动检测台、轮重仪
		驻车制动力	制动检测台、轮重仪
	转向操作性	转向轮横向侧滑量	侧滑检验台
		转向盘最大自由量	转向力-转向角检测仪
		转向操纵力	转向力-转向角检测仪
		悬架特性	底盘测功机
	前照灯	发光强度	前照明灯检测仪
		光束照射位置	前照明灯检测仪
	排放污染物	汽油车怠速污染物排放	废气分析仪
		汽油车双怠速污染物排放	废气分析仪
		柴油车排气可污染物	不透光仪
		柴油车排气自由加速烟度	烟度仪
	喇叭声级		声级仪
	车辆防雨密封性		淋雨试验台
	车速表指示误差		车速表试验台
发动机部分	发动机功率		无负荷测功仪
	汽缸密封性	汽缸压力	汽缸压力表
		曲轴箱窜气量	曲轴箱窜气量检测仪
		汽缸漏气率	汽缸漏气量检测仪
		进气管真空度	真空表
	启动系统	启动电流	（1）发动机综合测试仪
		蓄电池启动电压	（2）汽车电器万能试验台
		启动转速	

（续）

检测项目			检测仪器设备
发动机部分	点火系统	点火波形	（1）专用示波器 （2）发动机综合测试仪
		点火提前角	
	燃油系统	燃油压力	燃油压力表
	润滑系统	机油压力润滑油品质	机油压力表
	异响		发动机异响诊断仪
底盘部分	离合器打滑		离合器打滑测定仪
	传动系统游动角度		游动角度检验仪
行驶系统	车轮定位		四轮定位仪
	车轮不平衡		车轮平衡仪
空调系统	系统压力		空调压力表
	空调密封性		卤素检漏灯
电子设备			微机故障检测仪

　　检测汽车性能指标需要的设备有很多。其中最主要有底盘测功机、制动检验台、油耗仪、侧滑检验台、前照灯检测仪、车速表试验台、发动机综合测试仪、专用示波器、四轮定位仪和车胎平衡仪等设备，这些设备一般在汽车的综合性能检测中心或汽车修理厂采用，操作难度较大，旧机动车鉴定评估人员不需要掌握这些设备的使用。但对于一些常规的、小型检测设备应能掌握，以便迅速快捷地判断汽车常见的故障。这些设备仪器主要有：汽缸压力表、真空表、万用表、正时枪、燃油压力表、废气分析仪、烟度计、声级计、微电脑故障诊断仪等。

　　在汽车性能检测过程中，上述主要性能的检测标准主要由如下几个部分组成。

2.3.1　车速表检测标准

　　按照 GB 7258—2004《机动车运行安全技术条件》的有关规定，车速表指示误差的检验宜在滚筒式车速表检验台上进行。对于无法在车速表检验台上检验车速表指示误差的机动车（如全时四轮驱动汽车、具有驱动防滑控制装置的汽车等）可路试检验车速表指示误差。

　　（1）车速表指示车速 v_1（单位：km/h）与实际车速 v_2（单位：km/h）之间应符合下列关系式：

$$0 \leqslant v_1 - v_2 \leqslant \left(\frac{v_2}{10}\right) + 4$$

　　将被测机动车驶上车速表检验台的滚筒上使车轮旋转，当该机动车车速表的指示值 v_1 为 40km/h 时，车速表检验台速度指示仪表的指示值 v_2 在 32.8km/h～40km/h 范围内时为合格。

　　当车速表检验台速度指示仪表的指示值 v_2 为 40km/h 时，读取该机动车车速表的指示值 v_1，当 v_1 的读数在 40km/h～48km/h 范围内时为合格。

（2）按照 GB 21861—2008《机动车安全技术检验项目和方法》的要求，摩托车、轻便摩托车：将被测摩托车的车轮驶上车速表检验台的滚筒上使之旋转，当该摩托车车速表的指示值（V_1）为 30km/h 时，车速表检验台速度指示仪表的指示值（V_2）在 23.6km/h～30km/h 范围内时为合格。

（3）轮式拖拉机等设计时速小于 40km/h 的机动车无要求。

2.3.2　侧滑检测标准

GB 7258—2004《机动车运行安全技术条件》规定：汽车的车轮定位应符合该车有关技术条件。车轮定位值应在产品使用说明书中标明。

对前轴采用非独立悬架的汽车，其前轮定位应符合原车规定，GB 21861—2008 考虑到日常检验的可操作性，安全检验时对侧滑量只检测不评判。

2.3.3　汽车制动性能检测标准

（1）制动力要求：前轴制动力与前轴轴荷之比大于等于 60%；制动力总和与整车质量之比，空载大于等于 60%，满载大于等于 50%；乘用车和总质量不大于 3500kg 的货车后轴制动力与后轴荷之比大于等于 20%。具体规定如表 2-3 所列。

表 2-3　行车制动率标准

机动车类型	制动力总和与整车重量的百分比		轴制动力与轴荷①的百分比	
	空载	满载	前轴	后轴
乘用车、总质量不大于 3500kg 的货车	≥60	≥50	≥60②	≥20②
其他汽车、汽车列车	≥60	≥50	≥60②	—
① 用平板制动检验台检验乘用车时应按动态轴荷计算； ② 空载和满载状态下测试应满足此要求				

（2）制动平衡要求：在制动力增长的全过程中同时测得的左右轮制动力差的最大值，与全过程中测得的该轴左右轮最大制动力中较大者之比，前轴不应大于 20%；对后轴（及其他轴）在轴制动力不小于该轴轴荷的 60% 时，不应大于 24%；当后轴（及其他轴）轴制动力小于该轴轴荷的 60% 时，在制动力增长的全过程中同时测得的左右轮制动力差的最大值不应大于该轴轴荷的 8%。具体规定如表 2-4 所列。

表 2-4　制动不平衡率合格标准

内　　容	要　　求
前轴（左右轮制动力差的最大值/左右轮最大制动力中的大值）	≤20%
后轴及其他轴（轴制动力≥轴荷×60% 时，左右轮制动力差的最大值/左右轮最大制动力中的大值）	≤24%
后轴及其他轴（轴制动力＜轴荷×60% 时，左右轮制动力差的最大值/该轴轴荷）	≤8%

（3）协调时间要求：GB 7258—2004 规定，对采用液压制动系统的车辆协调时间不得大于 0.35s；对采用气压制动系统的车辆协调时间不得大于 0.60s；汽车列车和铰接

客车、铰接式无轨电车的制动协调时间不应大于0.80s。具体规定如表2-5所列。

表2-5　制动协调时间合格标准

机动车制动形式	协调合格时间
液压制动	0.35s
气压制动	0.60s
汽车列车、铰接客车、铰接式无轨电车	0.80s
注：综检站GB 18565规定协调时间：对采用液压制动系统的车辆不得大于0.35s；对采用气压制动系统的车辆不得大于0.56s	

（4）进行制动力检测时车辆各轮的阻滞力均不得大于该轴轴荷的5%。

（5）驻车制动力总和应不小于该车在测试状态下整车重力的20%；对质量为整备质量1.2倍以下的车辆此值为15%。具体规定如表2-6所列。

表2-6　驻车制动力合格标准

机动车类型	合格标准
总质量/整备质量≥1.2	驻车制动力总和占整车重量百分比≥20%
总质量/整备质量<1.2	驻车制动力总和占整车重量百分比≥15%

（6）汽车制动完全释放时间（从松开制动踏板到制动消除所需要的时间）不应大于0.80s。

（7）进行制动性能检测时的制动踏板力或制动气压应符合以下要求。

① 满载检验时：

A. 气压制动系统——气压表的指示气压小于等于额定工作气压。

B. 液压制动系统——乘用车踏板力小于等于500N；其他机动车踏板力小于等于700N。

② 空载检验时：

A. 气压制动系统——气压表的指示气压小于等于600kPa。

B. 液压制动系统——乘用车踏板力小于等于400N；其他机动车踏板力小于等于450N。

2.3.4　前照灯检测标准

（1）前照灯远光灯灯束发光强度检测标准如表2-7所列。

表2-7　前照灯远光灯灯束发光强度检测标准　　　　　（cd）

机动车类型	检查项目			
	新注册车		在用车	
	两灯制	四灯制	两灯制	四灯制
最高设计时速小于70km/h的汽车	10000	8000	8000	6000
其他汽车	18000	15000	15000	12000
注：四灯制是指前照灯具有4个远光灯束；采用四灯制的机动车其中两只对称的灯达到两灯制的要求时视为合格				

（2）前照灯光束偏移量检测标准。

① 在检验前照灯近光光束照射位置时，前照灯照射在距离 10m 的屏幕上时，乘用车前照灯近光光束明暗截止线转角或中点的高度应为（0.7~0.9）H（H 为前照灯基准中心高度，下同），其他机动车（拖拉机除外）应为（0.6~0.8）H。机动车（装有一只前照灯的机动车除外）前照灯近光光束水平方向位置向左偏不允许超过 170mm，向右偏不允许超过 350mm。具体规定如表 2-8 所列。

表 2-8　近光光束照射位置检测标准（10m 远处）

机动车类型	近光光束垂直偏	
	下限	上限
乘用车	0.7H	0.9H
其他类型机动车	0.6H	0.8H

② 轮式拖拉机运输机组装用的前照灯近光光束照射位置，按照上述方法检查时，要求在屏幕上光束中点的离地高度不允许大于 0.7H；水平位置要求向右偏不允许超过 350mm，不允许向左偏移。

③ 在检验前照灯远光光束及远光单光束照射位置时，前照灯照射在距离 10m 的屏幕上，要求在光束中心离地高度，乘用车为（0.9~1.0）H，其他机动车为（0.8~0.95）H；机动车（装有一只前照灯的机动车除外）前照灯远光光束水平方向位置要求，左灯向左偏不允许超过 170mm，向右偏不允许超过 350mm。右灯向左或向右偏均不允许超过 350mm。具体规定如表 2-9 所列。

表 2-9　远光光束灯照射位置检测标准（10m 远处）

机动车类型	远光光束垂直偏	
	下限	上限
乘用车	0.9H	1.0H
其他类型机动车	0.8H	0.95H
	远光光束水平偏	
	左偏限值	右偏限值
左灯	170mm	350mm
右灯	350mm	350mm

2.3.5　汽车排放污染物的检测标准

（1）装配点燃式发动机的车辆怠速排气污染物限值如表 2-10 所列。

表 2-10　装配点燃式发动机的车辆怠速试验排气污染物限值

车辆类别	轻型车		重型车	
	CO 含量（体积分数）/%	HC①含量（体积分数）/×10⁻⁶	CO 含量（体积分数）/%	HC①含量（体积分数）/×10⁻⁶
1995 年 7 月 1 日以前生产的在用汽车	4.5	1200	5.0	2000
1995 年 7 月 1 日后生产的在用汽车	4.5	900	4.5	1200
注：①HC 体积分数值按正己烷当量				

（2）根据 GB 18285—2005 规定，装配点燃式发动机的车辆双怠速试验排气污染物限值如表 2-11 和表 2-12 所列。

表 2-11　装配点燃式发动机新生产汽车双怠速排气污染物排放限值

车　　型	类　　别			
	怠速		双怠速	
	CO/%	HC/×10⁻⁶	CO/%	HC/×10⁻⁶
2005 年 7 月 1 日起新生产的第一类轻型汽车	0.5	100	0.3	100
2005 年 7 月 1 日起新生产的第二类轻型汽车	0.8	150	0.5	150
2005 年 7 月 1 日起新生产的重型汽车	1.0	200	0.7	200

表 2-12　装配点燃式发动机在用汽车双怠速试验排气污染物限值

车辆类别	怠　速		高怠速	
	CO/%	HC/10⁻⁶	CO/%	HC/10⁻⁶
1995 年 7 月 1 日以前生产的轻型汽车	4.5	1200	3.0	900
1995 年 7 月 1 日起生产的轻型汽车	4.5	900	3.0	900
2000 年 7 月 1 日起生产的第一类轻型汽车[1)	0.8	150	0.3	100
2000 年 10 月 1 日起生产的第二类轻型汽车	1.0	200	0.5	150
1995 年 7 月 1 日以前生产的重型汽车	5.0	2000	3.5	1200
1995 年 7 月 1 日起生产的重型汽车	4.5	1200	3.0	900
2004 年 9 月 1 日起生产的重型汽车	1.5	250	0.7	200

注：1. 对于 2001 年 5 月 31 日以前生产的 5 座以下（含 5 座）的微型面包车，执行 1995 年 7 月 1 日起生产的轻型汽车的排放限值；

2. 对于使用闭环控制电子燃油喷射系统和三元催化转换器技术的汽车进行过量空气系数（λ）的测定。发动机转速为高怠速时，λ 值在（1.00±0.03）或制造厂规定的范围内。进行 λ 测试前，应按照制造厂使用说明书的规定预热发动机

（3）根据 GB 3847—2005 规定，装配压燃式发动机的车辆自由加速试验排气可见污染物限值如表 2-13 所列。

表 2-13　装配压燃式发动机的车辆自由加速试验排气可见污染物限值

车辆类型	光吸收系数/m⁻¹
2001 年 1 月 1 日以后上牌照的在用车	2.5
2001 年 1 月 1 日以后上牌照且装配废气涡轮增压器的在用车	3.0
2005 年 7 月 1 日起经型式核准车型	型式批准值 +0.5

（4）根据 GB 3847—2005 规定，装配压燃式发动机的车辆自由加速试验烟度排放限值如表 2-14 所列。

表 2-14　装配压燃式发动机的车辆自由加速试验烟度排放限值

车辆类型	烟度值/Rb
1995 年 6 月 30 日以前生产的在用车	5.0
1995 年 7 月 1 日起至 2001 年 9 月 30 日生产的在用车	4.5

2.3.6　噪声检测标准

（1）喇叭声级的检测标准。机动车喇叭声级在距车前 2m、离地高 1.2m 测量时，其值对发动机最大净功率为 7kW 以下的摩托车和轻便摩托车为 80dB（A）～112dB（A），其他机动车为 90dB（A）～115dB（A）。

（2）汽车定置噪声的检测标准。根据 GB 7258—2004《机动车运行安全技术条件》的规定，汽车定置噪声的限值如表 2-15 规定。

表 2-15　汽车定置噪声限值

车辆类型	燃料种类		车辆出厂日期	
			1998 年 1 月 1 日以前	1998 年 1 月 1 日以后
轿车	汽油		87	85
微型客车、货车	汽油		90	88
轻型客车、货车、越野车	汽油	$N_r \leqslant 4300r/min$	94	92
		$N_r > 4300r/min$	97	95
	柴油		100	98
中型客车、货车、大型客车	汽油		97	95
	柴油		103	101
重型货车	$N \leqslant 147kN$		101	99
	$N > 147kN$		105	103

注：N——汽车发动机额定频率；N_r——发动机额定转速

（3）客车车内噪声的检测标准。客车以 50km/h 的速度匀速行驶时，客车车内噪声不应大于 79dB（A）。

（4）驾驶员耳旁噪声的检测标准。汽车（三轮汽车和低速货车除外）驾驶员耳旁噪声声级不应大于 90dB（A）。

2.3.7　汽车动力性检测标准

汽车的动力性可采用底盘测功机检测汽车驱动轮输出功率和用发动机综合分析仪检测无负荷功率两种方法。

采用底盘测功机检测汽车驱动轮输出功率时，车辆动力性合格的条件是

$$\eta_{VM} \geqslant \eta_{Ma} \text{ 或 } \eta_{VP} \geqslant \eta_{Pa}$$

式中　η_{VM}——汽车在额定转矩工况下的校正驱动轮输出功率与额定转矩功率的百分比（%）；

η_{VP}——汽车在额定转矩工况下的校正驱动轮输出功率与额定功率的百分比（%）；

η_{Ma}——汽车在额定转矩工况下的校正驱动轮输出功率与额定转矩功率的百分比的允许值（%）；

η_{Pa}——汽车在额定功率工况下的校正驱动轮输出功率与额定功率的百分比的允许值（%）。

其中，η_{VM} 和 η_{VP} 由底盘测功机试验得出；η_{Ma} 和 η_{Pa} 由相关表查出。

采用发动机综合分析仪检测无负荷功率时，无负荷功率值不得小于额定值的 80%。

第三章　影响汽车评估价格的故障及诊断

3.1　汽车故障的内容

　　汽车因设计、材料、生产工艺、使用方式、检修保养等差异，在使用过程中不可避免地要发生故障。汽车故障有的是突发性的，有的是逐渐形成的。当汽车发生故障时，能够用经验和科学知识准确地、快速地诊断出故障原因，找出损坏的零部件和部位，并尽快地排除故障，对汽车的使用和维修有利。因此，分析故障的原因、列举常见主要故障、归纳故障方法，有利于对汽车故障作出准确判断。

3.1.1　汽车故障形成原因

　　本身存在着易损零件：汽车设计时，因各种因素、各种功能的要求不同，各零件有着不同的寿命，如汽车上运动的、在恶劣环境下工作的零部件就为易损件，如发动机轴承、火花塞等。

　　零件本身质量差异：汽车和汽车零件是大批量和由不同厂家生产的，不可避免地存在着质量差异。原厂配件在使用中会出现问题，协作厂和不合格的配件装到汽车上更会出现问题。

　　汽车消耗品质量差异：主要有燃油和润滑油等，这些质量差的会造成燃烧室积炭、运动接触面超常磨损等，严重影响汽车的使用性能而发生故障。

　　汽车使用环境影响：汽车在野外露天等不断变化的环境里工作。如高速公路路面宽阔平坦，汽车速度高，易出故障和事故；道路不平，汽车振动颠簸严重，易受损伤。山区动力消耗大，在城市用车时间长等，不适当的条件都会使汽车的使用工况发生变化，容易发生故障。

　　驾驶技术和日常保养的影响：驾驶技术对汽车故障产生影响。汽车使用、管理、日常保养不善，不能按规定进行走合和定期维护，野蛮启动和野蛮驾驶等都会使汽车早期损坏和出现故障。

汽车故障诊断技术和维修技术的影响：汽车使用中有故障要即时维修，出了故障要作出准确地诊断，才可能修好。在汽车使用、维护、故障诊断和维修作业中，特别是现代汽车，高新技术应用较多，这就要求汽车使用、维修工作人员要了解和掌握汽车技术和高深的新技术。不会修不能乱修，不懂不能乱动，以免旧病未除，新毛病又出现。

因此，汽车故障广泛地存在于汽车的制造、使用、维护和修理工作的全过程，对于每一个环节都应十分注意，特别是在使用中要注意汽车的故障，有故障要及时发现、及时排除，才能使汽车在使用过程中减少出现事故。

3.1.2　汽车故障的表现形式

汽车性能异常：汽车性能异常就是汽车的动力性和经济性差，主要表现在汽车最高行驶速度明显低，汽车加速性能差；汽车燃油消耗量大和机油消耗量大。汽车乘坐舒适性差，汽车振动和噪声明显加大。汽车操纵稳定性差，汽车易跑偏，车头摆振；制动跑偏，制动距离长或无制动等。

汽车使用工况异常：汽车使用中突然出现某些不正常现象，应重点加以预防：发动机突然熄火；制动时无制动；行驶中转向突然失灵；更有甚者汽车爆胎和汽车自燃起火等。症状表现比较明显，发生原因比较复杂，主要是汽车内部有故障没有被注意，发展成突发性损坏。

汽车异常响声：汽车使用中，往往最易以异常响声的形式表现出来，驾驶员和乘坐者都可以听到。有经验者可以根据异响发生的部位和声音的不同频率和音色判断汽车故障，一般发动机响声比较沉闷并且伴有较强烈的抖振时说明故障比较严重，应停车、降低发动机转速或关闭发动机来查找，有些声音一时查不出来，请有经验的人员查找。

汽车异味：汽车行驶中最忌发生异味，有异味首先要判断是否是汽车异味。汽车异味主要有：制动器和离合器上的摩擦材料发出的焦臭味；蓄电池电解液的特殊臭味；导线烧毁的焦糊味。在某些时候能够嗅到漏机油的烧焦味，都要注意。

汽车过热：汽车过热表现为汽车各部的温度超出了正常使用温度范围。以散热器开锅表现最为明显；变速器过热、后桥壳过热和制动器过热等都可以用手试或用水试法表现出来，是长时间高负荷所致，休息即可。是内部机构故障，应及时诊断和排除。

排气烟色异常：发动机排气烟色是发动机工作的外观表现。发动机烧机油排气呈蓝色，表明发动机烧机油；发动机燃烧不完全排气呈黑色，应更换燃油或调整点火正时；发动机排气呈白色，表示燃油中或汽缸中有水，应检查燃油或检查发动机。

汽车渗漏：汽车渗漏表现为燃油渗漏、机油渗漏、冷却液渗漏、制动液渗漏、转向机油渗漏、润滑油渗漏和制冷剂渗漏等，以及电气系统漏蓄电池液和电气系统漏电等。汽车渗漏极易引起汽车过热和机构损坏。如漏转向机油容易引起汽车转向失灵；漏制动液容易引起制动失灵等。

汽车外观失常：外观失常。应注意检查汽车轮胎气压、车架和悬架损坏、车身损坏等不正常现象。可能影响到汽车行驶安全。如汽车重心偏移、振动严重、转向不稳定和汽车跑偏等。

汽车驾驶异常：汽车驾驶异常表现为汽车不能按驾驶员的意愿进行加速行驶、进行转向和制动，可以觉察到汽车操纵机构和执行机构故障，除对油门踏板、制动踏板、离合器踏板和转向盘及其传动机构进行检查和调整外，还应对汽车进行全面检查。找出故障，维修正常，才能使用。

3.1.3　汽车故障的分类

1. 按汽车丧失工作能力的范围分类

按汽车丧失工作能力的范围，汽车故障可分为完全故障与局部故障两类。

完全故障：是指汽车完全丧失工作能力而不能行驶的故障。此类故障是由于汽车或其零件、部件在正常工作状态下突然停止功能造成的。例如，分火头击穿，中心高压线掉线，转向节臂扩断。制动管路爆裂等零部件故障均导致整车或子系统突然丧失功能形成完全故障。

局部故障：是指汽车部分丧失工作能力，即降低了使用性能的故障。汽车或其子系统的工作特性随着时间的延长而逐渐降低，当达不到规定的功能时即形成故障。例如摩擦副的磨损、弹性件的硬化、油料的变质等都会使汽车性能或部分性能下降。

2. 按汽车丧失工作能力的程度分类

按汽车丧失工作能力的程度，汽车故障可分为等4类（表3-1）。

表3-1　故障分类

故障分类		分类原则
1	致命故障	涉及人身安全，可能导致人身伤亡；引起主要总成报废，造成重大经济损失；不符合制动、排放、噪声等法规要求
2	严重故障	导致整车主要性能显著下降；造成主要零件损坏，且不能用随车工具和已损备件在短时间（约30min）内修复
3	一般故障	造成停驶，但不会导致主要零部件损坏，并可用随车工具和易损备件或价值很低的零件在短时间（约30min）内修复；虽未造成停驶，但已影响正常使用，需调整和修复
4	轻微故障	不会导致停驶，尚不影响正常使用，亦不需要更换零部件，可用随车工具在短时间（约30min）内轻易排除

致命故障：是指导致汽车、总成重大损坏的故障。此类故障危及汽车行驶安全，导致人身伤亡，引起汽车主要总成报废；对周围环境有严重破坏，造成重大经济损失。例如，发动机报废、转向节臂断裂、制动管路破裂、操纵失灵等。

严重故障：是指汽车运行中无法排除的完全故障。此类故障可能导致主要零部件、总成严重损坏，或影响行车安全；且不能用易损备件和随车工具在较短时间内排除。例如，发动机缸筒拉缸、后桥壳裂纹、操纵轮摆振、曲轴断裂、制动跑偏等均属于严重故障。

一般故障：是指汽车运行中能及时排除的故障或不能排除的局部故障。此类故障使汽车停驶或性能下降，但一般不导致主要零部件或总成严重损坏，并可用更换易损件和随车工具在较短时间内排除。例如，汽油泵膜片损坏使发动机停止工作，从而使汽车停驶。风扇皮带断裂使发动机冷却系统停止工作，从而使汽车停驶。雨刷器在雨天损坏使汽车在雨天难以工作等故障均属于一般故障。

轻微故障：是指一般不会导致汽车停驶或性能下降，不需要更换零件，用随车工具能轻易排除的故障。例如，点火系高压线掉线，气门芯渗气，车轮个别螺母松动，离合器因调整原因分离不彻底，变速器渗油等属于轻微故障。

3. 按故障发展过程分类

按故障发展过程分类可分为突变性故障和渐发性故障。

突变性故障：是指故障突然发生，在发生故障之前没有任何迹象表明要发生故障。突变性故障的特点是技术性能参数产生跃变，突变性故障在任何时候都可发生。例如，汽车超载而引起的零件突然损坏。

渐发性故障：是指汽车或机构由正常使用状况逐渐转化为故障状况。渐变性故障发展平稳、缓慢，汽车上的一般动配合零件都是按这种规律出现故障和发生损坏的（图3-1）。对于渐变性故障来说，汽车（或总成、零件）技术状况的变化是一个连续的过程，由初始状况（完好的技术状况）变到故障状况，要经过一系列的中间过程（图3-2）。渐变性故障之所以发展到平稳、缓慢，是由于对汽车进行及时维护的结果，在全部的汽车故障中，有40%~70%属于渐变性故障。

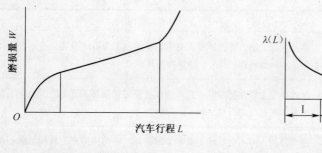

图3-1　劳伦茨曲线

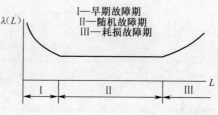

图3-2　浴盆曲线

4. 按故障产生原因分类

按故障产生的原因可分为设计原因引起的故障和使用原因引起的故障。设计原因包括结构设计欠合理、加工工艺不完善等。例如，由于汽车前悬架结构设计不合理造成汽车制动过程中的跑偏；使用原因主要是违反行车规定，如汽车超载、使用不符合标准的燃料和润滑油以及没有按规定进行维护等，例如由于两前轮轮胎气压不等造成的制动跑偏。

5. 按故障出现的周期分类

可分为短周期故障、中周期故障和长周期故障。短周期故障是指运行里程小于3000km~4000km时发生一次；中周期故障是指运行里程在3000km~4000km和12000km~16000km之间时发生一次；长周期故障是指运行里程大于10000km~16000km时发生一次。

6. 按故障影响汽车工作时间分类

可分为影响汽车工作时间的故障和不影响汽车工作时间的故障。对于不影响汽车工作时间的故障，可暂不排除，待维护时排除或在汽车非工作时间排除，从而不占用汽车工作时间。而影响汽车工作时间的故障，则必须占用汽车工作时间来排除。

3.1.4　汽车故障诊断方法

汽车故障千变万化，千奇百怪，种类繁多，但是故障诊断的方法和步骤都是一定的，只要基本方法正确，思路清晰，方法得当，故障诊断也是容易作出的。故障诊断的方法有：一种是经验诊断法，另一种是仪器设备诊断法。

1. 经验诊断法

汽车故障的经验诊断法是依靠维修人员的经验积累通过感觉、观察或者采用简单工具确定汽车故障部位的方法。这种方法的基本原则是先简后繁、先外后内、分段检查、逐渐缩小故障部位的范围。它具体包括问、看、听、嗅、摸、试6个方面。

问：即询问。包括询问汽车使用的情况、近期的维修情况、故障发生前的预兆等。

看：即观察。例如观察汽车各类仪表指示是否正常、汽车排气颜色、各用油总成是否漏油、行驶是否跑偏等。

听：即细听汽车在各种工况下所发出的声响，包括各总成工作声音是否正常等。

嗅：即嗅汽车在使用过程中是否散发出某些不正常气味，包括离合器打滑发出的摩擦片的焦臭味、电路短路搭铁导线烧毁时发出的臭味等。

摸：用手触试可能产生故障的部位的温度振动的情况，从而诊断诸如配合的松紧度轴承间隙的大小、零件配重的平衡、柴油管路的脉动及油水温度的高低。

试：实验、验证。

2. 仪器设备诊断法

汽车故障的仪器设备诊断法是指汽车在不解体的情况下，用仪器设备获取有关的信息参数，并据此判别汽车的技术状况。随着电子测试技术和汽车检测设备的发展，仪器设备诊断法在汽车故障诊断和维修中使用越来越广泛。

3.1.5　汽车故障对评估价格的影响

现代汽车的设计目标是优越的动力性能、最佳的经济性、良好的排放品质、便捷的操作、乘坐的安全和舒适性，为此汽车已不再是一个单纯的机械产品，而是融机械、液压、电子、计算机等现代技术于一体的高科技产品，这使得汽车的结构日趋复杂，电子技术成分越来越多，科技含量越来越高，维修技术和手段日益先进。

汽车在使用过程中不可避免地会出现各种各样的故障，汽车的故障既影响汽车的技术状况，维修又需要成本，所以研究汽车故障的目的在于通过汽车故障对其技术状况影响的研究，从而确定影响汽车评估价格的维修费用，即对汽车评估价格的影响。

影响汽车评估价格的因素很多，其中主要有使用年限、累积行驶里程、车辆受损情况或技术状况、车型配件来源情况、车辆耗油量及排放质量等因素，在这些因素中车辆的技术状况及排放质量与汽车故障息息相关，因此可以说汽车故障对汽车评估价格有很大影响，而且故障的部位和故障的性质将在很大程度上决定着汽车评估价格的水平。

目前，汽车尤其是轿车装备着较多先进的总成，如：电子控制燃油喷射系统、自动变速系统、电控助力系统、防抱制动系统等电子控制总成，复杂的结构，机、电、液的控制系统，必然带来整车潜在的产生故障的可能性。评估人员必须能够熟悉评估车辆的结构，了解汽车故障对车辆评估价格的影响，对车辆价格作出正确的评估。

3.2   汽车发动机电控燃油喷射系统的故障诊断

随着科学技术的进步，对发动机而言，要求提高发动机的功率输出和扭矩输出，严格限制柴油机排放的同时，进一步降低发动机的燃油消耗。基于以上原因，汽车发动机使用电控燃油喷射系统成为必然。

3.2.1   汽车发动机电控燃油喷射系统的相关知识

1. OBD（在车诊断）

OBD 指排放控制用车载诊断系统。它具有识别可能存在故障的区域的功能，并以故障代码的方式将该信息存储在计算机的存储器内。诊断软件与传感器、执行器一起共同组成了 OBD 系统。

OBDI 是 1985 年由美国加州大气资源局制定的，1988 全面实施。OBDI 必须监控与电控相关的或影响气体排放的所有电控系统，功能限于诊断故障，故障被存储在控制器的故障存储器内。通过安装在仪表板上的故障指示灯（MIL）显示故障（例如闪码）。诊断系统的激活通常各厂家各不相同。

为了确保执行器按控制器的要求工作，通过检查执行器的电压降来检查执行器的工作情况。换句话讲，它们并不是检查执行器是否实际工作和工作是否合适，只是检查输入信号，而不检查它们的合理性。

OBDI 的这些特征使得产生新的诊断系统是必然的，出现更严格的 OBD。

从 1994 年开始 OBDII 替代了在用轿车的 OBDI，全面执行的时间为 1996 年 1 月 1 日。OBDII 适用于装用汽油发动机的轿车和轻型商用汽车（从 1996 年开始它也用于柴油动力的车辆）。它提高了诊断功能并扩展它的应用范围。OBDII 关键的附加内容如下。

（1）检查未失效的构件，也检查排放限值。

（2）故障探测，监控燃油蒸发系统、催化装置、辅助空气系统和废气再循环系统。

（3）使用诊断设备（扫描工具）替代使用闪码扫描故障记忆（SAEJ1978）。

（4）对于那些可能损坏催化装置的故障 MIL 也闪烁。

（5）P0 故障码的标准化（SAEJ2012）。

（6）零件名称的标准化（SAEJ1930）。

（7）诊断连接的标准化，具有标准针脚定义的 16 针插座（SAEJ1962）（图 3 - 3）。

（8）与扫描工具通信的标准化（SAEJ1850，ISO9141 - 2）。

（9）协议内容的标准化。

在轿车上模式 1 ~ 5，模式 6 和 7 在 1997 之前建立（SAEJ1979）。

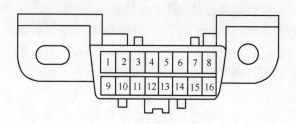

图 3 - 3　　OBD Ⅱ 诊断接口针脚定义

1—制造厂定义；2—数据传输 SAEJ1850；3—制造厂定义；4—接地线；
5—信号地线；6—制造厂定义；7—K 线 ISO9141；8—制造厂定义；9—制造厂定义；
10—数据传输 SAEJ1850；11—制造厂定义；12—制造厂定义；13—制造厂定义；
14—制造厂定义；15—L 线 ISO9141；16—车辆电瓶正极。

对于 OBDII 故障灯有 3 种工作状态：点亮、熄灭、闪烁。在点火开关打开和在发动机在怠速运行时为了自检，MIL 必须点亮并持续几秒，如果有影响排放的故障存在，在确认最近的故障后 MIL 必须亮起。如果存在特殊的故障（例如失速、引起催化装置损坏），MIL 立即以 1Hz 的频率开始闪烁。一旦所有的故障被排除，在确认已维修前 MIL 将不会熄灭。欧洲的轿车不要求有故障指示灯，在美国法规要求必须有故障指示灯。

在下列情形下故障灯被激活：发现任何连接到控制单元的发动机或变速箱控制元件出现故障；发现引起排放恶化超 15% 的故障；催化装置老化引起在 FTP 中 HC 排放超过允许的限值；发生可能引起催化装置损坏或引起排放升高超过许可限值的 1.5 倍的失火现象；燃油蒸发系统泄漏超过规定限值；发动机或变速箱控制系统进入紧急运行模式。

一旦控制单元发现故障，故障以代码形式存储在故障存储中。一旦故障被存储，系统开始确认故障（模式 7），确认故障后，MIL 就被激活。

与 SAEJ1979 一致，诊断装置具有 7 个操作模式（模式 1 ~ 7）。

模式 1 用于读取系统的诊断数据（实际值），这些数值分别是：模拟输入和输出信号（比如：氧传感器信号），数字输入和输出信号（比如：怠速开关），系统状态信息（比如：辅助空气泵，yes/no），计算结果（比如：喷射时间）。

模式 2（冻结桢）用于读取首个与排气相关的故障码被存储时的环境条件/运行条件，最多 6 个数据，当高优先权的故障发生时原来所存的数据就将被覆盖。

模式 3 用于读取故障记忆。在模式 3 下，可以读取已确认的与排放相关的故障代码。

模式 4 用于清除故障记忆中的故障码和重新设定伴随信息。

模式 5 显示设定值和氧传感器极限。

模式 6 显示连续监控系统的测量数值。

模式 7 用于读取故障记忆，可以从此处扫描未确认的故障。

2. 电子元件监控

ECU 集成诊断系统是发动机管理系统的基本范畴，在发动机正常运行时，输入和输出信号通过监控算法被检查，对整个系统进行失效和故障检查。如在运行过程中发现失效情况，这些失效被存储在 ECU 中，当车辆在工作车间进行检查时，这些信息通过串行接口被找出，为方便快捷地故障诊断和维修提供基本信息。

最初，发动机管理系统的自诊断（在车诊断 OBD）仅仅是为在工作车间方便和有效地发现故障提供帮助。日益严格的法规约束，因为车辆电子控制系统有更宽广的功能范围，所以出现了发动机管理系统更广阔的诊断系统。

1）输入信号监控

输入信号的分析用来监控传感器和传感器与 ECU 的连接电路。这些检查不仅用于发现传感器失效，同时还用于发现对电瓶电压和对地短路或断路情况。进行下列处理：监控传感器电源电压；检查被测量值是否在正确的范围内（例如发动机温度在 $-40℃$ ~ $+150℃$）；如果辅助信息可用，这个信息值用于合理性检查（如凸轮轴/曲轴转速）；非常重要的传感器（如加速踏板位置传感器）设计成冗余的，这意味着它们的信号可以直接相互比较。

2）输出信号监控

除了到 ECU 的连接外，执行器也被监控。使用这些检查的结果，除了执行器失效，外线路短路与断路可以被监测到。进行下列处理：在触发执行器时对输出信号电路监控。检查电路对电瓶电压 UBatt 和对地短路、断路；

执行器对系统的影响要进行合理性检查。例如：在废气再循环控制工作时，当废气再循环的执行器被触发时检查进气歧管压力是否在设定的限值范围。

3）ECU 通信监控

作为一个规则，与其他 ECU 通过 CAN 线（控制器区域网）进行通信。许多其他的检查也在 ECU 中运行。由于很多的 CAN 信息通过特殊的 ECU 以规则的时间间隔传输，监测相关的时间间隔可以发现 ECU 是否失效。

此外利用 ECU 的冗余信息，像所有的输入信号被检查一样来检查接受信号。

4）内部的 ECU 的监控

为了保证 ECU 在所有时间内功能的完整性，监测功能与硬件（例如"智能触发时期模块"）和软件集成一体。

检查独立的 ECU 构件（例如微控制器、闪存、RAM），这些检查中的多数在发动机点火开关打开后立即运行。在发动机正常工作时，进一步的检查在有规律地进行以便立即发现构件的失效。要求有广泛计算能力的程序（例如用于 EPROM 检查），在发动机熄火时立即扫描（仅仅在现代的汽油发动机具有）。这个方法不影响其他功能。在柴油发动机上，熄火方法也在同一时期被检查。

3. 电控燃油喷射系统诊断设备

电控燃油喷射系统诊断设备我们通常称之为诊断仪的设备，在市场上诊断仪有很多种，例如电装公司使用的 DST、德尔福公司使用的 TECH、博世公司使用的 KTS 系列、国内的 KT600 等，由于诊断仪的结构、原理基本相似，所以本节以博世公司的 KTS570 为例介绍电控燃油喷射系统诊断设备相关情况。

KTS570 是用于控制单元诊断的一个模块，KTS570 可以实现以下基本功能。

（1）读取故障记忆。

（2）清除故障记忆。

（3）显示实际值。

（4）激活执行器。

（5）其他控制单元功能的使用。

KTS570 可以实现以下拓展功能：万用表功能、双通道示波。KTS570 的面板连接如图 3-4 和图 3-5 所示。

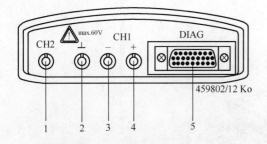

图 3-4 KTS570 测量端子和诊断端子
1—通道二测量输入；2—接地；3—通道一输入（-）；
4—通道一输入（+）；5—连接到 OBD 诊断电缆。

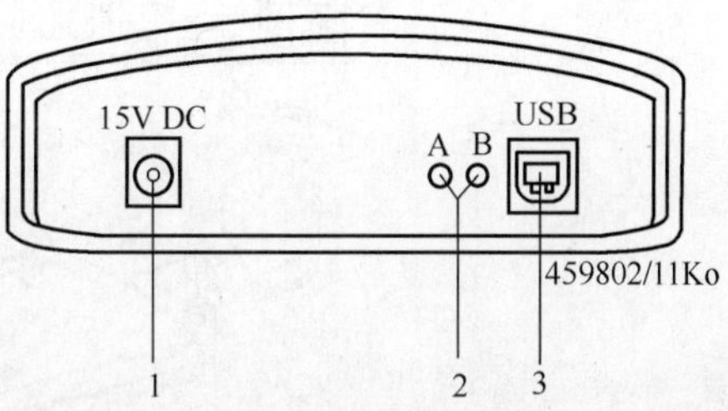

图 3-5 KTS570 背板
1—电源连接；2—发光二极管 A 和发光二极管 B；
3—连接 USB 线。

KTS570 要求配置一个装有 WindowsXP 操作系统的计算机，为了操作 KTS 模块，必须在计算机安装和激活博世 ESI 软件。

KTS570 模块可以通过 USB 电缆或蓝牙与手提电脑或台式电脑建立通信连接，与测量诊断接口可以通过：①OBD 诊断电缆；②OBD 诊断电缆和 UNI 电缆；③OBD 诊断电缆和车辆特殊适配线来进行连接。

在使用 KTS 万用表/示波器功能时，如果 OBD 电缆没有连接，需要连接 KTS570 的接地线，否则可能存在致命电压的危险。

KTS570 的连接如图 3-6 所示。

3.2.2 汽油机电控燃油喷射系统概述

电子燃油喷射（Electronic Fuel Injection，EFI）系统，是用电子控制单元（ECU）控制燃油喷射代替传统化油器的系统。

电控燃油喷射发动机的控制原则是以电控单元为控制核心，以空气流量和发动机转速为控制基础，以喷油器和点火时刻为控制对象，使发动机在各种工况下都能得到与工况相匹配的最佳空燃比和最佳点火时刻。显然，电控燃油喷射系统能实现空燃比和点火的高精度控制。

现代电控汽油喷射系统采用闭环控制的供油特性，在电控汽油喷射系统的控制过程中，有结果参与的反馈控制，这使得电控燃油喷射系统的发动机功率得到了较大的提高，降低燃料消耗，使废气排放量减少到了最低。

电控汽油喷射系统（EFI）由空气供给系统、燃油供给系统、电子控制系统组成，如图 3-7 所示。

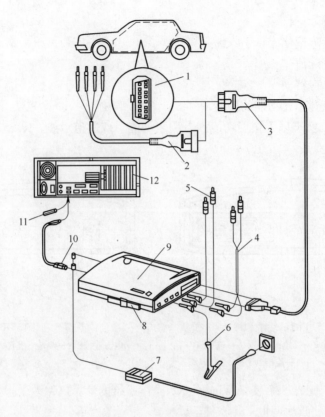

图 3-6   KTS570 连接

1—车辆诊断接口；2—UNI 连接电缆；3—OBD 诊断电缆；4—测量电缆；

5—测量电缆；6—接地线；7—直流电源；8—适配器（IBOX01）；

9—KTS570；10—USB 电缆；11—蓝牙；12—计算机。

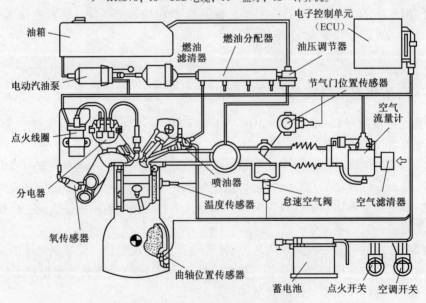

图 3-7   电控汽油喷射系统的构成

空气供给系统的作用是根据发动机运行工况提供适量的空气，并根据 ECU 的指令完成空气量的调节。

燃油供给系统的作用根据发动机各个工况提供适量的燃油，并根据 ECU 的指令完成燃油量的调节。

电子控制单元（ECU）是整个电控汽油喷射系统的中心，发动机状态信息通过各种传感器收集后进入电子控制单元，经电子控制单元处理后发出相应的指令来控制执行元件动作。

3.2.3　电控汽油喷射发动机的故障诊断

在汽车维修中，如何准确迅速地诊断故障的原因，判别故障部位，对于提高工作效率、缩短修理时间是非常重要的。

有足够的点火高压与能量，恰当的混合气空燃比，正确的点火时刻，正常的汽缸压缩压力是发动机正常运行的必要条件。若有一个条件不能满足，发动机将运行不良。常见故障的诊断与排除是从上述 4 个方面入手的。

1. 故障诊断注意事项

1）进气系统

（1）进气软管不能有破裂，安装各种卡箍要紧固可靠。

（2）发动机上的真空管不能破裂、扭结、插错。

2）燃油系统

（1）拆卸油管前首先应释放燃油系统内的油压。

（2）油管接头与螺母或接头螺栓连接时应使用新垫片。

（3）O 型密封胶圈不可以重复使用。

（4）发动机运行前，应确认燃油系统无漏油。

（5）要注意电控汽油发动机使用的汽油品质。

3）电控系统

（1）在拆卸或安装各类传感器、信号开关及连接器前，应首先关闭点火开关。

（2）拆卸和安装发动机 ECU 前应首先关闭点火开关，然后拆下蓄电池负极上的搭铁线。要注意：带有安全气囊的车，应在拆下搭铁线 2min～3min 后，再进行诊断工作。

（3）安装蓄电池时特别注意正、负极不可接反。在车身上实施电弧焊作业时，应先断开蓄电池负极线。

（4）计算机不能靠近强磁场。

（5）不能用启动电源帮助启动。用其他蓄电池辅助启动时，应先关闭点火开关后再跨接。

（6）不可用水冲洗发动机。

（7）不可使用一般灯泡作测试灯，更不允许采用搭铁试火的方法来测试电源电路是否断路。

（8）检测控制系统电阻必须使用内阻 $10M\Omega$ 以上的液晶显示数字式万用表。

（9）安装发动机 ECU 时应注意防止高压静电的产生。

2. 电控汽油喷射发动机故障诊断的基本原则

电控汽油发动机的电子控制系统是一个精密而复杂的系统，其故障的诊断也较为困难。而造成电控汽油发动机不工作或工作不正常的原因可能是电子控制系统，也有可能是电子控制系统外其他部分的问题，故障检查的难易程度也不一样。如果我们能够遵循故障诊断的一些基本原则，就可以用较为简单的方法准确而迅速地找出故障所在。电控汽油发动机故障诊断排除的基本原则可概括为以下几点。

1）先外后内

在发动机出现故障时，先对电子控制系统以外的可能发生故障的部位予以检查。这样可避免本来是一个与电子控制系统无关的故障，却对系统的传感器、控制器、执行器及线路等进行复杂且又费时费力的检查，结果真正的故障可能较容易找到却因为复杂化的检查而未能找到。

2）先简后繁

发生故障时，能以简单方法检查的部位应先予以检查。比如直观诊断最为简单，我们可以用看、摸、听等检查方法将一些较为显露的故障迅速地找出来。

直观诊断未找出故障原因的，需借助于仪器仪表或其他专用工具来进行诊断时，也应对较容易检查的先予以检查。

3）先熟后生

由于结构和使用环境等原因，发动机的某一故障现象往往是以某些总成或部件出现故障最为常见，应先对这些常见故障部位进行检查。若未找出故障原因，再对其他不常见的可能发生故障的部位予以检查。这样做，可以迅速地找到故障原因，省时省力。

4）代码优先

电子控制系统一般都有故障自诊断功能。当电控汽油发动机运行时，故障自诊断系统监测到故障后，以代码的形式将该故障储存到 ECU 的存储器内，同时通过"检测发动机"等警告灯向驾驶员报警。这时可人工或仪器读取故障码，并检查和排除故障码所指的故障部位。待故障代码所指的故障消除后，如果发动机故障现象还未消除，或者开始就无故障代码输出，则再对发动机可能的机械故障部位进行检查。

5）先思后行

对发动机的故障现象先进行故障分析，了解可能的故障原因有哪些，然后再进行故障检查。这样可避免故障检查的盲目性：既不会对与故障现象无关的部位作无效的检查，又可避免对一些有关部位漏检而不能迅速排除故障。

6）先备后用

电子控制系统的一些部件性能好坏，电气线路正常与否，常以其电压或电阻等参数来判断。如果没有这些数据资料，系统的故障检查将会很困难，往往只能采取新件替换的方法，这些方法有时会造成维修费用猛增且费工费时。因此在检修该型车辆时，应准备好维修车型的有关检修数据资料。除了从维修手册、专业书刊上收集整理这些检修数据资料外，另一个有效的途径是利用无故障车辆对其系统的有关参数进行测量，并记录下来，作为日后检修同类型车辆的检测比较参数。如果平时注意做好这项工作，会给系统的故障检查带来方便。

3. 电控汽油喷射发动机故障诊断的基本诊断步骤

（1）填写用户调查表。

（2）外观初步检查。电控燃油喷射系统大多数是小故障。应注意：线路短路或断路；各种真空管、进气管路均不能有破裂；喷油器应安装正确，密封圈完好。

（3）故障再现。驾驶汽车以车速、负荷、道路条件达到产生故障的条件，尽力使故障现象再度出现。

（4）启动故障自诊断系统，故障诊断基本流程。

4. 电控汽油机典型故障诊断

1）冷车启动困难

冷车启动困难指在发动机冷却液温度低于发动机工作温度下启动时，需要启动若干次才能启动，或者根本不能启动。而在发动机正常工作温度下，即热启动时，一启动发动机就立即能够运转。冷启动困难的根本原因是混合气过稀或过浓。冷车难发动的故障原因有冷启动喷油器不喷油，水温传感器故障，进气温度传感器故障，喷油器雾化不良，进气管积炭，点火能量不够，火花塞故障，怠速控制阀故障等，其故障诊断流程如图3-8所示。

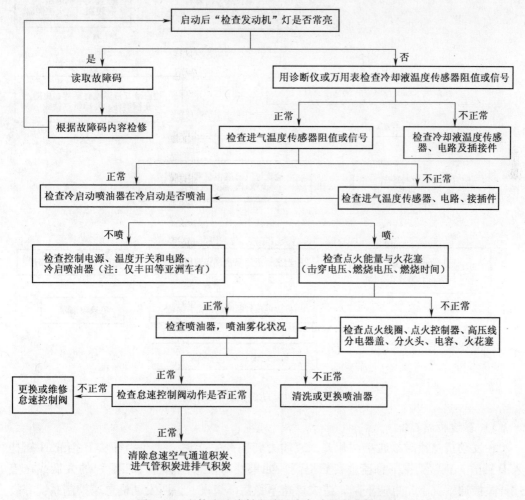

图3-8 电控汽油喷射发动机冷启动困难诊断流程

2）热车启动困难

热车启动困难是指发动机冷车启动正常。当运转的发动机熄灭后，再次启动困难，甚至不能发动。热启动困难的故障原因：水温传感器故障，进气温度传感器故障，多个喷油器漏油或严重雾化不良，冷启动喷油器故障，怠速阀故障，油压过高，点火能量不足等故障原因。热车启动困难故障诊断流程如图3-9所示。

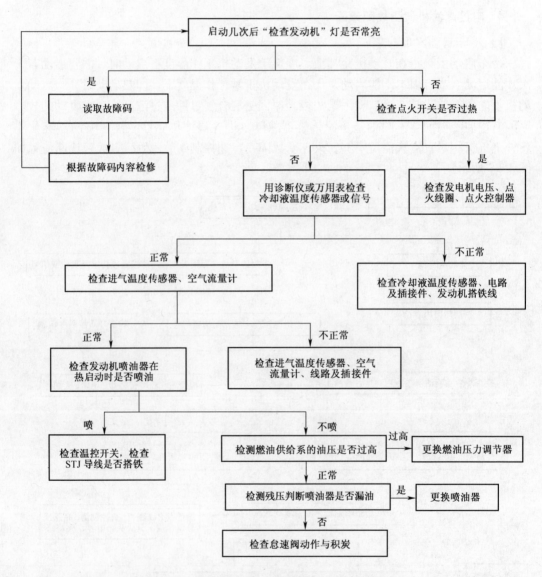

图3-9　电控汽油喷射发动机热机启动困难诊断流程

3）怠速转速过低

在发动机怠速时接通空调开关，或动力转向开关接通，或换挡杆从P挡或N挡挂入D挡时，正常情况下怠速会自然提高。如果发动机怠速调整（匹配）的太低或在上述开关接通情况下，怠速下降，造成怠速不稳甚至熄火，说明发动机怠速控制系统有故障，故障原因为发动机怠速转速过低。发动机怠速转速与其温度、负荷有关。发动机怠速太低的原因有：怠速控制阀故障，节气门位置传感器信号不正确等。其诊断流程如图 3-10 所示。

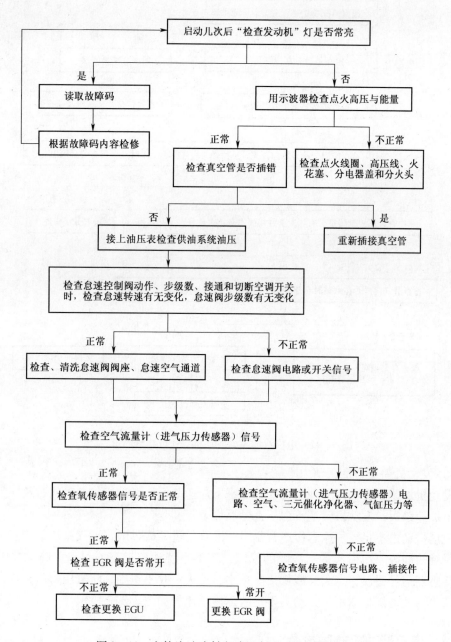

图 3-10　电控汽油喷射发动机怠速过低诊断流程

4）怠速转速过高

发动机怠速转速过高，超过发动机怠速运转技术要求。发动机怠速过高主要是怠速时吸入发动机空气的质量过多或发动机控制信号错误。怠速转速过高的原因有进气温度传感器、水温传感器、节气门位置传感器、空气流量计（或进气歧管绝对压力传感器）故障，开关信号故障，怠速控制阀故障，节气门体故障，喷油器故障，发动机控制单元故障或匹配设定有问题等。怠速转速过高故障诊断流程，如图 3 - 11 所示。

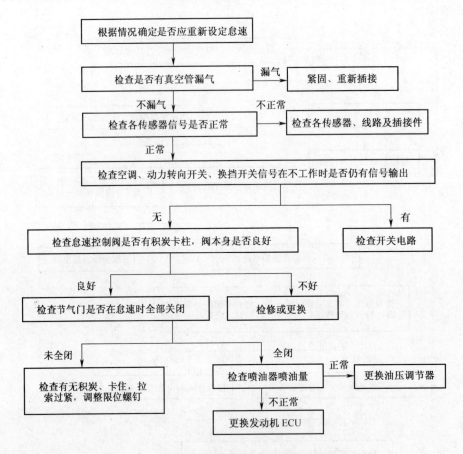

图 3 - 11　电控汽油喷射发动机怠速过高诊断流程

5）发动机加速不良、动力不足

发动机加速不良的两种现象：一种是踩下加速踏板，发动机加速时间过长；另一种是踩下加速踏板，发动机转速不但不上升反而下降。

发动机动力不足、加速迟缓通常是由于混合气过稀或过浓，点火系统故障、发动机机械系统故障等原因引起的。故障的原因：燃油系统油压过高或过低，喷油器喷油不良，传感器信号错误，点火高压低，能量小，点火正时不正确，汽缸压缩压力低，排气管堵塞等。发动机加速不良，动力不足故障诊断流程如图 3 - 12 所示。

3.2.4　电控柴油机故障诊断

1. 概述

柴油机电控技术根据油量控制方式可以划分为位置控制电控技术和电磁阀控制电控技术。位置控制式电控技术是由在原有机械式喷油泵的基础之上发展而来的，它使用电子调速器替代原有的机械式调速器，典型的系统有博世的 P - EDC、H 泵系统。电磁阀控制电控技术喷油量的控制是通过控制电磁阀的通电时间长短来控制喷油量的大小，典

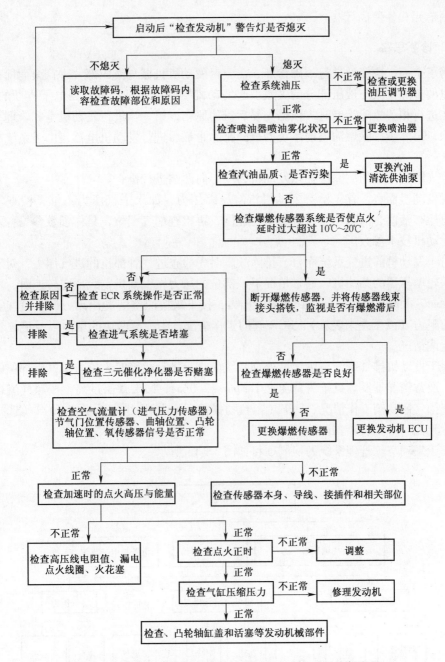

图 3 - 12　电控汽油喷射发动机加速不良、动力不足诊断流程

型的系统有电控泵喷嘴、电控泵管嘴、共轨燃油喷射系统。本节将以共轨燃油喷射系统的故障诊断为例介绍电控柴油机故障诊断。

对共轨柴油发动机而言，从故障诊断要求出发可以将柴油机分解成以下几个分系统：发动机空气管理系统、发动机燃油喷射系统、发动机电器与电子系统。发动机空气管理系统包含进气、排气以及废气处理几个部分。发动机燃油喷射系统包含燃油供给低压部分、燃油供给高压部分。发动机电器与电子系统包含电源与启动部分、传感器、电子控制单元和各种执行器。

2. 诊断思路

为了全面、快捷地进行故障诊断，需要对发动机机械与液压部分进行全面检查与检测，以便排除机械与液压部分的失效引起发动机控制单元显示电器与电子方面的故障。所以在进行相关故障诊断时，依据先易后难的原则，第一步进行发动机空气管理系统故障排除，第二步排除燃油喷射系统的故障排除，最后进行发动机电器与电子系统的故障排除。

空气管理系统的故障排除以发动机为中心向两端进行排查。

对发动机而言，首先检查发动机汽缸压缩压力，如果进气压力不够，检查气门间隙、再检查活塞、活塞环与汽缸的密封性能，再检查配气相位，具体参数参见各发动机厂的发动机技术参数。

对于发动机的进气系统而言，排除故障时先检查进气管部位的进气压力，对于带有废气涡轮增压器的柴油机，通常情况下该部位的压力在发动机空载额定转速时，应该达到 0.3bar ~ 0.5bar。如没有达到规定的压力，接下来按照空气的流动方向，检查空气滤清器的阻力（以压差来表示）、EGR 阀的工作情况、中冷器两边的压差以及进气管路的有无泄漏情况。

对于发动机排气系统与废气后处理系统而言，排除故障时先检查排气管部位的排气背压，通常情况下发动机排气背压在 1.3bar ~ 2.0bar。如果背压过高，按照气流排出方向检查排气制动阀工作情况、DPF（颗粒物捕捉器）的阻力（压差）、SCR（选择性还原装置）阻力、消音器的阻力等。

关于发动空气管理系统的检测项目如图 3-13 所示。

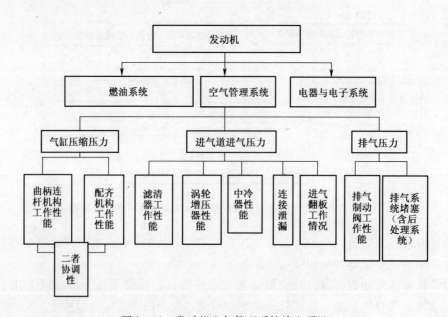

图 3-13　发动机空气管理系统检查项目

燃油喷射系统故障排除主要从供油是否充分、回油是否通畅、压力是否能够建立几个方面来考虑。

高压油泵的供油是否充分首先检查高压油泵的进油压力是否达到，通常对于博世 CP1 高压油泵的进油压力必须达到 2bar～2.5bar，CP1H、CP3、CP2 高压油泵的进油压力在 5bar 左右。如果进油压力不能达到，检查滤清器两边的压差。安装在输油泵之前的滤清器，两边的压差不能超过 40kPa。安装在输油泵之后的滤清器，两边的压差不能超过 80kPa。如压差正常，检查燃油管路的密封性和阻力。排除以上两个原因后，供油不充分的原因为输油泵失效，更换输油泵。

回油是否通畅通过检查回油管路压力来判断。共轨系统的回油必须具有一定的压力，但压力不能高于 120kPa。回油需要有压力，主要用于共轨喷油器打开过程中电磁阀枢轴的振动衰减，回油压力过高会引起电磁阀开启与关闭速度变慢，导致喷油速率变化。

共轨压力无法建立原因主要有两个方面，一方面可能是共轨高压泵的容积效率下降，另一方面可能是泄漏引起。共轨高压泵的容积效率可以通过 3s 内高压油泵能否上升到 25MPa 来判断。共轨系统的泄漏主要原因有共轨限压阀关闭不严或打开、喷油器回油量过大、喷油器与高压跨接管结合面泄漏几个方面。限压阀是否泄漏或打开，可以通过限压阀的回油管直接观察，喷油器的回油量过大、喷油器与高压跨接管结合面泄漏需要回油量检测装置来判断。

燃油喷射系统的检测项目如图 3-14 所示。

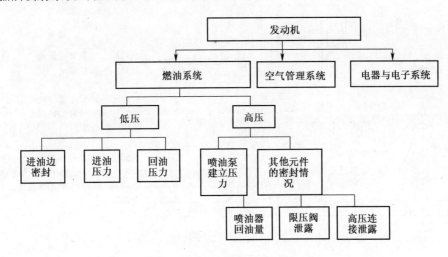

图 3-14 燃油喷射系统检测项目

电器与电子系统的故障排除，可以通过诊断仪来检查，这里不多描述。

3. 诊断辅助工具及其使用

共轨发动机博世辅助诊断工具包括燃油系统及空气管理系统低压检测套件 0986613100、燃油喷射系统高压检测套件 0986613200、轿车喷油器回油量检测套件 0986612950 及 0986612900，辅助诊断工具如图 3-15 所示。

燃油系统及空气管理系统低压检测套件包含了各种快速连接件、0bar～16bar 的压力表和 -1bar～5bar 的压力表，用于检测燃油系统低压回路及空气管理系统的各部分压

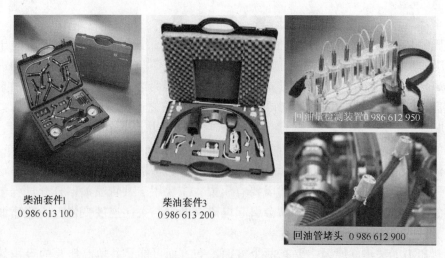

柴油套件1
0 986 613 100

柴油套件3
0 986 613 200

回油量检测装置0 986 612 950

回油管堵头　0 986 612 900

图 3－15　辅助诊断工具

力和元件的压差。图 3－16 为某种装有 CP1H 高压油泵的发动机各个检测点的压力和压差测量实例，根据以上描述的诊断思路对燃油系统低压部分进行检测，并与标准值对比。

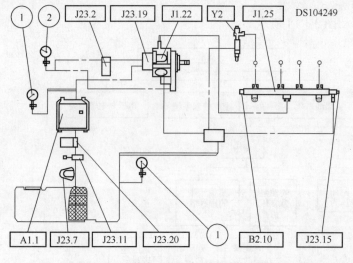

DS104249

A1.1=发动机控制单元
B2.10=共轨压力传感器
J1.22=高压泵
J1.25=共轨
J23.11=手油泵
J23.15=共轨管限压阀
J23.19=齿轮泵
J23.2=燃油滤清器
J23.20=油水分离装置
J23.7=燃油预过滤器
Y2=喷油器

发动运行时，输油泵前的量表的读数
−70kPa...−30kPa，输油泵后量表的读数
480kPa...520kPa，回油测量表读数小于
120 kPa。

图 3－16　装有 CP1H 高压油泵的发动机各个检测点的压力和压差测量实例

　　轿车喷油器回油量检测套件 0986612950 及 0986612900，主要通过对喷油器的回油量检测，快速判断喷油器是否失效。喷油器回油量过大，可能导致发动机无法启动、发动机功率下降、发动机机转速降低、发动机冒黑烟等故障发生。喷油器回油量检测套件 0986612950 具有大小两个量杯，该两个量杯叠装在一起，小量杯位于大量杯下方，用于快速判断是否由于喷油器回油量过大导致共轨压力无法建立，引起发动机无法启动。大量杯用于发动机可以启动状态喷油器回油量的检测，判别发动机功率下降、发动机机转速降低、发动机冒黑烟是否是由于喷油器回油量过大、喷油器失效原因引起的。
　　燃油喷射系统高压检测套件主要用于检测共轨高压泵的容积效率、共轨压力传感器故障。图 3－17 为燃油喷射系统高压检测套件的应用。燃油喷射系统高压检测套件包含了压力显示器、启动测试元件、共轨压力检测元件。启动测试元件包含一个喷嘴、一个压力传感器、一个 50MPa 的安全阀以及一个集油容器。发动机无法启动可能是共轨高压泵容积效率下降引起的，此时拆下共轨高压泵到共轨的高压油管，通过套件中的黑色高压软管将启动测试元件与高压泵连接起来（图 3 – 17（a）），并将启动测试元件的压力传感器与显示器连接。通过启动马达带动发动机运转，观察显示器的显示压力，在 3s 内共轨高压泵应能建立至少 25MPa 的压力，否则就意味着共轨高压泵容积效率低下，引起发动机无法启动。共轨压力检测元件包含了一个小的油轨和一个压力传感器，主要用于检测共轨压力传感器的零点漂移。在发动机功率不足、发动机控制单元无故障显示的情况下，该种故障可能是共轨压力传感器的零点漂移引起的。此时拆下某一缸喷油器到共轨间的高压油管，将共轨压力检测元件连接到共轨上（图 3 – 17（b）），共轨压力检测元件的压力传感器与显示器连接，并将诊断仪与发动机控制单元连接，启动发动机运转，观察不同转速下的压力显示，并与诊断仪获取的共轨压力传感器的实际值进行对比，两者差异必须在 3MPa 范围内，如超出范围说明共轨压力传感器失效。

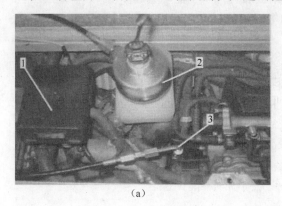
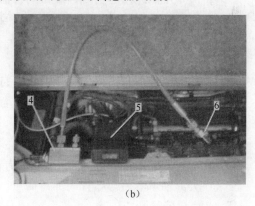

(a)　　　　　　　　　　　　　　　　　(b)

图 3 – 17　燃油喷射系统高压检测套件的应用
(a) 高压油泵启动性能测试；(b) 轨压传感器性能测试。
1—显示器；2—启动测试元件；3—喷油泵处油连接；
4—转接油轨；5—显示器；6—共轨管高压连接。

通过以上诊断思路加上相应的辅助诊断工具就能全面排除发动机空气管理系统、发动机燃油喷射系统方面的故障。

3.3　汽车底盘故障诊断

汽车底盘包括传动系统、行驶系统、转向系统和制动系统。汽车底盘的技术状况，直接关系到整车行驶的操纵稳定性和安全性，同时还影响发动机的动力传递和燃油消耗。

为确保汽车能正常运行和安全行驶，对汽车底盘应及时进行检测、诊断和维修。常用的汽车底盘检测设备有：离合器打滑频闪测定仪、传动系游动角度检测仪、车轮定位仪、四轮定位仪、车轮动平衡仪、悬架和转向系统检测仪、悬架装置检测台等。随着科学技术的发展，这些检测设备已大量采用光、机、电一体化技术，并采用微机控制，有些还具有智能化功能或专家诊断系统。正确地使用这些检测设备，可以保证在汽车底盘的维修中获得可靠的技术数据，从而保证汽车底盘有效的工作。

本节将从各个系统方面介绍汽车底盘的故障诊断。

3.3.1　传动系统的故障诊断

传动系统包括离合器、变速器、万向传动装置、主减速器及差速器等部件，在汽车运行过程中，传动系统功能会逐渐下降，出现异响、过热、漏油及乱挡等故障。为确保汽车能正常运行和安全行驶，对传动系统应及时进行检测、诊断和维修。

1. 离合器典型的故障诊断

1）离合器打滑

（1）故障现象。

① 汽车用低速挡起步时，放松离合器踏板后，汽车不能顺利起步。

② 汽车加速行驶时，车速不能随发动机转速的提高而提高，感到行驶无力，严重时产生焦臭味或冒烟等现象。

（2）故障原因。

① 离合器踏板自由行程过小或没有自由行程，使分离轴承一直压在分离杠杆上。

② 从动盘摩擦片、压盘或飞轮工作面磨损严重，离合器盖与飞轮的连接松动，使压紧力减弱。

③ 从动盘摩擦片油污、烧蚀、表面硬化，铆钉外露或表面不平，使摩擦力下降。压力弹簧疲软或折断，膜片弹簧疲软或开裂，使压紧力下降。

④ 分离轴承套筒与导管间油污严重，使分离轴承不能回位。

（3）故障诊断与排除。

① 检查离合器踏板自由行程是否合适，不合适应进行调整。

② 检查从动盘摩擦片、压盘或飞轮工作面磨损情况，若磨损严重应及时更换。

③ 检查压力弹簧、膜片弹簧是否疲软、折断或弹性不足，若弹性不足或破坏应及时更换。

④ 检查从动盘、分离轴承套筒与导管，若有油污应及时清理。

2）离合器分离不彻底

（1）故障现象。

发动机怠速运转时，踩下离合器踏板，挂挡时有齿轮撞击声，且难以挂入；如果勉强挂上挡，则在离合器踏板尚未完全放松时发动机熄火。

（2）故障原因。

① 离合器踏板自由行程过大。

② 新换的摩擦片太厚或从动盘正反面装错。

③ 从动盘钢片翘曲、摩擦片破裂或铆钉松动。

④ 液压传动离合器的液压系统漏油造成油量不足，或有空气侵入。

⑤ 分离杠杆调整不当，其内端不在同一平面内或内端高度太低，或分离杠杆弯曲变形、支座松动、支座轴销脱出，使分离杠杆内端高度难以调整。

（3）故障诊断与排除。

① 检查离合器踏板自由行程是否合适，若自由行程过大，应进行调整。

② 检查离合器从动盘或摩擦片安装是否正确，若从动盘变形或损坏应及时更换。

③ 检查液压系统管路、管接头是否漏油。

④ 检查分离杠杆是否变形，支座是否松动，分离杠杆调整是否合适。

⑤ 检查变速器第一轴和离合器从动盘配合是否良好，若配合不当应及时调整。

2. 机械式变速器典型故障诊断

1）机械变速器跳挡

（1）故障现象。

车辆在重载加速或爬坡行驶时，变速杆自动从某挡跳回空挡。

（2）故障原因。

① 操纵杆系统磨损松旷或变速器内拨叉弯曲变形、止推垫片磨损，使齿轮不能完全啮合。

② 相啮合的齿轮或齿圈磨损严重。

③ 自锁装置的凹槽、钢球磨损严重，自锁弹簧疲劳或折断。

④ 轴或轴承磨损严重，使相啮合的齿轮或齿圈不同心。

⑤ 齿轮与轴的花键严重磨损，使配合间隙过大。

（3）故障诊断与排除。

① 检查操纵杆系统是否松旷或严重磨损，变速器内拨叉是否弯曲变形，止推垫片严重磨损，若松旷或损坏严重，应及时调整或更换零件。

② 检查相啮合的齿轮或齿圈的磨损情况，若磨损严重或断齿应更换。

③ 检查自锁装置的凹槽、钢球是否严重磨损，自锁弹簧是否疲劳或折断，若磨损严重或损坏应及时更换拨叉轴、钢球。

④ 检查轴或轴承是否磨损严重，必要时应更换。

⑤ 检查齿轮与轴的花键的磨损情况，若磨损严重应更换。

2）机械变速器乱挡

（1）故障现象。

汽车在起步挂挡或行驶中换挡时，挂不上所需挡位；挂挡后不能退回空挡；车辆静止时可能同时挂上两个挡。

（2）故障原因。

① 互锁装置的凹槽、锁销或钢球磨损严重。

② 变速杆下端长度不足、下端工作面磨损过大或拨叉导致凹槽磨损过大。

③ 变速杆球头定位销磨损松旷、折断或球头、球孔磨损过大。

（3）故障诊断与排除。

① 检查互锁装置的凹槽、锁销和钢球的磨损情况，若磨损严重，应及时更换。

② 检查变速杆下端长度与下端工作面的配合情况，若磨损严重、间隙过大应予更换。

③ 检查变速杆球头定位销，若松旷、折断或球头、球孔磨损严重，应及时更换。

3）变速器异响

（1）故障现象。

变速器异响主要有变速器齿轮的啮合声、轴承的运转声等。一般若在各挡都有连续响声，为轴承损坏；某挡位有连续、较尖细的响声，为该挡齿轮响声；挂上某挡时有断续、沉闷的冲击声，为该挡个别齿轮折断；停车时踩下离合器踏板不响，松开离合器踏板发响，为常啮合齿轮响。应根据响声特点，着重检修相应部位。

（2）故障原因。

① 变速器第一轴、第二轴或拨叉弯曲变形，轴承、同步器毂磨损、失圆。

② 齿轮加工精度或热处理工艺不当等造成齿轮偏磨或齿形发生变化，齿轮啮合间隙或花键配合间隙过大。

③ 自锁装置的凹槽、钢球磨损过甚或自锁弹簧疲劳、折断。

④ 齿轮油不足、变质、规格不符合要求或油中有杂物。

（3）故障诊断与排除。

① 检查变速器第一轴、第二轴或拨叉是否弯曲变形，钢球、同步器毂是否磨损失圆，变形或失圆应及时更换。

② 检查齿轮及花键毂的磨损情况，若齿形发生变化或轮齿、花键毂磨损严重，造成配合间隙过大，应更换齿轮或花键毂。

③ 检查自锁装置的凹槽、钢球及弹簧，若磨损过甚或自锁弹簧疲劳、折断应及时更换。

④ 检查齿轮油的液面高度、油液颜色，若液面偏低或油液变质应按要求补充或更换。

3. 万向节传动装置典型的故障诊断

1）传动轴的振动和噪声

（1）故障现象。

汽车在中速或高速行驶时，传动轴振动，并引起车身的振动和噪声。

（2）故障原因。

① 传动轴弯曲或扭转变形。

② 传动轴不平衡。

③ 十字轴万向节的轴承磨损或失效。

（3）故障诊断与排除。

① 首先检查传动轴直线度误差，若超过允许范围，应进行校正或更换。

② 检查传动轴是否平衡。若不平衡应检查装配标记是否对正，轴两端万向节叉是否装在同一平面内。

③ 检查十字轴万向节的轴承是否磨损严重或失效，若磨损严重或失效应及时更换。

④ 检查支承、花键、缓冲橡胶垫等是否损坏，紧固螺栓是否松动，若有松动或损坏，应予以紧固、检修或更换。

2）启动时万向传动装置有撞击声或滑行时异响

（1）故障现象。

启动发动机时，传动轴有撞击声，或滑行时传动轴异响。

（2）故障原因。

① 万向节磨损或损伤。

② 变速器输出轴花键及传动轴滑动叉花键处磨损或损伤。

③ 传动轴连接部位松动。

（3）故障诊断与排除。

① 首先检查万向节是否磨损严重或损伤，若磨损严重或损伤，应更换零件。

② 检查变速器输出轴花键及传动轴滑动叉花键处是否磨损严重或损伤，若磨损严重或损伤，应予以修理或更换。

③ 检查传动轴连接部位是否松动，若松动需拧紧各螺栓或螺母。

4. 驱动桥典型故障诊断

1）驱动桥异响

（1）故障现象。

汽车起步、转弯或突然改变车速行驶时驱动桥异响。驱动桥的异响可分为驱动时发出的异响、滑行时发出的异响和转弯时发出的异响。当汽车起步、转弯或突然改变车速行驶时，驱动桥发出较大响声，而当直行、滑行或低速行驶时响声减弱或消失。

（2）故障原因。

① 后桥壳内润滑不良。

② 圆锥滚子轴承预紧度调整不当。

③ 圆锥或圆柱主、从动齿轮、行星齿轮和半轴齿轮等啮合间隙过大或过小，齿面磨损严重、轮齿折断、变形或啮合印痕不符合要求。

④ 半轴齿轮与半轴的花键配合松旷，差速器壳与十字轴配合松旷或行星齿轮孔与十字轴配合松旷。

⑤ 主减速器主动齿轮紧固螺母或从动齿轮连接螺钉松动，或驱动桥壳体、主减速器壳体变形。

（3）故障诊断与排除。

① 检查后桥壳内润滑情况，若漏油应更换垫圈，油量不足应及时补充。

② 停车捡查。

A. 将驱动桥架起，启动发动机并挂上挡，然后急剧改变车速，查听驱动桥响声来源，以判断故障所在部位。

B. 将发动机熄火，并将变速器放入空挡，在传动轴停止转动后，用手转动主动齿轮凸缘，若齿轮啮合间隙过大，则会有松旷的感觉。若感到一点活动量都没有或很小，则说明啮合间隙过小，应分别进行调整；若感到活动量很大或没有，且有不正常的响声，应拆下主减速器进行修理。

③ 行车捡查。

A. 当汽车加速前进或放松油门踏板降速时，听到"咝、咝"的噪声，这可能是齿轮啮合间隙过小或啮合不良，应按规定重新调整。

B. 当汽车在行驶中连续发响，车速愈高，噪声愈大，而在滑行时，噪声减小或消失。则轮毂轴承、主减速器轴承或差速器轴承磨损松旷，应更换轴承。

C. 当汽车下坡或速度急剧变化时，发出"咯啦、咯啦"的碰撞声，而正常行驶中消失或减小，则为齿轮啮合间隙过大，应予以调整，如调整后还不能消除，则应更换齿轮。

D. 当汽车转弯时发响严重，而在直行时响声不明显，则可能是差速器两侧轴承端隙过大、差速器齿轮或止推垫片磨损严重、半轴齿轮及键磨损严重，应分别调整轴承的预紧度，或更换垫片及齿轮等。

2）驱动桥过热

（1）故障现象。

汽车在行驶一段路程后，用手触摸后桥，有烫手的感觉。

（2）故障原因。

① 齿轮油型号不对或油量不足。

② 轴承预紧度过大。

③ 齿轮磨损严重。

④ 主、从动锥齿轮啮合间隙过小。

（3）故障诊断与排除。

① 首先检查齿轮油的量是否充足，若不足应按规定将齿轮油加至规定高度。

② 检查齿轮油型号是否正确。若不正确应将原油放净，并冲洗桥壳内部，换上规定型号的齿轮油。

③ 检查驱动桥轴承的预紧度是否过大，若过大应重新调整。

④ 检查齿轮的磨损严重，若磨损严重应更换齿轮。

⑤ 检查主、从动锥齿轮啮合间隙是否过小，若过小应重新调整。

3）驱动桥漏油

（1）故障现象。

驱动桥减速器衬垫或放油螺塞周围漏油。

（2）故障原因。

① 油面过高。

② 通气塞堵塞。

③ 油型号不对。

④ 油封磨损或损坏，放油螺塞松动或垫片损坏。

⑤ 桥壳有裂纹。

（3）故障原因及排除。

① 首先检查齿轮油的油面高度，若油面过高，应放掉多余的齿轮油，调整至合适位置。

② 检查通气塞是否堵塞，若堵塞应予以检修。

③ 检查放油螺塞是否松动，垫片是否损坏，若损坏应更换垫片，并拧紧放油螺塞。

④ 检查油封是否磨损或损坏，若磨损或损坏应更换油封。

⑤ 检查油齿轮油型号是否正确，若不正确应放出所有齿轮油，并加注规定型号的齿轮油。

⑥ 检查桥壳有无裂纹，若有裂纹应修理或更换。

3.3.2　转向系统故障诊断

汽车在行驶过程中，需要经常改变其行驶方向。汽车转向系统就是改变或保持汽车行驶方向的装置。现代汽车转向系统按动力不同分为机械转向系统与动力转向系统两大类。

汽车转向系统常见的故障有：转向盘自由转动量过大、转向沉重、自动跑偏、前轮摆振等。这些故障现象通常为综合性故障，除与转向系统有关外，还可能与轮胎、悬架、车身等有关。

1. 机械式转向系统故障诊断

1）转向沉重

（1）故障现象。

汽车转弯时，转动转向盘感到吃力，且无回正感。根据 GB 7258—2004《机动车安全技术条件》的规定，机动车在平坦、硬实、干燥和清洁的道路上行驶，以 10km/h 的速度在 5s 之内沿螺旋线从直线行驶过渡到直径为 24m 的圆周行驶，施加于转向盘外缘的最大切向力不得大于 254N。

（2）故障原因。

转向沉重的原因与轮胎气压不足及悬架、车轴、转向轮定位所存在的故障有关，与转向系统有关的故障如下。

齿条和小齿轮啮合间隙过小。

转向轴的轴承过紧或损坏。

转向拉杆的球头销与球头座配合过紧。

转向轴万向节十字轴配合过紧。

前稳定杆变形。

（3）故障诊断与排除。

① 首先拆下转向节臂并转动转向盘。

② 若仍感到转向沉重，说明转向器存在故障，若齿轮结合间隙过小，转向柱轴套严重磨损等。

③ 若感觉不到转向沉重，应检查拉杆球头间隙是否过小、车身是否变形、前轮定位角是否满足要求等。

2）转向盘自由转动量过大

（1）故障现象。

汽车转向盘位于直行位置时，转向盘左右转动的游动角度过大。

根据 GB 7258—2004，《机动车运行安全技术条件》的规定，最大设计车速大于或等于 100km/h 的机动车，其转向盘的最大转动量不得大于 10°；最大设计车速小于 100km/h 的机动车，则不得大于 15°。

（2）故障原因。

① 转向系统的齿轮啮合间隙调整不当。

② 转向系统齿轮箱安装不良。

③ 转向系统齿轮磨损。

④ 转向轴万向节磨损。

⑤ 左、右横拉杆连接处磨损。

（3）故障诊断与排除。

在自由转动量过大的诊断过程中，重点应判断故障是由转向器，还是由拉杆轴节磨损的原因造成的。

检查故障时，架起汽车转向轮，左右转动转向盘，当用力转动时，拉杆不同步运动，说明拉杆连接处磨损而松旷量过大；若拉杆不动，则说明转向器齿轮的磨损过大。

3）前轮摆振

（1）故障现象。

汽车在某一速度范围内行驶时，转向轮围绕主销发生角振动。

（2）故障原因。

若汽车在不平坦的道路上行驶，低速情况下发生摆振，主要原因是转向系统各部位配合间隙过大及转向轮定位失准。汽车高速行驶时发生转向轮摆振，一般为车轮不平衡。

（3）故障诊断与排除。

出现转向轮摆振故障时，应首先检查转向系统各部件的配合间隙，及时排除故障；在此基础上，对转向轮定位进行检测和调整；对转向轮进行平衡检测和校正。

4）自动跑偏

（1）故障现象。

汽车行驶中，行驶方向自动偏向一边，不易保持直线行驶，操纵困难。

（2）故障原因。

直行自动跑偏的原因主要与轮胎、减震器、转向轮定位、前轮制动器等的技术状况有关，主要包括如下方面。

① 左右轮胎气压不一致。

② 前左、前右减震器弹簧刚度不一致。

③ 车身变形或车架变形使两侧轴距不等。

④ 转向轮定位失准。

⑤ 转向轮单边制动或单边制动拖滞。

⑥ 转向轮单边轮毂轴承装配过紧或损坏。

⑦ 转向轮某一侧的前稳定杆、下摆臂变形。

（3）故障诊断与排除。

① 首先检查左右转向轮气压是否符合标准或一致，不符合标准或不一致时应充气至标准值。

② 检查前稳定杆和前摆臂是否变形，减振器弹簧刚度及左右钢板弹簧的变形量是否一致。

③ 行车后检查左右轮毂和制动毂的温度情况，若温度不一致时，则说明高温一侧的制动器存在单边制动、制动拖滞或轮毂轴承装配过紧、损坏等。

④ 检查转向轴的轴距和前轮定位是否符合标准值。

2. 动力转向系统的故障诊断

动力转向系统是利用发动机动力和驾驶员施加很小的操纵力作为转向系统的能源。它在机械转向系统的基础上，增加了转向储油罐、转向油泵、转向控制阀（分配阀）和动力缸等。

动力转向系统的主要故障有转向沉重、漏油、异响、转向不稳及油压低等。

1）转向沉重，助力不足

（1）故障现象。

汽车行驶中转向时，转动方向盘感到沉重。

（2）故障原因。

① 转向油泵传送带松旷，或者转向油泵技术状况不良，如转向油泵传动打滑、转向油泵内部机件磨损，不能产生正常油压。

② 液压系统中液压管路接头松动、损伤，液压油管损坏，使系统有漏油或油液管路堵塞现象，造成液压油供应不足。

③ 转向轮定位失准，转向器内部齿轮磨损，转向拉杆球节润滑不良，转向轮气压不足，造成转向系统故障。

④ 动力转向系统中有空气。

（3）故障诊断与排除。

① 进行液力式动力转向系统的故障诊断时，应首先排除机械故障，再对液力系统进行检查。

② 首先检查油泵皮带的松紧度，若不合适应进行检查调整。

③ 工作油温检查，发动机怠速运转，左右转动转向盘数次，检查液力系统工作油温能否达到标准值。

④ 检查油管和管接头是否有松动、破损及漏油现象。

⑤ 检查储油罐的储油量是否在规定的范围之内，液压油是否起泡、发白，若油面过低应添加动力转向油。

⑥ 液压泵输出油压检查，发动机怠速运转，在阀门全开时测量输出油压，并把检测结果与标准值比较。若所测油压偏低，说明液压泵存在故障，应进行修理。

⑦ 转向齿轮的油压检查，发动机怠速运转，在阀门全开时，左右转动转向盘时测量油压并与规定值比较，测得油压偏低时，说明转向器内有漏油现象。

2）方向盘回位不良、自由行程过大

（1）故障现象。

汽车行驶中转向时，转动方向盘感到松旷。

（2）故障原因。

① 系统内有空气。

② 压力限制阀有故障。

（3）故障诊断与排除。

① 检查系统内是否有空气。如有空气，应检查各管接头、密封件等是否损坏，若接头松动或密封件损坏，应拧紧或修复。

② 检查压力控制阀是否有故障。压力控制阀弹簧及阀门、动力缸活塞等是否有故障，若有应及时排除。

3）高、低速转向助力一样大

（1）故障现象。

汽车行驶中转向时，无论行车速度高低，转向助力均一样大。

（2）故障原因。

① 车速传感器故障。

② 电磁阀故障。

③ 转向 ECU 有故障。

④ 分流阀或节流阀有故障。

（3）故障诊断与排除。

① 首先检查车速传感器，若有故障应检修或更换。

② 检查电磁阀，若有故障应检修或更换。

③ 检查转向 ECU，若有故障应及时更换。

④ 检查分流阀和节流阀，若有故障应检修或更换。

3.3.3　行驶系统故障诊断

行驶系统的故障主要有车辆振动、行驶跑偏、乘坐性能不良、轮胎异常磨损及异响等，本节将以常见故障的故障现象、产生原因及排除方法为例进行分析。

1. 汽车方向盘震手、前轮摇摆或颠动

1）故障现象

汽车在行驶时，前轮有明显颠簸或摆动。

2）故障原因

（1）左右轮胎气压不等或不标准。

（2）前轮定位不准。

（3）减震器性能不良或损坏。

（4）转向系统固定松动或磨损松旷。

（5）悬架与车身连接部分松动以及悬架构件工作不良。

（6）车轮不平衡。如车轮动平衡不良、两侧轮胎磨损不同、轮面凹陷偏心、车轮或制动鼓失圆等。

3）故障诊断与排除

（1）检查左右轮胎气压是否符合标准，若不符合应检查与调整。

（2）检查转向系统连接件及固定件，若松旷、磨损或损坏，应调整或更换。

（3）检查减震器的性能，若性能下降或损坏应予更换。

（4）检查悬架与车身连接部分，若松动或工作不良，应及时检修或更换。

（5）前轮定位是否准确，若调整不当应予以调整。

（6）检查车轮的动平衡。若车轮两侧轮胎磨损不同、轮面凹陷偏心、车轮或制动鼓失圆等，应进行检查、调整或更换。

2. 行驶跑偏

1）故障现象

车辆在行驶时，驾驶员未对转向盘施加转向力，车辆未按既定方向行驶向一侧跑偏，需要不断修正方向。

2）故障原因

（1）车轮定位失准。

（2）左右轮胎气压相差过大。

（3）左右车轮磨损不均匀。

（4）左右车轮中某一车轮制动器分离不彻底。

（5）横向稳定器不良、减振器失效或弹簧弹性衰减或折断。

（6）车身底部或车架变形。

3）故障诊断与排除

（1）首先检查左右轮胎的气压是否符合标准，若不符合应予以检查或调整。

（2）检查左右车轮的磨损情况，若磨损不均匀应换位或更换。

（3）检查左右车轮的制动器，若制动器分离不彻底，应进行调整。

（4）检查横向稳定器、减震器及弹簧的工作情况。若横向稳定器工作不良、减震器失效、弹簧弹性衰减或折断，应修复或更换。

（5）检查车身底部或车架是否变形，若变形应予以校正。

（6）检查车轮定位是否准确，若失准，应予以调整。

3. 轮胎偏磨

1）故障现象

轮胎内外侧花纹磨损量不一致，单侧磨损严重。

2）故障原因

（1）轮胎气压过高。

（2）前束和外倾角调整不当。

（3）车轮制动器分离不彻底。

（4）悬架系统零件连接松动、磨损过甚或破坏。

（5）车轮摆差过大。

3）故障诊断与排除

（1）首先检查轮胎气压，若轮胎气压过高，应进行检查调整。

（2）检查前轮前束和外倾调整，若调整不当，应进行检调。

（3）检查车轮制动器，若分离不彻底，应予以调整。

（4）检查悬架系统的零件，若连接松动、磨损过甚或破坏，应进行紧固或更换。

（5）检查车轮摆差，若摆差过大，应更换车轮。

4. 行驶系统异响

1）故障现象

汽车行驶时，行驶系统有异常响声，且行驶速度越高，响声越大。

2）故障原因

（1）悬架各部件连接松动，安装不良或有损伤。

（2）减震器工作不良。

（3）前轮轴承磨损松动。

（4）转向节销、衬套磨损、安装不良。

3）故障诊断与排除

（1）检查悬架各件连接，若松动、安装不良或损伤，应紧固、修复或更换。

（2）检查减震器，若工作不良或损坏，应予以修复或更换。

（3）检查前轮轴承，若松动或磨损，应予以调整或更换。

（4）检查转向节销和衬套，若转向节销或衬套磨损、安装不良，应修复或调整。

3.3.4　制动系统故障诊断

汽车制动系统是保障汽车行车安全，充分发挥汽车速度，提高汽车运用效率和运输生产率的必备装备。随着汽车速度的不断提高和对安全性要求的增强，对汽车制动性能的要求也愈来愈严格。

汽车的制动装备包括行车制动系统、驻车制动系统和辅助制动系统。为了保证汽车能在安全的条件下具有高速行驶能力，制动系统一般应具有良好的制动性能和制动稳定性，且制动不跑偏、不侧滑，制动可靠。

按驱动制动装置动力的传输方式不同，制动系统可分为：机械系统、气压系统、液压系统和电磁系统等。本章主要介绍气压制动系统、液压制动系统和电子控制防抱死制动系统（ABS）的故障诊断与排除。

1. 气压制动系统故障诊断

气压制动系统是一种动力制动系统，通常由空气压缩机、储气筒、调压阀、制动控制阀、制动气室以及其他辅助装置及管路等组成。

气压制动系统的动力源是压缩空气，驾驶员通过踩制动踏板，操纵制动控制阀，给制动器提供动力，实现车辆的减速或制动。

气压制动系统的常见故障有：制动效能不良、制动突然失效、制动拖滞、单边制动（制动跑偏）等。

1）制动效能不良

（1）故障现象。

行车时踏下制动踏板后，制动减速度小或反应迟缓，紧急制动时各轮均无拖印。

（2）故障原因。

① 压缩空气压力不足。

② 制动管路破裂漏气。

③ 制动软管老化发胀、通气不畅。

④ 制动阀的故障。有调整螺钉调整不当，排气阀回位弹簧过硬或调整垫片太厚，进、排气阀与摇杆接触端磨损过甚，摇杆弯曲，膜片破裂，平衡弹簧弹力不符合技术要求等。

⑤ 制动凸轮轴转动困难或转角过大。

⑥ 制动蹄与支销卡滞或制动蹄驱动端磨损过甚，或车轮制动器其他故障。

（3）故障诊断与排除。

检查诊断时，首先查看气压表，若气压表指示符合标准，可踩下制动踏板，检查由制动阀至各车轮间有无漏气之处；若不漏气，检查制动踏板的自由行程或调整制动蹄摩擦片与制动鼓的间隙。

若气压表指示为零，可踏下制动踏板再抬起。若有放气声，说明气压表有故障，应更换气压表；如无放气声，检查空气压缩机传动带是否松动打滑，如不打滑，则检查空气压缩机至储气筒一段的气管；如良好，则故障在压缩机，应检查空气压缩机的排气阀或汽缸内部的技术状况。

2）制动拖滞

（1）故障现象。

抬起制动踏板后，制动阀排气缓慢或不排气，不能立即解除制动，或排气虽快，但仍感到有制动作用。

（2）故障原因。

① 制动踏板自由行程过小，或制动鼓与摩擦片的间隙过小。

② 制动回位弹簧过软或折断。

③ 制动踏板至制动阀拉臂之间的传动系统零件卡滞，或制动器凸轮轴、制动蹄支销锈滞。

④ 制动阀排气阀调整垫片过薄，或回位弹簧过软、折断和橡胶阀座老化发胀。

⑤ 制动蹄摩擦片损坏等。

（3）故障诊断与排除。

首先确定是全部车轮制动拖滞或是个别车轮制动拖滞。若是全部车轮制动拖滞，多是制动踏板自由行程不足，或制动阀的故障。制动阀的故障一般是阀门粘住、弹簧折断等。若是某一车轮拖滞，则故障多在车轮制动器，应由易到难逐一检查排除。

3）制动跑偏

（1）故障现象。

制动时，汽车不能沿直线停驶，向一侧跑偏。

（2）故障原因。

① 左右车轮摩擦片与制动鼓间隙不等，或制动蹄与制动鼓接触不良。

② 两前轮轮胎花纹或气压不一致，两前轮钢板弹簧弹力相差太多或车架及前轴变形严重等。

③ 某个车轮制动凸轮轴被卡住，或调整不当使凸轮转角相差太大，回位弹簧变软、损坏等。

④ 某个车轮制动气室膜片硬度不同、推杆外露不等或伸张速度不等。

⑤ 某制动软管通气不畅。制动阀至某车轮间有漏气。

⑥ 个别车轮的摩擦片上有油、硬化或铆钉头露出。

（3）故障诊断与排除。

当出现制动跑偏时应先进行路试，根据轮胎拖印找出制动效能不良的车轮，然后参照气压制动效能不良的诊断程序进行检查。若各车轮的制动效能均良好，仍有制动跑偏现象，则应检查两前轮的轮胎气比是否一致、钢板弹簧弹力及车架的变形情况等。

2. 液压制动系统的故障诊断

液压制动系统是利用制动液作为传力的介质。常见的液压制动有人力液压制动系统、气液制动系统、全液压动力制动系统以及伺服制动系统等。

现代汽车上，较多采用液压伺服制动系统。伺服制动系统是为了减轻驾驶员的劳动强度，增强制动效果，在人力液压制动系统的基础上加装一套加力装置，即兼用人力和发动机动力的制动系统。在正常情况下，制动的能量大部分由动力伺服系统供给，而在动力伺服系统失效时还能全部由驾驶员供给。

液压制动系统的常见故障有制动失效、制动效能不良、制动跑偏、制动反应迟钝等。

1）制动失效

（1）故障现象。

汽车在行驶中使用制动时不能减速，连续多次踩下制动踏板，各车轮仍不起到制动作用。

（2）故障原因。

① 制动主缸内无制动液或缺少制动液。

② 制动主缸严重磨损或皮碗损坏。

③ 制动管路破裂或接头严重漏油。

④ 机械连接部位脱开。

（3）故障诊断与排除。

① 连续踩下制动踏板不升高，同时感到无阻力，应首先检查制动主缸内的制动液储量是否符合规定要求，再检查管路、接头等处有无漏油，若有应及时修理。

② 若无漏油，应检查机械连接部位有无脱开，若有应及时修理。

③ 上述检查均正常时，应检查主缸推杆防尘罩处是否严重漏油，若漏油太多，可能是主缸皮碗严重损坏或踏翻所致。

④ 若车轮制动毂边缘有大量油液，则是轮缸皮碗损坏或顶翻所致。应拆检制动分泵进行修理。

2）制动反应迟钝

（1）故障现象。

汽车行驶中制动时，踩一脚制动踏板不能制动，连续踩几次制动踏板才能起制动作用。

（2）故障原因。

踏板自由行程过大，制动蹄片与制动鼓间隙过大，制动主缸皮碗、出油阀损坏。

（3）故障诊断与排除。

① 检查制动踏板自由行程是否符合要求。

② 检查主缸皮碗是否损坏。若主缸的皮碗损坏，则踏制动踏板时每次出油较少，压力也低，会使一脚制动失灵。

③ 检查主缸出油阀。出油阀损坏会使管路内的剩余压力过低，管路内制动液回流主缸过多，主缸动作一次压出的制动液不能起作用，需多踩几次踏板才能制动。

3）制动效能不良

（1）故障现象。

汽车行驶中使用制动，制动的减速度小，制动距离长。

（2）故障原因。

① 制动主缸缺油，皮碗老化、发胀或破损；活塞与缸臂磨损过甚而配合松旷等。

② 真空增压器的故障。真空管接头连接不紧密或管子破裂、凹瘪、扭曲不畅通；单向阀密封不严；控制阀活塞和皮碗密封不良或膜片破裂；控制阀中的空气阀或真空阀与其阀座表面损坏、不洁而使密封不良；加力气室膜片破裂等。

③ 制动分泵的故障。如皮碗老化发胀，活塞与缸壁配合松旷、活塞回位弹簧过软或折断。

④ 制动器的故障。制动蹄摩擦片与制动鼓间隙过大；摩擦片油污、水湿、硬化或铆钉外露；制动鼓磨损过度、出现沟槽、失圆等。

（3）故障诊断与排除。

① 检查制动踏板自由行程是否符合要求。

② 检查各真空管的接头是否松动、不严密，管子是否破裂或不畅通。

③ 检查真空增压器是否存在故障。可先踏下制动踏板，然后起动发动机，使发动机怠速运转几秒钟，若感到制动踏板自行下降少许，说明真空增压器良好，故障是制动低压油路、总泵、车轮制动器引起的；若制动踏板并不自行下降，则说明真空增压器工作不良，此时可先检查其控制阀的空气阀是否良好。当放松制动踏板，发动机怠速运转时，检查空气阀的密封情况，如控制阀真空阀不密封或膜片损坏，或加力气室膜片破裂等。

④ 检查制动总泵和分泵。

⑤ 检查制动器是否有故障。

4）制动拖滞

（1）故障现象。

汽车行驶一段路程后，个别（或全部）车轮制动鼓过热，且汽车起步困难，行驶无力。

（2）故障原因。

① 个别车轮制动鼓过热时，一般是制动鼓与摩擦片间隙过小，制动蹄回位弹簧过软，制动分泵皮碗发胀或活塞卡滞，制动软管发胀阻塞。

② 全部车轮制动器都发热的原因是制动主缸旁通孔或回油孔堵塞。制动液太脏或黏度过大，使回油困难；总泵或分泵皮碗、皮圈老化、变形或发卡；总泵回位弹簧过软、折断，或磨损过度而卡滞；踏板无自由行程或过小。

（3）故障诊断与排除。

① 个别车轮拖滞。汽车行驶一段路程后，用手摸试各车轮制动鼓外表，若明显烫手，则为该车轮拖滞。将发热的车轮顶起，拧松分泵放气螺钉，待制动液急剧喷出后，用手转动制动鼓，若能转动，说明故障是制动油管堵塞；若不能转动，即表明制动鼓与

制动蹄之间的间隙过小。

② 全部车轮拖滞。首先检查制动踏板自由行程，不符合要求应进行调整；再检查制动液的清洁及黏度值是否符合要求。检查时打开储液罐盖，连续踩几下制动踏板，观察回油情况，若回油缓慢或不回油，即表明制动液黏度过高或太脏，可能堵塞旁通孔和回油孔。若制动液良好，踩一下制动踏板后拧松放气螺钉，喷出制动液，此时全车制动拖滞消失，则应拆检制动主缸，检查活塞、回位弹簧、皮碗和皮圈等。

3. 驻车制动故障诊断

驻车制动又称手制动，其主要作用是使汽车停放可靠，便于在坡道上起步，并可在行车制动失效后临时使用或配合行车制动器进行紧急制动。大多数行车制动器安装在变速器或分动器之后，也有少数汽车装在后驱动桥输入轴前端。而轿车上常采用驻车制动与行车制动共用一套制动系统。

1）驻车制动失效

（1）故障现象。

汽车在坡道停放不稳，或在坡道上起步时半联动失效。

（2）故障原因。

① 驻车制动盘与制动蹄间隙过大，或鼓式驻车制动器的制动鼓与制动蹄间隙过大，或凸轮磨损严重。

② 制动器摩擦片磨损严重，或严重脏污或油污，造成驻车制动打滑。

③ 机械连接部位脱开，或连接件损坏。

④ 棘轮或齿扇严重磨损，造成锁止机构打滑。

（3）故障诊断与排除。

① 检查驻车制动盘（鼓）与制动蹄间隙，若制动蹄与制动鼓间隙过大，或制动蹄拉簧失效，应予以调整或更换。

② 检查鼓式驻车制动器凸轮的磨损情况，若磨损严重应及时更换。

③ 检查制动器摩擦片的磨损情况，若磨损严重应及时更换。

④ 检查机械连接部位是否脱开或损坏，若脱开应重新连接好，若损坏应及时修复或更换。

⑤ 检查棘轮或齿扇的磨损情况，若磨损严重应及时更换。

2）制动拖滞

（1）故障现象。

在行车制动时，抬起制动踏板，车辆仍有制动作用。

（2）故障原因。

① 行车时驻车制动没有完全解除。

② 驻车制动盘（鼓）与制动蹄间隙过小。

③ 制动器定位弹簧失效。

（3）故障诊断与排除。

① 首先检查行车时驻车制动器是否放在完全解除位置。

② 检查驻车制动盘（鼓）与制动蹄间隙，若制动蹄与制动鼓间隙过小，应予以

调整。

　　③ 检查机械连接部位是否损坏或卡住，若损坏应及时修复或更换。

4. 防抱死制动系统的故障诊断

　　汽车电子控制防抱死制动系统（ABS，Antilock Braking System）是根据汽车在不同的车轮滑移率下所对应的轮胎与地面间的摩擦系数的变化情况而研制的汽车安全制动系统，它可以根据路面状况，将车轮的滑移率控制在某一范围（15%～20%）之内，从而使制动时轮胎的附着力保持在最佳状态，充分发挥制动效能，使汽车具行良好的抗侧滑能力和操纵能力，并获得较短的制动距离，以有效地降低交通事故的发生，提高车辆行驶的安全性。

　　当 ABS 系统出现故障时，ABS 故障灯点亮，一般应按一般检查、警告灯诊断和读取故障码的方法步骤进行。

　　1）一般检查

　　当防抱死制动系统出现故障时，系统的故障指示灯亮，此时应进行基础检查。检查的内容如下。

　　（1）制动液面是否在规定的范围之内。

　　（2）检查所有继电器、熔丝是否完好，插接是否牢固。

　　（3）检查电子控制装置导线的插头、插座是否连接良好。

　　（4）检查蓄电池容量和电压是否符合规定，连接是否牢靠。

　　（5）检查控制单元、车轮转速传感器、电磁阀体、制动液面指示灯开关导线插头、插座和导线的连接是否良好。

　　（6）检查车轮转速传感器传感头与齿圈间隙是否符合规定，传感器头有无脏污。

　　（7）检查驻车制动（手刹）是否完全释放。

　　2）利用警告灯检查

　　利用 ABS 故障警告灯及制动装置警告灯的闪亮规律，可以粗略地判断出 ABS 系统发生故障的部位。

　　通常情况下，在点火开关接通（ON）时，黄褐色的 ABS 警告灯应闪亮一下（约4s），此时如果制动液不足（液面过低），红色警告灯也会点亮；储能器压力低于规定值、驻车制动未释放时，红色警告灯也会点亮；当储能器压力、制动液面符合规定且驻车制动完全释放时，红色警告灯应熄灭。在发动机启动的瞬间，ABS 警告灯和红色制动警告灯一般都应亮（驻车制动在释放位置），一旦发动机运转起来后，两个警告灯应先后熄灭。汽车行驶过程中，两个警告灯都不应点亮。若是上述情况，一般可以说明 ABS 系统处于正常状态，否则说明 ABS 系统有故障或液压系统不正常。

　　由于车型不同，采用的 ABS 形式不同，电路也不同，其警告灯的闪亮规律也有差异，不同车型的故障警告灯诊断一般可在其车型的维修手册中查到。

3.4　汽车电器系统的故障诊断

　　汽车电器系统包括启动系统、充电系统、灯系统、巡航控制系统、中央门锁和防盗系统、仪表辅助系统等。本章节仅仅介绍传统电器系统故障诊断，对于巡航控制系统、中央门锁和防盗系统、仪表辅助系统等系统的故障诊断请参照相关技术书籍。

3.4.1　启动系统故障诊断

汽车启动系统一般包括蓄电池、起动机、启动继电器、点火开关、导线等，启动系统一旦发生故障，就会导致起动机不能带动发动机运转，常见故障有起动机不转或运转无力、起动机空转以及起动机异响等。

1. 起动机不转

1）故障现象

启动时，接通启动开关，起动机不转动，无动作迹象。

2）故障原因

（1）电源故障：蓄电池严重亏电或极板硫化、短路等，蓄电池极桩与线夹接触不良，启动电路导线连接处松动而接触不良等。

（2）起动机故障：换向器与电刷接触不良，磁场绕组或电枢绕组有断路或短路，绝缘电刷搭铁，电磁开关线圈断路、短路、搭铁或其触点烧蚀而接触不良等。

（3）起动机电磁开关故障：电磁开关中吸拉线圈、保位线圈断路、短路或搭铁。

（4）启动组合继电器故障：启动继电器线圈断路、短路、搭铁或其触点接触点不良。

（5）点火开关故障：点火开关接线松动或内部接触不良。

（6）启动系统控制线路故障：线路有断路，导线接触不良或松脱，熔丝烧断等。

（7）防盗系统故障。

3）故障诊断与排除

对于有防盗系统的汽车，将点火开关转到 ON，观察防盗系统指示灯是否异常，若有异常应先排除防盗系统的故障，否则按下述故障诊断流程进行诊断。

（1）按喇叭或开大灯，如果喇叭声音小嘶哑或不响，灯光比平时暗淡，说明电源有问题，应先检查蓄电池极桩与线夹、启动电路导线接头处是否有松动，触摸导线连接处是否发热。若某连接处松动或发热则说明该处接触不良，若线路连接无问题，则应对蓄电池进行检查。

（2）如果判断电源无问题，用旋具将起动机电磁开关上连接蓄电池和连接内部电动机的两接线柱短接；如果起动机不转，则说明是电动机内部有故障，应拆检起动机；如果起动机空转正常，则进行下步检查。

（3）用旋具将电磁开关接线柱与起动机电源接线柱相连，如果起动机不转，则说明起动机电磁开关有故障，应拆检电磁开关；如果起动机运转正常，则说明故障在启动继电器或有关的线路。

（4）用旋具将启动继电器上连接蓄电池和连接起动机的两接线柱直接相连（B 和 L），如果起动机不转，则应检查连接这两个接线柱的导线；如果起动机能正常运转，则再作下一步检查。

（5）将启动继电器上连接蓄电池和连接点火开关的两接线柱直接相连，如果起动机不转，则说明是启动继电器不良，应拆修或更换启动继电器；如果起动机能正常运转，则故障在启动继电器至点火开关的导线或点火开关，应对其进行检修。

2. 起动机运转无力

1）故障现象

启动时，驱动齿轮能啮入飞轮齿环，但起动机转速明显偏低甚至于停转。

2）故障原因

（1）电源的故障：蓄电池亏电或极板硫化、短路，启动电源导线连接处接触不良等。

（2）起动机故障：换向器与电刷接触不良，电磁开关接触盘和触点接触不良，电动机磁场绕组或电枢绕组有局部短路等。

3）故障诊断与排除

诊断程序基本与起动机不转时相同。因为这两种故障的产生因素基本一样，只是程度不同。

（1）接通启动开关，启动开关处只是"咔哒"一声，转动无力的故障常发生在电磁控制式和电枢移动式起动机。

（2）电磁控制式起动机，接通电磁开关，有"咔哒"声，但起动机不转动，说明电磁开关线圈短路或接触不良，产生的磁力太小，不足以进一步压缩回位弹簧，致使主回路接触盘接触不良。

（3）如电磁开关线圈正常，可能是在启动时起动机小齿轮刚好顶在飞轮端面不能啮入。这时，若将发动机曲轴摇转一个角度，往往又可使小齿轮啮入飞轮齿间而显示工作正常。若在这种情况下还不能使小齿轮啮入发动，表明回位弹簧过硬。

（4）电枢移动式起动机，接通电磁开关时，动触点的上触点先闭合，辅助线圈接通，电枢缓慢旋转并移动，圆盘顶起扣爪块，使动触点的下触点也闭合，将主回路接通，起动机有力地转动。若扣爪块与圆盘接触的凸肩磨损，不能顶起扣爪块释放限止板，动触点的下触点不能闭合，主回路不通，起动机只能缓慢无力地转动。另外如果辅助线圈断路或短路，起动机启动时不能缓慢旋转，往往产生起动机小齿轮顶住发动机飞轮轮齿端面而不易啮入的情况。

3. 起动机空转

1）故障现象

接通启动开关，起动机空转，小齿轮不能啮入飞轮齿圈带动发动机转动。

2）故障原因

（1）机械强制式起动机的拨叉脱槽，不能推动驱动小齿轮，不能进入啮合。

（2）电磁控制式起动机的电磁开关铁芯行程太短。

（3）电枢移动式起动机辅助线圈短路或断路，不能将电枢带到工作位置。

（4）起动机单向啮合器打滑。

（5）飞轮齿严重磨损或损坏。

3）故障诊断与排除

起动机空转实际有两种情况：一种是起动机驱动小齿轮不能与飞轮齿圈啮合的空

转，故障主要在起动机的操纵和控制部分；另一种是起动机驱动小齿轮已和飞轮齿圈啮合，由于单向啮合器打滑而空转，故障主要在起动机单向啮合器。

（1）驱动小齿轮不能与飞轮齿圈啮合，则应进行如下检查、诊断。

① 对于机械强制式起动机，应先检查传动叉行程是否调整适当。若调整不当，在未驱使驱动小齿轮与飞轮齿圈啮合时，主接触盘已与触点接通而导致起动机空转。如调整适当，则可能是传动叉脱出嵌槽。

② 对于电磁控制式起动机，则应检查主回路接触盘的行程是否过小。如过小会使主回路提前接通，造成电枢提前高速旋转。

③ 对于电枢移动式起动机，主要是扣爪块上阻挡限止板的凸肩磨损，不能阻挡限制板的移动，致使活动触点的下触点提前闭合，并使电枢高速旋转。若活动触点与固定触点上、下两触点间隙调整不当，即下触点间隙太小时，也同样会引起电枢提前高速旋转。

（2）若单向啮合器打滑空转，应分解起动机进行检修或更换起动机。

3.4.2　汽车充电系统故障诊断

汽车充电系统主要由蓄电池、交流发电机、调节器以及相关线路构成。充电系统的主要故障有充电指示灯不亮、不充电、充电电流异常等。

1. 充电指示灯电路故障诊断

充电指示灯故障包括接通点火开关后指示灯不亮；发动机转速已提高，指示灯仍不熄灭等故障。

1）接通点火开关，指示灯不亮

（1）故障现象。

接通点火开关后，指示灯不亮。

（2）故障原因。

① 熔断器烧断，接线松动。

② 指示灯泡烧毁。

③ 充电指示继电器常闭触点接触不良，或充电指示继电器常开触点黏结。

④ 连接指示灯的导线断裂。

（3）故障诊断与排除。

① 检查熔断器是否熔断，接线是否松动。

② 如良好，可将调节器的接线插座拔开，取出指示灯引线，接通电源开关，用此引线搭铁试验。

③ 如指示灯亮，说明指示灯泡良好，故障是指示继电器的触点接触不良，调节器内部搭铁不良。

2）发动机发动后，转速已提高，指示灯不熄灭

（1）故障现象。

发动机以中速以上转速运转时，充电指示灯不熄灭。

（2）故障原因。

① 插头或导线连接松动或断路。

② 充电指示灯线路某处搭铁。

③ 充电指示灯继电器调整不当或触点黏结分不开。

④ 连接 B（电源）、N（接地）、L（充电指示灯）的导线断路。

（3）故障诊断与排除。

应首先判明发电机是否发电。如发电而指示灯不熄灭，可拆下调节器盖，检查调节器触点是否粘结。可将触点分开试验，如分开后指示灯熄灭，则说明调节器调整不当或触点烧结。

如分开后指示灯仍不熄灭，则应进一步检查有无搭铁之处。

2. 发电机不充电故障诊断

1）不充电（充电指示灯不熄灭）

（1）故障现象。

发动机在怠速以上运转时，充电指示灯不熄灭（装电流表的充电系统，电流表指示放电），并且蓄电池会很快亏电。

（2）故障原因。

① 充电电路的故障：发电机 F 或 D 接柱搭铁，发电机 F、D 至调节器 F、D 之间线路有搭铁。

② 发电机的故障：电枢绕组有短路、断路或搭铁；磁场绕组有短路或搭铁；整流二极管有断路或短路等。

③ 调节器的故障：调节器触点接触不良（单独点调节器）；高速触点黏结（双触点调节器）；调节器弹簧过弱或断脱（触点式调节器）；调节器内部电路搭铁（电子调节器）等。

④ 机械故障，发电机安装松动或传动带磨损而打滑。

（3）故障诊断与排除。

① 检查发电机传动带是否松动打滑，如果是，予以排除；如果不是，则进行下一步。

② 检查有关线路有无搭铁，直观检查有关线路线束无破损搭铁后，还需用万用表进行检查，拆下发电机 F、D 接柱与调节器 F、D 接柱上的接线，测量 F 和 D 导线端子与接地之间的电阻，应为∞。如果电阻为 0 或很小，则为线路搭铁或有漏电故障，应予以修理或更换；如果无搭铁，则进行下一步。

③ 检查发电机是否正常发电，方法是：对触点式调节器，拆下调节器 F 上的导线，另用导线短接 F 与 D 或 B 相接（短路调节器）；对集成电路调节器，用导线短接 F 与 E，然后使发动机在怠速以上的转速下运转，看充电指示灯是否能熄灭。如果能熄灭，说明发电机能正常发电，需检查或更换调节器；如果充电指示灯仍不熄灭，则为发电机有故障，应对其进行检修或更换。

2）不充电（充电指示灯不亮）

（1）故障现象。

接通点火开关时，充电指示灯不亮，并且蓄电池会很快亏电。

（2）故障原因。

① 充电电路的故障：点火开关至发电机 "F" 接柱线路有断路；熔丝烧断（发电机激磁回路有熔断器保护的充电电路）。

② 发电机的故障：磁场绕组有断路；电刷与滑环严重接触不良。

③ 调节器的故障：单触点调节器触点严重接触不良；电子调节器开关三极管断路或内部电路故障而使开关三极管不能导通。

④ 充电指示灯已烧坏。

（3）故障诊断与排除。

① 检查连接发电机励磁回路的熔丝（若有的话），如果已烧断则予以更换。接通点火开关后，测量调节器 D（若有的话）接柱对地电压。若电压为 0V，则应检查调节器 D 接至点火开关的线路有无断路及充电指示灯是否烧坏；若为蓄电池电压，则进行下一步。

② 在接通点火开关时，测量调节器 F 接柱对地电压。若电压为 0V 或很低，则需检修或更换调节器；若为蓄电池电压，则进行下一步。

③ 在接通点火开关时，测量发电机 F 接柱对地电压。若电压为 0V，则需检修发电机至调节器之间的电路；若为蓄电池电压，则需检修发电机。

3. 充电电流过大或过小

1）充电电流过大

（1）故障现象。

汽车各种灯泡易烧，蓄电池电解液消耗过快（装有电流表的充电系统，电流表始终指示 10A 以上的充电电流）。

（2）故障原因。

① 调节器故障：触点式调节器的电磁线圈短路或断路；高速触点接触不良（双触点式调节器）；调节器失调（因弹簧张力过大或气隙不当而使调节电压值过大）；电子调节器开关三极管短路或其他电子元件故障而使开关三极管不能截止。

② 充电系统电路故障

触点式调节器搭铁不良（搭铁线断脱）；电子调节器接线错误。

（3）故障诊断与排除。

检查调节器与发电机的连接线路是否有误或调节器的搭铁是否良好，若线路无问题，则应检修或更换调节器。

2）充电电流过小

（1）故障现象。

充电指示灯能熄灭或在较高的转速下才能熄灭，充足电的蓄电池很容易出现亏电，夜间前照灯亮度低的情况下，电流表指示的充电电流在 5A 以下，或发动机在中速以上时，开前照灯电流表即指示放电。

（2）故障原因。

① 充电线路连接不良，接触电阻过大。

② 发电机有故障：磁场绕组有局部短路；电刷与滑环接触不良；电枢绕组有断路

或短路、整流二极管有短路或断路。

③ 调节器弹簧过弱而使调节电压过低（触点式调节器）；低速触点接触不良（双触点式调节器）；电子元件性能变化而使调节电压值下降（电子调节器）。

④ 发电机传动带打滑。

（3）故障诊断与排除。

① 检查发电机传动带的松紧度与充电线路的连接，如果传动带过松，将其调整至适当程度；如果线路连接处有松动，则将其紧固。

② 检查发电机是否正常发电，方法是：对双触点式调节器，拆下调节器 F 上的导线，并另用导线连接 F 与 D 或 B（短路调节器）；对集成电路调节器，连接 F 与 E，然后慢慢提高发动机的转速，并测量发电机 D 或 B 接柱对地电压。如果电压能随发电机转速的升高而上升至调节电压值，则说明发电机正常，应检修或更换调节器；如果发电机转速升高时，电压变化很小，在发动机转速很高时也达不到调节电压值，则为发电机故障，应对其进行检修。

4. 充电电流不稳

1）故障现象

充电指示灯忽明忽暗变化不定（装有电流表的，电流表指针来回摆动）。

2）故障原因

（1）发电机故障：电刷与滑环接触不良；内部导线连接处松动。

（2）调节器故障：触点式调节电阻断路；电子调节器元件松动或搭铁不良。

（3）电路故障：充电系统有关线路连接接处松动。

（4）发电机传动带较松，时而打滑。

3）故障诊断与排除

（1）检查发电机传动带的松紧度及线路连接，必要时予以调节和紧固。

（2）采用与上述相同的将调节器短路的方法，使发动机保持高怠速运转。如果充电指示灯忽明忽暗现象消失，则说明发电机无故障，应检修或更换调节器；如果充电指示灯仍有忽明忽暗变化，则需检修发电机。

3.4.3　汽车灯系统故障诊断

汽车灯系统包括汽车照明灯、汽车信号灯及安全指示灯等。汽车灯系统的故障率较高，故障原因主要是导线连接松动。接触不良、短路、搭铁、断路和充电系统电压调整过高等。

汽车灯系统故障诊断通常依照从灯泡开始向电源部分逆源诊断的方法，诊断其故障，诊断时必须依据车型电路图，按上述方法逐步查找故障，这里不再赘述。

第四章　车辆损耗与贬值及其计算方法

汽车与其他大部分商品一样，全新购买，使用了一段时间后，会不同程度地变得陈旧，发生各种贬值。汽车作为一种高档消费品，不但不像房产那样还可能存在升值的机会，而是从买到手的那一天起就开始贬值，也就是说，汽车属于易耗商品，从消费者交完全部车款拿到钥匙的那一刻起，车辆就已经脱离了新车的队伍，无论怎么爱护，它已经进入了旧车的行列，任何车型都难逃此劫。在经济学上，对汽车产权占有本身就意味着要付出一定的货币代价，而不管消费者对这个产权的占有时间有多短，是一天还是一个月，这个代价称作沉没成本。购车之所以不得不付出沉重的沉没成本，最主要的原因在于汽车是从生产线上下来的产品，具有不难实现的可替代性，而房产则不然，它是不能一模一样被复制的，有些老爷车之所以能够价值连城，除了原车主的名人效应或其他的"捆绑"在其上的政治或文化事件外，不可复制也是其高昂价格的一个主要原因。因此，由于购车的沉没成本和使用过程中发生的各种损耗以及其他的各种贬值因素，旧车的交易价格一般都会明显小于原先的新车购买价格，两者之间的差值即反映了车辆的贬值程度。影响车辆贬值程度的主要因素可分为车辆的有形损耗和无形损耗，车辆有形损耗引起车辆的实体性贬值，而车辆的无形损耗则决定着车辆的功能性贬值、经济性贬值和营运性贬值。

4.1　车辆有形损耗与贬值

4.1.1　车辆有形损耗

机动车辆的有形损耗是指车辆由于自然力的作用而在实物状态的损耗和技术性能上的劣化，通俗地讲，就是指车辆自身的原因使其变得陈旧了。导致车辆有形损耗的原因大致可分为两种：第一种是在车辆使用过程中，车辆各个总成及零件因摩擦、振动、疲劳、腐蚀、剐蹭和碰撞等物理、化学过程导致的车辆陈旧；第二种是在车辆停放期间，因为暴露于自然环境而承受的风雨侵蚀，或由于管理不善，没有采取必要的维护保养措施而导致的车辆陈旧。其中，第一种有形损耗与车辆的使用条件和使用强度有关，而第二种则主要与车辆的闲置时间、停放场所和保管条件等有关。在车辆的实际使用中，这两种有形损耗形式往往共同作用于车辆上。车辆有形损耗的一部分可以通过修理消除，另一部分则不能通过修理消除，这时就需要更换有关零件。车辆发生有形损耗的同时，它的各项技术性能指标也都会有或大或小的降低。由于造成车辆有形损耗的各种因素一般来说是无法避免的，因此旧机动车辆都存在着不同程度的有形损耗。

4.1.2　车辆实体性贬值

机动车辆的实体性贬值是指由于车辆有形损耗引起的车辆贬值。车辆的有形损耗即便是能够通过修理予以消除，但因此而导致的车辆实体性贬值则是不会消失的，如果是更换零件，那么为此而支出的费用，即相当于车辆的不得不更换零件的有形损耗的部分贬值额。车辆的有形损耗无法避免，因此车辆的实体性贬值会随着车辆使用时间的延长而不断积累。

由于车辆的有形损耗不易量化，只能相当主观地估算或根据行业约定俗成来确定，估算车辆实体性贬值额的方法也类似，常用的是观察法又称为成新率法。观察法的基本思想是由具有专业知识和丰富经验的工程技术人员对评估车辆的各主要总成、部件进行技术鉴定，并综合分析车辆的设计、制造、使用、磨损、维护、修理、大修理、改装情况和剩余使用寿命等因素，将评估车辆与其全新状态相比较，考察由于有形的使用损耗和自然损耗对车辆的实物状态、性能、技术状况带来的影响，判断被评估对象的有形损耗率，从而估算出车辆的实体性贬值。

在检查旧车车况时，要仔细确定出需要马上或在不久的将来需要更换的部件，并估算出更换这些部件所需的费用，这些费用是车辆实体性贬值额的一部分，应在交易价格中反映出来。例如，如果普通型桑塔纳的一个轮胎磨损特别明显，那么换一个轮胎加上四轮定位的费用一般在500元左右；试车时觉得过小坑时车子硬梆梆的，可能后减震器有问题，一只减震器300多元，一对减震器换下来就是700元的支出；如果发动机要大修那又是数千元的开销。这些费用加起来可能要6000元左右，谈价时即可有理有据、掌握分寸和技巧地将这些潜在费用考虑进去。

此外，车辆发生碰撞事故后，无责任一方除得到修车费赔偿外，还可获得车辆因碰撞而导致的实体性贬值损失，因为即使车辆被修好了，但受过伤的车辆总成、零件或车身的实物状态和技术性能与未受伤时相比，肯定都变差了。我国《民法通则》规定，损坏国家的、集体的财产或者他人财产的，应当恢复原状或折价赔偿。因此，在旧机动车鉴定估价工作中，要仔细检查车辆是否发生过碰撞事故，如果发生过，即使已经修好了，还是要计算车辆因此而承受的实体性贬值。

在司法实践中，对于由于交通事故而导致的车辆贬值概念，众说纷纭，有着不同观点和不同的判决案例。究竟这个车辆贬值是怎么回事？这个贬值又该如何计算？如何赔偿。我们先来看两个案例。

案例一：李某的司机驾驶奔驰S600型汽车，发生交通事故，公安交管部门认定对方司机华某应对此次事故承担全部责任。事发后奔驰车经维修花去5万余元。李某认为，奔驰车被撞严重受损，虽然车已修好，但该车会因此而贬值。随即将肇事司机、车主起诉到法院，将保险公司列为第三人，要求两被告及保险公司赔偿汽车修理费等费用，并要求二被告赔偿车辆贬值费 20 万元及评估鉴定费 8000 元。法院受理了此案。法院认为，民事侵权赔偿以赔偿全部损失为原则。原告的车辆由于交通事故受到损害，虽然已得到修理，但车辆的安全性、驾驶性能降低，车辆自身的价值在事故后也发生了实际意义上的贬值，给原告造成的损失是客观存在的事实。而且，在汽车交易时，相同条件下，发生过交通事故的车辆，显然价值比无事故车辆要低。这一价值的差额应是车辆的直接损失，应该属于民法的损失范畴，受害人的权益应该得到保护，受害人要求过错车主赔偿"车辆贬值费"的请求在法律上应被支持。法院一审认定，被撞车辆虽经修理，但车辆贬值损失客观存在，判决被告赔偿原告评估车辆贬值、鉴定费等共计 19.91 万元，第三人保险公司赔偿汽车维修费等 5 万余元。

案例二：上海陈女士的车辆，在三车追尾事故中受损。修复还原后，陈女士聘请了上海旧机动车咨询服务有限公司为其车辆进行了有关评估，发现维修后，车辆贬值竟达 4 万余元，陈女士要求肇事车辆单位赔偿车辆"贬损费"，并提起诉讼，一审中，法院并没有支持陈女士提出的车辆贬值费和评估鉴定费的诉讼请求。法院认为，法律上之恢复原状，其内涵为恢复应有状况，而非绝对的原有状况。陈女士的 POLO 车经修理恢复原来的形状、颜色与性能，已是恢复了应有状况。POLO 车已经恢复了原形（修理厂应该保证达到规定技术标准）并能正常驾驶；贬损费这类商业价值差额只在出卖汽车的情况下才会发生，故该差额之赔偿必以汽车出卖为条件，车辆若不出卖仍保留自用，则无贬值损失可言。陈女士就贬值主张赔偿，缺乏事实依据，因此被告方无需承担这笔费用。陈女士对一审的判决表示不服，提出了上诉。近日，上海市一中院对本市首例车辆贬值费案作出终审判决，车主陈女士的诉讼请求未获支持。

在这两起官司中，法院为什么采取截然不同的判断方式呢？究其原因，主要是对贬损价值概念缺少了解，加之评估鉴定人员本身，对贬值内涵、形成过程的模糊不清，导致法官作出上述判断。

事故修复车辆的贬值，究竟是个什么概念？是否只有交易时才会发生？这些要从经济学、物理学、法学角度来分析贬值概念。

1. 什么样的修复车辆需要考虑贬值

是否车辆被撞后修复，都会发生贬值？这得从 3 个方面分析这个问题。

一是经济学价值对等原理。评判车辆是否贬值，事故前后整车成新率应该一致。但一般情况下，非全新车辆发生事故后，所更换的机配件按技术要求或保险赔付，都是采用全新配件方式修复车辆。赔付费用时，由于未扣减配件成新率，修复后的整车价值，从理论上看，会出现价值不对等或者说车辆"溢价"。即大于修复前车辆价格，从价值对等的角度讲，明显对赔付人或利益相关人不公，显然，这样的车辆不能考虑贬值。

二是物理学机械原理。汽车许多机件之间属于往复运动紧配合，即便采用全新配件更换方式修理，经修复还原重新组合后的车辆新老配件之间，有时会因磨损程度的不一致，导致安装瑕疵、机件加速损耗等。也就是说以更新全新配件的修理方式还原车辆，机件贬值也可以客观存在。但上述磨损导致的贬值，考虑机动车强制报废特点，一般而言在车辆使用周期内，可以被忽略不计。

三是金属结构力学原理看，若采用修复还原方式恢复机配件，金属件机配件自身的结构有可能会有一定损伤，如应力分配、晶体排列结构、材质等会发生改变。但以覆盖、保持外形功能为主的机配件，在车辆使用周期内，其主要功能不会产生较大影响。最可能的贬值是材质局部变化导致的配件加速折旧。

不难看出，非全新车辆发生交通事故修复后，因修复全部采用全新配件，车辆会产生"溢价"，谈不上贬值；如果修复事故车辆部分采用全新配件，部分采用修复还原方式，则要看"溢价"是否大于可计算修复配件加速折旧贬值额，折旧贬值额小于或等于车辆"溢价"时，从评估理论来说，车辆不会发生价值贬值。因此，非全新车辆发生事故修复后，不一定都存在价值贬值。

2. 车辆贬值的构成

旧机动车评估理论中，评定交易旧机动车，市场收购几乎都采用快速折旧方式。事故还原车辆，鉴定师则在快速折旧基础上采取扣分减值的折价方式。即根据不同修理部位，扣减不同分值，加和后作为整车区别非事故车减值依据。同一款车、同样使用条件，是否事故车辆其价值不同。久而久之人们形成思维定式，车辆只要发生过交通事故，旧机动车交易时，必然会产生价值贬值。毫无例外，这个贬值也包含了正常交易贬值。案例二中两级法院未支持陈女士的诉讼请求，主要原因：是对交易时的车辆贬值等同于车辆物理性贬值的不认同。

事故车辆的贬值一般包含了以下内容。

一是金属机件本身的物理性改变，引发的车辆贬值。机动车辆为保持一定强度，结构上大部分采用了金属件。当发生事故，车辆变形后，修复时，若机配件未作更换，而是通过加温、焊接、加压、拉伸、敲击等外力加工方式恢复机配件原貌，金属机件通常会改变原有金属结构、预应力分配方向、原有设计意图等。表现出机配件物理性能上的损失，如原设计功能的部分缺陷，机配件原有正常使用寿命的减少或加速老化折旧等。

二是修复后的机配件在整体配合上的缺陷，可能带来的车辆贬值。如轿车的承载式车身，采用切割、焊接方式修理车身局部，车身原有应力分配，原有设计意图都会改变。行驶系统的固定点相关联部位的修复，也有可能导致车辆加剧震动破坏、轮胎磨损等。

三是交易时保值率不高的车辆卖方市场变现风险、收购方利润差价的转移，导致车辆加速贬值。事故车辆的贬值，应该说主要来自于车辆物理性的贬值，在进行旧机动车交易时，是否事故车辆，也主要是考虑车辆物理性能上的差异。但由于国内旧机动车市场还不是很完善，旧机动车公司的盈利模式较为单一，要转嫁经营风险，对一些未发生事故的保值率不高车辆，交易时，也必须对车辆加速贬值。对于事故车来说，通常我们理解的车辆贬值，用交易作为条件就无形中包含了静态物理性贬值和非事故车辆动态交易贬值。

四是缺乏鉴定评估规范，人为操作带来的评估差价。同一台车，不同的鉴定师，鉴定时价格可能不同；同一鉴定师，用不同的方法评估鉴定，车辆价格差异也会很大。如一台10万元的车，10年报废期算，已使用2年，同一基准日或时点鉴定评估，采用直线折旧成本法计算，车辆价值 8 万。按市场法或加速折旧成本法计算，车价 6.4 万左右。

在鉴定事故车辆贬值时，若先采用直线折旧方式推算事故前车辆价值，用收购时双倍余额折旧评估事故后车辆价值，再用上述的贬值加和，要求肇事方或责任方赔偿，显然是扩大了贬值概念，转嫁了车辆交易风险。形成不公。

3. 直接贬值金额的计算

从上述的分析中可以看出，车辆的贬值应该以物理性贬值为主，要排除人为交易非事故贬值因素就显得更为科学合理。车辆的物理性贬值又分为直接贬值和间接贬值。

直接贬值是指由于恢复工艺限制对机件造成的不可避免损伤，导致机件原有功能的瑕疵或加速老化而产生的贬值。功能瑕疵是指原有金属结构、预应力分配方向、原有设计意图的改变。这种瑕疵在一定条件下转化为机件的价值贬值。如小轿车承载式车身的前纵梁发生压缩变形，修理时最常用的方式是加温拉伸、敲打、切割、焊接等工艺，这些工艺手段都会不可避免使纵梁局部碳化或硬化。承载式车身的前纵梁在功能设计上具有许多重要"任务"，其中的一项"吸能、发散"作用，可能因为这个工艺瑕疵，使机件在二次碰撞时，碰撞力不按设计方向传递，甚至直接传递给乘客仓，引发更大损失。

量化功能瑕疵的直接贬值额度，可以采用 3 种方法。

（1）扣减法。可以参照替代原则，用完好配件总成替代修复件，原则上贬值额度不能大于配件总成价值，并要考虑扣减原配件物理损耗即成新率状态以及修复后配件的利用价值（或残值）。这种方法的优点是直接、简单、易操作。缺点是修复后的配件利用价值量化，存在不公平市场交易压价因素，易争议。

如：配件价格 1000 元，成新率 80 即原配件价值 800 元，修复费 200 元，修复后的配件利用价值 600 元，求取功能瑕疵的直接贬值额。

公式：功能瑕疵的直接贬值 200 元 = 新配件价格 1000 元 − 原配件价值物理损耗 1000 元 × 20% − 修复后的配件利用价值 600 元。

修复后的配件利用价值 600 元，为什么不是 500 元或 400 元，当事人容易争论。

（2）修理费用折旧贬值法。这种方法是以修复损耗性机器设备为全新状态所需要支出的金额，作为鉴证机器设备有形损耗的一种理论方法，也可作为机配件折旧的方式。它的前提条件是配件的实体性损耗是可以补偿的，即配件的有形损耗不仅在技术上是可修复的，而且这种修复在经济上也是合理的。修复金额的大小是与修复的难度及工作量直接相关的。修复工作量又与配件的实际损耗程度相关联。用修复设备或配件损耗所需要的支出费用与全新设备或配件的重置成本相比较，就可以求出设备或配件实体性贬值率。

公式：实体性贬值率 = 设备修复费用 ÷ 设备重置成本 × 100%

我们把机器设备修复费用作为贬值额度的方法移植到修复汽车机配件上来，可以将修理费用直接作为机配件贬值或折旧费用。

如某新车左前车门事故损坏，全新车门价格 1000 元，修复工时费用 200 元，油漆费用 260 元。考虑油漆费用作为更新方式不计贬值，该事故车车门实体性贬值额度为 200 元，贬值率为 20%。这种方法通俗易懂，容易掌握、操作，与第一种方式原理相通。

（3）功能对比法。对于一些技术上不便于维修、主要功能未受影响、但存有瑕疵的机配件，确定贬值额度时，可采用功能划分。列举配件各项功能，比较正常机配件功能确定功能差异，以及差异值与整体总和功能比例。根据扣减成新率后机配件价格最后确定功能差异价格作为贬值额度。这种方法对鉴定人员技术方面要求较高，要对车辆特性有较深了解，操作难度较大。

举例说明：如高档轿车的钢圈（轮辋）外表面较深划伤，采用打磨方式修复会导致动平衡破坏；更换钢圈，但钢圈主要功能不受影响，更换不经济；不更换则美观功能大打折扣，比较难把握。钢圈损失可以肯定，贬值额度不好确定。采用功能分析法，把钢圈的功能大致划分成3块，其主要功能是安装和支承轮胎，并同轮胎一起承受整车负荷，保证轮胎具有适宜的断面宽度和侧偏刚度；其次散发轮胎行驶、刹车时产生的部分热量，提高刹车效率。以上功能是钢圈基本功能；再次针对中高档车而言的美观功能、降风阻、风噪系数等。中高档车与低档车的钢圈，其基本功能在总体功能中的比重不同，材质、强度、重量、加工工艺区别较大。中高档车与低档车钢圈价差除材质、强度等外，体现在设计理念、工艺水平、品牌象征上也大不相同。假设采用相同材质、强度等具有基本功能的成品钢圈与中高档车钢圈比较，体现在设计理念、工艺水平、品牌象征上的美观功能、降风阻、风噪系数功能的权重可占总体价值的30%～60%，车辆越高档权重越大。

公式：功能瑕疵的直接贬值＝配件价格×车辆成新率×功能贬值率

功能贬值率＝（丧失功能份额÷配件总体功能份额）

如奔驰S600轿车钢圈价格8800元，车辆年限成新率60%，破坏受损美观功能占其整体功能权重40%。功能贬值率＝丧失功能份额1.2÷配件总体功能份额3，其中1.2份额组成是美观功能受损份额为1，风阻、风噪影响0.2。功能瑕疵的直接贬值是2112元。如何界定权重比例，如何划分功能项目，要求鉴定人员要有较高素质。掌握许多经验因素、可比因素。

4. 间接贬值金额的计算

间接贬值是指事故车辆修复还原后，由于修理固有缺陷，机件之间配合误差，导致关联机件在车辆使用周期内预期的、可能发生的相关联机件提前损坏。表现在经济方面是维修费用的额外增加。如配合件之间的加速磨损，导致关联机件不能正常工作或提前更换产生的后续费用损失。直接和间接贬值最大的区别在于间接贬值是一种可能发生的损失，但不一定发生，具有一种不确定性。考虑这类损失额度时要把握以下几个原则。

一是相关联部位补偿原则。车辆受损不一定都存在间接贬值，要区分受损部位，独立行使功能的配件、覆盖件一般在使用周期内不会产生间接贬值，或者说功能瑕疵容易恢复排除，贬值额度较小忽略不计。主要考虑的是配件多重功能重叠、需要配合完成共同功能等影响整体效能发挥的部位。如车身结构、高速运转机件等易引发振动、磨损部位。简而言之，受损部件的相连部件是间接贬值考虑的对象。如固定轮胎的梁受损，可能产生间接损失（贬值）的是轮胎，而不是梁。

二是修理的机配件相关联部件贬值额不能大于事故受损修理件全新配件总成价格。

贬值额度的确定，是以假设方式推定的。假定在确定事故车修复还原方案中，修理技术能达到要求。修理后的机件瑕疵如果可以预见后期将影响关联部件提前损坏，最直接的方式是更新事故直接受损部件，避免关联部件后期受损。在事故车辆定损修复时，一个合格的定损人员应该考虑后期损失更换配件，以及更换所需工时费用。因此，贬值额度的考虑不能大于受损机件全新配件价格。此处未考虑扣减配件成新率，是假设支付配件安装工时费用以及费用最大化的补偿。如小轿车前纵梁受损修复，前纵梁具有多重功能，支撑、传递、定位等。修复纵梁可能导致的最主要关联部件受损是轮胎加剧磨损，其他如发动机固定、抖动加剧等容易排除，可忽略不计。

三是最经济补偿原则。车辆结构中有些部件价值较高，修复还原时，采取更换配件方式明显不经济，再加之有些汽车生产厂家为避免修复"后遗症"，不提供结构性材料中的分解件总成。以致于不影响主要功能的机配件，靠修复还原后，仍存在机件缺陷，这样可能会影响相关联部件正常工作或提前损坏。从经济性、修理技术角度考虑，有时采用改变原设计方案的修理方式，既不影响主要功能发挥，又可能会解决受损配件功能性缺陷或使其他机件正常工作。如小轿车后侧围内外板（俗称后翼（叶）子板）损坏，从车辆结构图上可以看出总成件能分解，但有些厂商只供应车壳，不供应后侧围内外板，导致修理还原不经济。修理时，我们如果改变原厂家意图，将分解的翼子板作为部件，把车辆修复还原，同样也能达到车辆要求的主要功能技术指标。那么车辆的间接性贬值主要表现是因改变原设计方案心理失衡影响，其贬值是一种可能的、预期的、补偿性的心理"价格补贴"。按照最经济、最直接方式，采用替代原理，"价格补贴"的对象是可能发生的、预期的最易受损部件全新配件价格。

四是带限定条件的一次性补偿原则。在评估的实例中，有的鉴定人员对相邻部件在使用周期内考虑多次更换，其理由是，由于修复瑕疵，可能导致该部件经常损坏。若相邻部件价值较低，多次更换不超过受损件价格，还可以视为经济行为，如果大于受损件价格显然不经济。因此，补偿在大于等于受损配件全新价格的前提下，一般采用一次性补偿行为。

在把握间接贬值的特性和原则后，我们不难发现量化间接损失，其实是按照推理的方式，假想若采取更换受损部件，消除相邻关系损害，忽略微小瑕疵，不影响车辆主要功能的思路，需要确定可能为此需花费、支出的费用。间接贬值在不同条件下，取用不同值。

（1）通常条件下：受损配件全新配件价格≥间接贬值额≥受损件相邻部件全新配件价格

（2）特殊条件下：间接贬值额＝受损配件全新配件价格

如两厢雪铁龙富康车前纵梁价格960元，轮胎价格185元。受损后前纵梁修复还原，可能存在间接损失是出厂时四轮定位符合要求，一段时间后，轮胎磨损，经校正后仍磨损，轮胎需要更换发生的费用。存在两种可能：一是修理技术存在人为瑕疵，没有恢复应有功能；二是实际定损中人为过错，应该更换纵梁而未作更换。无论是哪一种情形，都属于人为过错，不是由于修理技术固有瑕疵和金属件修复后固有特征引起，不能真实反映车辆实际间接贬值。因此，在计算间接损失（贬值）时，第一种情形，间接损失185元；第二种情形，960元。特别是在交通事故的间接损失（贬值）的认定中，从法律的角度讲，尽管车方或无责方，要恢复车辆正常状态，需支付的费用要大于 186 元、小于 960 元，但以上两种情形的过错方或扩大损失方，不是事故肇事方，而是修理厂或定损人员。而这时的损失是直接修复还原正常状态所需花费的费用。

因此，一个合格的鉴定人员要学会区分不同的情况，区别对待不同的损失概念。

4.2　车辆无形损耗与贬值

4.2.1　车辆无形损耗

机动车辆的无形损耗是指在公开、公正并充满竞争的汽车市场上，由于与车辆本身的实物状态和技术状况无关的外部原因导致的车辆价值损耗，通俗地讲，就是指车辆外部原因使其变得不值钱了。导致车辆无形损耗的外部原因包括科学技术的进步和生产力水平的提高、市场供需关系的变化、国家经济政策的变化调整等。这些外部原因的变化，都会使汽车价格发生波动，在我国尚处于快速发展中的汽车市场条件下，这种波动常常是触目惊心的，而且呈现出持续不断、幅度不同的跳跃式下降趋势。

很多车主在购买了汽车以后，很可能在几年之后会更新换代，那么处理现有汽车的最好方法就是卖掉。但往往就在此时车主才发现，虽然爱车在自己的精心呵护下，不论是汽车的实物状态还是技术状况都完好无损，却卖不出一个好的价钱，与当初购车时的价钱相去甚远，它们之间差值的相当一部分即是由于同类新车型价格下降导致的车辆无形损耗。通常所说的某款车型比较成熟，即是指其技术水平和制造技术都比较高，价格也比较合理，因此在相当的一段时间内一般不会因其他同类车型技术水平或制造技术的意想不到的进步，而迫使该成熟车型价格发生较大的降低。

4.2.2　车辆功能性贬值

机动车辆的功能性贬值是指由于科学技术的发展和生产力水平的提高使车辆发生无形损耗而导致的车辆贬值。导致车辆无形损耗的外部原因较多，而车辆的功能性贬值是特指由于科学技术和汽车制造技术的进步而引起的车辆贬值。由于车辆制造技术的进步和劳动生产力的提高，现在制造与被评估车辆相同或基本相同的全新车辆的社会必要劳动时间一般来说都会有明显缩短，制造成本也会相应地降低，而且随着同一车型产量和销售量的增加，车辆因制造成本的进一步降低而产生相应的降价空间。这也是市场上同一车型的价格能够不断降低的主要原因，另一个重要的原因则是市场的供需情况发生了变化。市场供需变化也可看作是生产力水平提高的结果。在这种情况下，被评估旧车的原始购车价格中有一个超额投资成本将不被市场所承认，无形中产生了贬值。同型号全新车辆的价格越低，旧车的功能性贬值越大。车辆的功能性贬值是由车辆外部因素，而不是内部因素引起的车辆现时市场价值的降低。

如果在目前的市场上能够购买到与被评估车辆相同的，且制造厂家继续生产的全新车辆，那么被评估车辆原购车价与全新车辆的市场价之间的差值，即可以看作该车辆的功能性贬值额，也就是说，可以认为全新车辆当前的市场价已经反映了车辆的功能性贬值。这也是最常用的确定车辆功能性贬值额的方法。但旧机动车交易市场的实际情况是被评估车辆所属车型已停产或已淘汰，这样就找不到该车型新车的市场价。在这种情况下，只有根据参照车辆的价格利用类比法来计算。在这里参照车辆是指与被评估车辆的类别、主要性能参数、结构特征相同，只是生产序号不同，并作局部改动的车辆。当然，这些替代型号的车辆其功能通常比原车型有所改进和增加，故其价值通常会比原车型价格所反映的价值要高。因此，当根据参照车辆利用类比法对原车型进行鉴定估价时，一定要了解参照车辆在结构上的改进和功能方面的提高情况，再根据其结构和功能的变化情况测算全新的原车辆在目前市场上的价格。

新车降价对于旧机动车价格有着直接的影响，这不仅发生在相同品牌车型上，不同品牌车型降价同样也有着交叉的影响，这种情形在 2003 年—2004 年最为明显。新车每降价 5%，旧机动车就跟着折旧 3%～5% 左右；使用 5 年以上的旧车型，如果新车一次降价超过 10%，那么旧车也将出现 2% 以上的无形贬值；而使用 10 年以上的老车，受低价位车型降价的影响则较大，如果低价位车型价格下调，就会有客户选择新车而不是使用了 10 年的旧车，造成旧车价格下降。

此外，新车降价也可能是贷款购车中的贷款余额高出新车价格，也因此出现了我国车贷市场特有的贷款人"理性违约"现象，造成银行坏账，拖累了我国车贷市场的健康发展。例如，一辆 2009 年初购买的总价为 11 万元的轿车，办理了 5 年期贷款，30% 首付，加上利息大概还需还银行贷款 10 万元。那么，截止到 2011 年 1 月买车人还要还贷款 8 万元左右。而此时的新车行情是同样车型的新车价格可能也就在 8 万元左右。需要还的贷款够买一辆新车了，这让不少贷款买车者难以心理平衡。于是，很多人选择将车抵给银行。这部分旧机动车转到旧车交易市场上肯定卖不出应收贷款的价格，这种结局的直接后果就是造成银行坏账。

4.2.3　车辆经济性贬值

机动车辆的经济性贬值是指由于外部经济环境的变化引起的车辆贬值。所谓的外部经济环境，包括国家宏观经济政策、市场需求、通货膨胀和不断增强的环境保护要求等。例如，商业银行收紧车贷政策，提高车贷门槛，将车贷首付从 20% 提高到 30%，将贷款年限从最长 8 年缩短为现在的 3 年，这些都会对汽车的销售产生很大的负面影响，因为车贷门槛的提高，使得相当一部分依靠贷款买车的客户不得不延迟购车。得不到的贷款消费者买车难，经销商卖车也难，这样降价就成为促销的一个选择了。另外，排放标准的提高也会导致旧车型价格的显著下跌。与车辆的功能性贬值一样，车辆的经济性贬值是由车辆外部因素，而不是内部因素引起的车辆现时市场价值的降低。

车辆的各种外部因素对汽车市场价值的影响不仅是客观存在的，而且这种影响有时还是相当大的，除了上面讲到的降价后果，常常还会造成营运成本上升，车辆闲置，所以在旧机动车评估业务中要对这一点给予特别的关注。尽管造成车辆经济性贬值的外部因素很多，各种因素造成贬值的程度也不尽相同，但统筹考虑还是有迹可循的。首先，政策性和市场供求关系等因素导致的经济性贬值，一般都反映在同型号新车的市场价格中。额外的车辆经济性贬值的估算则主要以评估基准日以后是否停用、闲置或半闲置作为估算依据。对于已封存或较长时间停用，且在近期内仍将闲置，但此后肯定还会继续使用的车辆，可按其可能闲置时间的长短及其资金成本估算其经济性贬值。

国家政策对旧机动车价格的影响力也不容忽视。例如，对车型排量的限制、环保标准的提高、暂住证放宽等，这些都造成消费群体的增减和供需车型的变化。有时，政策的影响力甚至成为旧机动车价格高低的决定性因素，造成旧机动车的大幅度贬值或者增值。旧机动车属于汽车流通的中间环节，要受到有关上、下游产业的影响。如果某品牌零配件价格高出竞争对手 20% 以上，那么这款旧机动车的价格就会比对手车至少要低 10%；如果某一车型维修网点少，维修不方便，费用高，那么旧机动车的需求量就会减少，供大于求就造成交易价格下降。

油价的升降对旧机动车价格的影响立竿见影。例如，2009 年 1 月以来，国家实行燃油税取代养路费，同时国际油价也不断上涨，卖车人明显增加，大量的大排量车型、越野车型进入旧机动车交易市场，一些车型 5 年的折旧率高达 75%。北京市旧机动车交易市场上一些原本热销的越野车型出现了滞销。使用不到一年的六缸大切诺基售价低于 30 万元，但是问津者少，很多人都对这些"油老虎"失去了兴趣。各家经营公司的小排量车型受到欢迎，而且销路不错，奥拓、夏利甚至还脱销，几家公司都反映 2.0L 以下的车型还能赚钱，2.0L 以上的车型赚钱已经比较难了。

此外，国家金融政策导致高档旧机动车业务难做。2004 年 10 月出台的《汽车贷款管理办法》给旧车交易市场带来了巨大冲击。其中，"分期付款买旧机动车首付不得低于 50%"的规定吓跑了一些原本打算购买高档旧机动车的消费者。在我国旧机动车交易中，通过贷款买车的比例在 15% 左右，而且大都集中在高档旧机动车贷款上。在上海某经营公司一辆 2008 年初次登记的某品牌车售价为 58 万元，如果选择分期付款则首付 50% 就意味着提车时要一次交 29 万元，再考虑到银行会要求车主为车辆上全险，因此车主一次性实际交付的就是 31 万元。在这种情况下，以往主要通过分期付款方式才能售出的高档旧机动车，现在只能另谋出路。经纪公司当然比银行更希望消费者能现金购车，但高档车昂贵的身价总是让消费者力不从心，在车贷这根救命草消失的情况下，经纪公司只能被迫选择降价了。

4.2.4　车辆营运性贬值

机动车辆的营运性贬值是指由于设计水平和制造技术的提高，出现了新的、性能更优的同类车型，它们的燃油消耗、故障率和配件价格等更低，致使原有车型的功能相对新车型已经落后，从而导致车辆的营运成本增加，增加的营运成本即为车辆的营运性贬值。营运性贬值是指原有车辆在完成相同工作任务时，在燃油、润滑油、配件和维修保养等方面的消耗增加，产生了一部分超额营运成本。在对经营性车辆进行鉴定估价时不能忽视车辆的营运性贬值。

4.3　车辆损耗折旧指标参数

对车辆的有形和无形损耗以及实体性贬值和功能性贬值等进行理论建模，以期通过公式化和参数化对其进行精确计算，这不但因其本质上的复杂性变得难以实现，而且在实际应用中也没有这样做的必要。在旧车的鉴定估价业务中，常用系数来表征车辆的新旧程度或保值特性，这样的系数综合了多个对旧车车况有着交叉影响的因素，因此被称为指标参数。常用的指标参数包括有形损耗率、成新率、折旧率、保值率和折损率等，其中成新率的应用范围最广也最重要。

4.3.1 有形损耗率

机动车辆的有形损耗率又称为车辆的陈旧性贬值率，是指车辆的现时实体损耗状态与其全新状态的比率。车辆的有形损耗率反映车辆实物状态的损耗程度或车辆性能的劣化程度，表明车辆的陈旧程度，因此车辆有形损耗常又称为旧车有形损耗。一辆全新的车辆，如果不考虑因产权的占有而承受的沉没成本，因其实物状态没有发生任何损耗，所以它的实体性贬值为零，有形损耗率为零；一辆完全报废的车辆，如果忽略其作为废品还存在的残留价值，那么从实物状态和功能上讲，该车已经被完全损耗掉了，作为车辆它已经没有任何使用价值，这时它的有形损耗率为100%。处于上述两个极端情况之间的车辆，其有形损耗率则介于0~100%之间。

4.3.2 成新率

机动车辆的成新率是指车辆的现时实物状态或现时整车性能状态与其全新状态时的比率。成新率表明车辆的综合状态还有几成新，是一个反映被评估车辆新旧程度的指标。旧车的成新率也可以理解为其在旧机动车交易市场上的现时市场价值与现时市场上同型号新车价值的比率，因此成新率又称为旧车成新率。根据定义，车辆有形损耗率与成新率之间的关系为：成新率=1-有形损耗率，或者成新率+有形损耗率=1。车辆的成新率越高，其有形损耗率越低，表明车辆也越新，反之，则表明车况比较差。

需要指出的是，定义中当前市场上同型号新车价值是指在评估基准日该地区汽车市场上同型号（或基本相同的型号）新车的最低价格。之所以应用同型号新车的最低价格，主要是考虑到节省支出是旧机动车消费者的最主要初衷之一，即便是购买新车，他们也不希望在购车时发生更多的额外成本。以市场上同型号新车的最低价格作为旧车剩余价值的折旧基准，意味着已经将车辆的功能性贬值和经济性贬值考虑在内，这让旧机动车买卖双方更容易接受估计结果。

由于购买汽车时实际存在的沉没成本，因此即便是全新的汽车，只要已经发生过产权转移，其成新率都不可能等于100%。这就相当于车辆的贬值具有两头突变的特性：办理完购车手续，车辆就会贬值，市场价值就有"突然"的降低；车辆达到报废年限时，其作为车辆的价值就"突然"完全丧失了，只剩下作为废旧物资的价值。

如果一辆旧车的成新率为80%，一般并不意味它的价值（市场价格）还保持着其账面原值的80%。如果新车的市场价格保持长期稳定，特别是从买了新车到现在该车型的价格都保持不变，旧车的成新率与账面原值的乘积即可看作旧车的价值。但如果新车的市场价格不稳定，而且这种不稳定常表现为不断地降价，如我国2004年和2005年的车市，那么旧车的残值价格会显著地小于其成新率与账面原值的乘积。此时，旧车的成新率与当前市场上相同车型新车的最低价格的乘积，即可作为该辆旧车交易市场价格的参照值。

4.3.3　折旧率

机动车辆的折旧率又称旧车折旧率，是指旧车在旧车交易市场上的现时市场价值相对当前市场上同型号新车价值的丧失比率。根据定义，车辆折旧率在数值上等于其有形损耗率，车辆的有形损耗率、成新率以及折旧率之间的关系为成新率＝1－有形损耗率＝1－折旧率。折旧率越高，车辆的车况就越差，剩余价值也越低。折旧率与成新率一样，都可以用来表示旧车价值（汽车残值）。例如，一辆旧车的成新率为80%时，是强调该辆旧车还保持有八成新，其折旧率为20%，同时表明该辆旧车的价值相对于现时市场上同型号新车已经丧失了20%的价值。

4.3.4　保值率

机动车辆的保值率又成为车辆残值率，是指车辆使用一段时间后，将其卖出时的交易价格与其新车原始购买价格（账面原值）的比值。车辆保值率在很多时候又称为汽车保值率，它是汽车性价比的重要组成部分。车辆保值率的高低取决于汽车的性能、价格变动幅度、可靠性、配件价格及维修便捷程度等多项因素，是汽车综合水平的市场价值体现。在汽车市场发达的欧美国家，消费者十分看重有意向购买的车型的保值率，许多购车指导刊物或网站都将汽车保值率视为重要的车型推荐理由。保值率高的车型的优势在于其价格比较稳定，受车市降价风潮的影响比较小。汽车保值率越高，其残值就越高，这意味着当作为旧机动车出售时，旧车的价值或者说其市场交易价格一般也会较高。根据定义，车辆保值率计算公式如下：

$$保值率 = \frac{旧机动车交易价格}{新车原始购买价格} \times 100\%$$

汽车保值率反映其在估计基准日的相对价值，与汽车的制造质量和品牌知名度紧密相关。影响保值率的不仅仅是新车的价格，更重要的是一个品牌车型经过长期市场竞争在消费者心目中形成的口碑，这个口碑反映着车型的成熟程度。在普通消费者中树立的车型的品牌形象，往往是该车型最好的无形广告，"诱导"潜在的汽车消费者"随大流"。

如果某辆汽车在评估基准日的保值率为80%，即是指该车的残值为其全新状态时价值的80%。中国国际贸易促进委员会汽车行业分会在2011年初发布了《中国汽车（乘用车）保值率研究报告》，在本报告期中，中国汽车市场各级别车辆保值率整体表现仍不理想，A0、A00级别车型受市场调整影响有所下降，整体保值率在使用2年后下滑比较严重。首年保值率均低于75%，使用5年车辆保值率均在50%以下甚至不足50%；C级车整体表现最为优秀。这主要由于该级别车型价格稳定，整体质量优秀，在旧机动车市场中表现也十分突出。但由统计数据发现，C级车仍然受新车降价影响，各年保值率曲线的斜率较大，并在使用5年时仍有明显下降趋势；A、B级车作为中国市场中主力车型，本报告期表现一般，首要因素为市场调整期内，该级别车型竞争激烈，价格松动严重。表4-1为各级别市场不同使用年份的部分品牌车辆保值率。

表4-1　各级别市场不同使用年份的部分车辆品牌保值率

级别/车龄	1 年		2 年		3 年		4 年		5 年	
	品牌	保值率	品牌	保值率	品牌	保值率	品牌	保值率	品牌	保值率
A00	瑞麟 M1	64.67%	小贵族	57.85%	小贵族	52.65%	小贵族	48.63%	乐驰	40.09%
A0	玛驰	72.98%	嘉年华三厢	64.47%	嘉年华两厢	58.55%	飞度两厢	51.80%	飞度三厢	48.07%
A	速腾	75.94%	CX30 两厢	69.77%	朗逸	64.86%	悦动	54.76%	轩逸	48.23%
B	大众 CC	75.97%	雪铁龙 C5	70.78%	领驭	66.15%	天籁	60.42%	锐志	56.57%
C	奥迪 A6L	77.84%	奥迪 A6L	70.40%	奥迪 A4L	62.70%	奔驰 C 级	59.68%	奥迪 A6L	54.11%
D	奔驰 E 级	77.85%	林荫大道	67.14%	赛威 SLS	62.11%	赛威 SLS	56.53%	赛威 SLS	52.07%
SUV	现代 ix35	79.44%	途观	74.65%	勇士	68.00%	普拉多	65.66%	圣达菲	55.73%

表中数据表明，部分车型使用3年后的保值率可以达到60%以上，选择这类保值率高的车型的好处是转手时，可以比较顺利地出手，价格也相对比较稳定，这就使旧机动车的价值波动较小。当然，车型的保值率并不是一成不变的，随着国内汽车市场日趋成熟，竞争加剧，一些高保值率车型也在不断涌现。

此外，汽车成新率也可理解为其残值（旧机动车交易价格）与当前市场上同型号新车的（最低）价格的比率。而汽车保值率是指其残值（旧机动车交易价格）与其原始新车购买价格（账面原值）的比值。由于汽车的价格一般来说在成熟和充分竞争的市场上都是逐渐降低的，因此汽车保值率一般均小于其成新率。

在购买新车时，要想挑选到一款高保值率的车型，选购时应该注意以下几点。

新车型下线一年后再考虑是否购买。主要原因为：一是经过一年的市场检验，价格中的大部分水分都被挤掉了；二是车型可能存在的质量问题，在这一年的时间里基本上都已暴露出来，问题的大小，市场会给出比较客观的评价。

购买符合国家即将实施的法律规范的车型，如购买满足较高排放标准的车型等。

避免购买即将更新换代的车型，因为老车型的退市往往意味着其在旧机动车交易市场上较快贬值的开始。

慎重选择近期还未降价，销售又很一般的车型。相对而言，已经大幅降价的车型，购车后再出现较大幅度的降价的可能性相对较小。另外，首次购车应购买口碑好的成熟车型，由于市场占有率高，一般不会在短期内停产，维修网点多，服务快捷便利，因此保值率相对较高。

购买一款车型的基本型或者舒适型，与豪华型相比，它们的降价空间会小一些，因为汽车的四大总成一般变化不大，贬值机会较小，而一些额外的豪华配置的贬值速度是很快的。

买车前需要考虑车辆的日常使用成本，尤其是燃油量和配件价格等。车辆的使用成本是衡量其保值率的一个重要指标。

4.3.5　折损率

与车辆保值率相对的概念为折损率，它表示车辆在评估基准日所丧失的价值与其账面原值的比率。显然，一辆旧车的保值率与其折损率之和为1，即保值率＋折损率＝1。如果一辆使用了一年的汽车在评估基准日的保值率为80%，那么它的折损率即为20%，表明为旧机动车出售时，已经损失了原购车款的20%。

4.4　车辆成新率计算方法

车辆成新率反映车辆的实物状态如外观、主要运动零部件的磨损情况、是否快到更换期限等，也表征车辆技术状况的好坏等级。因此，凡是影响车辆实物状态和技术性能的因素，也是影响车辆成新率的因素，这些因素包括车辆的已使用年限、当前的技术状况、使用条件、使用强度、维护保养条件、制造质量、车辆的工作性质和工作条件等。已使用年限越长，车辆的有形损耗就越大，剩余的价值就越低；车辆当前的技术状况，决定着车辆技术性能的优劣。技术状况好，此后车辆的维修费用、零配件支出和油耗等都会少些；车辆在使用和停放期间的维护保养工作做得好，能够减少车辆因受自然力的侵蚀而发生不必要的有形损耗；制造质量一般来说与车辆品牌的市场知名度有关，车辆的品牌被市场认可的程度越高，说明汽车制造商的产品质量和售后服务得到了广大客户的好评；车辆的工作性质和工作条件反映车辆的使用强度。车辆工作性质不同，其繁忙程度不同，使用强度也不同。我国地域辽阔，各地自然条件差别较大，车辆工作条件不同则意味着其主要零部件的平均承载力度也不同。车辆的承载力度大，则承受的摩擦和振动幅度等就大，其成新率一般来说相应地就小些。

从车辆的平均使用强度、各总成及零件技术状况或综合分析的角度分别研究其成新率，便总结出了确定车辆成新率的3个基本方法，即使用年限法、技术鉴定法以及综合分析法。

4.4.1　使用年限法

使用年限法的出发点是假设车辆的成新率与其剩余使用时间成正比关系，它主要反映车辆的使用时间对其有形损耗的影响，认为使用时间越长，有形损耗就越严重，而且损耗程度是随使用时间递增的。由于车辆的使用时间一般用年来计算，这便是使用年限法名称的由来。根据汽车年检报废国家标准，汽车的使用年限是有限的，因此车辆已使用年限越多，剩余使用年限就越少，成新率也越低。使用年限法反映车辆的时间损耗，计算简单，容易操作，一般用于旧车交易价格的粗估或价值不太高的中、低档车。

1. 估算方法

根据旧机动车折旧方法不同，使用年限法估算旧机动车成新率有两种方法，即等速折旧法和加速折旧法。

1）等速折旧法

采用等速折旧法估计旧机动车成新率的计算公式为

$$C_n = \left(1 - \frac{Y}{G}\right) \times 100\%$$

式中　C_n——使用年限成新率；

G——规定使用年限；

Y——已使用年限。

2）加速折旧法

加速折旧法又分为年份数求和法和双倍余额递减法两种。采用加速折旧法估算旧机动车成新率的计算公式如下。

（1）年份数求和法。

$$C_n = \left[1 - \frac{2}{G(G+1)} \sum_{n=1}^{Y} (G+1-n) \right] \times 100\%$$

（2）双倍余额递减法。

$$C_n = \left[1 - \frac{2}{G} \sum_{n=1}^{Y} \left(1 - \frac{2}{G} \right)^{n-1} \right] \times 100\%$$

2. 规定使用年限与已使用年限

1）规定使用年限

我国从 1997 年出台了《汽车报废标准》，1998 年 7 月 7 日国经贸经 ［1998］ 407 号文《关于调整轻型载货汽车报废标准的通知》下发，2000 年国家经济贸易委员会、国家发展计划委员会、公安部、国家环境保护总局联合发文，国经贸资源 ［2000］ 1202 号《关于调整汽车报废标准若干规定的通知》，2001 年公安部发文《关于实施〈关于调整汽车报废标准若干规定的通知〉有关问题的通知》，上述报废标准是我国现行汽车使用年限规定的法规。汽车有 3 种使用年限规定，即 8 年（常见的有出租车）、10 年（租赁汽车）和 15 年（9 座（含 9 座）以下非营运载客汽车（包括轿车、含越野型）），详细规定如表 4 - 2 所列。

表 4 - 2　汽车报废标准规定使用年限表

车辆类型和用途				使用年限
载客车	营运	出租	小、微型（含轿车）	8 年
			中型	8 年
			大型　19 座及以下	8 年
			大型　19 座以上	8 年，可延 4 年
		旅游		10 年，可延 4 年
		其他		10 年，可延 5 年
	非营运	小、微型（含轿车）		15 年，可延
		大、中型		10 年，可延 10 年
载货车	微型			8 年
	重、中、轻型			10 年，可延 5 年
专项作业车	矿山企业专用车			8 年，可延
	其他专门作业车			10 年，可延

对于大中型拖拉机来说，按照 1992 年 9 月 19 日物资字 191 号文颁布发的《关于制定大中型拖拉机报废标准的通知》的规定：大中型拖拉机是指功率在 20 马力及以上的

拖拉机，凡属下列情况之一的大中型拖拉机都应报废。

（1）大中型拖拉机使用年限超过 15 年（或累计工作 1.8 万 h），经检查调整后，耗油率上升幅度仍超过出厂额定标准 20% 的，功率降低值超过出厂额标准 15% 的。

（2）由于各种原因造成机车严重损坏，无法修复或一次性修理费超过新车价格二分之一的。

（3）使用多年且无配件来源，车型老旧的进口拖拉机，国产非定型和淘汰的拖拉机。

对于国内尚无规定使用年限的其他车辆，其规定使用年限参照《汽车报废标准》和该类产品的会计折旧年限或根据鉴定评估人员的经验加以确定。

2）已使用年限

利用使用年限法确定车辆成新率所需参数只有两个，即车辆的已使用年限和规定使用年限。因此，利用使用年限法得到的成新率实际上反映的是车辆的使用时间折旧率，与车况无关。而实际中，机动车的技术使用寿命、经济使用寿命和合理使用寿命都小于车辆的报废年限，这里所指的车辆规定使用年限是指车辆的合理使用寿命。使用年限是代表汽车运行量和工作量的一种计量，这种计量是以汽车正常使用为前提的，包括正常的使用时间和使用强度。对于汽车这种商品来说，它的经济使用寿命指标有规定使用年限，同时也以行驶里程数作为运行量的计量单位。从理论上讲，综合考虑已使用年限和行驶里程数要符合实际一些，即汽车的已使用年限应采用折算年限，即

$$折算年限 = \frac{总的累计行驶里程}{年平均行驶里程}$$

这种使用年限表示方法既反映了汽车的使用情况（即管理水平、使用水平、维护保养水平）、使用强度，又包括了运行条件和某些停驶时间较长的汽车的自然损耗。经统计，最近几年我国各类汽车年平均行驶里程如表 4-3 所列。对于轿车的规定使用年限也有专家建议以 60 万千米来计算，这时上式可变为下列表达式：

$$轿车成新率 = \left(1 - \frac{总行驶里程}{60 \ 万千米}\right) \times 100\%$$

该公式主要反映了轿车的使用强度对其成新率的影响。一个地区或城市的轿车的使用条件可以看作基本相同，因此总的行驶里程越大，就平均意义来说，轿车的有形损耗也越大。

表 4-3　我国各类汽车年平均行驶里程

汽车类别	年平均行驶里程/万千米	汽车类别	年平均行驶里程/万千米
微型、轻型货车	3~5	租赁车	5~8
中型、重型货车	6~10	旅游车	6~10
私家车	1~3	中、低档长途客运车	8~12
行政、商务用车	3~6	高档长途客运车	15~25
出租车	10~15		

在实际应用时需要注意的是，已使用年限是对车辆的平均总行驶里程和使用强度等

的综合计量，这种计量是以车辆的正常使用为前提的，包括正常的驾驶行为、正常的使用时间和正常的使用强度等。

但在实践操作中，很难找到总的累计行驶里程和年平均行驶里程这一组数据，所以已使用年限只能取汽车从新车在公安交通管理机关注册登记之日起至评估基准日的年数，在估算成新率时，一定要有使用年限的概念。在汽车评估实务中，实际计算中，通常在使用等速折旧时，将已使用年限和规定使用年限换算成月数，在使用加速折旧时，已使用年限和规定使用年限按年数计算，不足一年部分按 12 分之几折算。如 3 年 9 个月，前 3 年按年计算，后 9 个月按第四年折旧的 9/12 计算。汽车评估实务中通常不计算不足 1 个月的天数折旧。

汽车按年限折旧只能采取加速折旧的方法，而不能采取等速折旧的方法。旧汽车的市场上旧汽车的市场价格也呈加速折旧的态势。通常，25 万元以上的汽车采用年份数求和法较好，25 万元以下的汽车采用双倍余额递减法较好。

3. 计算实例

事例 1：某家庭用普通型桑塔纳轿车，初次登记年月是 2005 年 2 月，评估基准时是 2010 年 2 月，分别用等速折旧法、加速折旧法中的年份数求和法与双倍余额递减法计算成新率。

解：该车已使用年限刚好为 5 年，由于是私家车，其规定使用年限为 15 年，则成新率如下。

1）等速折旧法

$$C_d = \left(1 - \frac{G}{Y}\right) \times 100\% = \left(1 - \frac{5}{15}\right) \times 100\% = 66.7\%$$

2）年份数求和法

$$G_f = \left[1 - \frac{2}{G(G+1)} \sum_{n=1}^{Y} (G+1-n)\right] \times 100\%$$

$$= \left[1 - \frac{2}{15(15+1)} \sum_{n=1}^{Y} (15+1-n)\right] \times 100\%$$

$$= \left\{1 - \frac{2}{15(15+1)} \left[(15+1-1) + (15+1-2) + (15+1-3) + (15+1-4) + (15+1-5)\right]\right\} \times 100\%$$

$$= 45.8\%$$

3）双倍余额递减法

$$G_s = \left[1 - \frac{2}{G} \sum_{n=1}^{Y} \left(1 - \frac{2}{G}\right)^{n-1}\right] \times 100\%$$

$$= \left[1 - \frac{2}{15} \sum_{n-1}^{5} \left(1 - \frac{2}{15}\right)^{n-1}\right] \times 100\%$$

$$= \left\{1 - \frac{2}{15} \left[\left(1 - \frac{2}{15}\right)^{1-1} + \left(1 - \frac{2}{15}\right)^{2-1} + \left(1 - \frac{2}{15}\right)^{3-1} \left(1 - \frac{2}{15}\right)^{4-1} + \left(1 - \frac{2}{15}\right)^{5-1}\right]\right\} \times 100\%$$

$$= 48.9\%$$

事例 2：某租赁公司欲出让一台捷达轿车，该车初次登记日期为 1999 年 3 月，评估基准时是 2004 年 3 月。分别用等速折旧法、年份数求和双倍余额递减法计算成新率。

解： 该车已使用年限 Y 为 5 年，由于是租赁车，其规定使用年限为 10 年，则成新率如下。

1）等速折旧法

$$C_n = \left(1 - \frac{Y}{G}\right) \times 100\%$$

$$= \left(1 - \frac{5}{10}\right) \times 100\%$$

$$= 50\%$$

2）年份数求和法

$$C_n = \left[1 - \frac{2}{G(G+1)} \sum_{n=1}^{Y}(G+1-n)\right] \times 100\%$$

$$= \left[1 - \frac{2}{10(10+1)} \sum_{n=1}^{5}(10+1-n)\right] \times 100\%$$

$$= \left\{1 - \frac{2}{10 \times 11}\left[(10+1-1] + (10+1-2) + (10+1-3) + (10+1-4) + (10+1-5)\right]\right\} \times 100\%$$

$$= 27.3\%$$

3）双倍余额递减法

$$C_n = \left[1 - \frac{2}{G}\sum_{n=1}^{Y}\left(1 - \frac{2}{G}\right)^{n-1}\right] \times 100\%$$

$$= \left[1 - \frac{2}{10}\sum_{n=1}^{5}\left(1 - \frac{2}{10}\right)^{n-1}\right] \times 100\%$$

$$= \left\{1 - \frac{1}{5}\left[\left(1 - \frac{1}{5}\right) + \left(1 + \frac{1}{5}\right)^{1} + \left(1 - \frac{1}{5}\right)^{2} + \left(1 - \frac{1}{5}\right)^{3} + \left(1 - \frac{1}{5}\right)^{4}\right]\right\} \times 100\%$$

$$= 32.8\%$$

4.4.2 技术鉴定法

技术鉴定法是专业评估人员利用技术鉴定手段确定车辆成新率的一种方法。技术鉴定法以技术鉴定为基础，先确定车辆各总成及零件的损耗情况，然后测算将这些损耗修复（假设能得以修复）并恢复至车辆全新状态所需的全部费用，这些费用即是评估基准日车辆价值的丧失额，再根据现时市场上同型号新车价格便可计算出车辆的成新率。利用技术鉴定法计算成新率的公式如下：

$$成新率 = \left(1 - \frac{损耗修复总费用}{当前同型号新车价格}\right) \times 100\%$$

由于车辆结构的复杂性，修复零部件损耗和恢复整车全新状态的不易操作性，在实际应用中并不通过上式计算成新率，而主要是在技术鉴定的基础上，根据利用技术观察和技术检测等方式确定车辆当前的技术状况，依靠专业评估人员的经验和市场认可的一些成新率打分比较标准，以评分或分等级的方法来确定车辆成新率。但通过上式有助于从损耗、修复费用以及当前同型号新车价格的三要素理解成新率的本质。技术鉴定法一般又分为部件鉴定法和整车观测法。

1. 部件鉴定法

部件鉴定法是根据车辆各组成部分对整车性能和价值所具有的重要性以及贡献的大小，先确定出每个组成部分的成新率及其在车辆成新率中的加权系数（权重），然后确定车辆成新率的一种方法。其基本操作步骤为：将车辆分成若干个组成部分，根据各个组成部分在整车中的重要性及其制造费用占车辆制造成本的百分比，确定它们的重要性和价值加权系数；如果车辆某一组成部分当前的功能与其全新状态时的功能相同，则该组成部分的成新率为100%，如果其功能完全丧失，则成新率为零。车辆各个组成部分实际的技术状况应是介于上述两种极端状况之间，根据各自的具体情况，给出它们的成新率，并分别与加权系数相乘，即得各组成部分的加权成新率，各个加权成新率之和即为车辆成新率。

部件鉴定法操作起来比较繁琐，工作量大，费时费力，车辆各组成部分的加权系数难以掌握，因为各个组成部分所占整车的价值比重，并不是一件容易说清楚的事，单个组成部分单独存在于零部件供应商的库房时的价值，与其作为车辆的一个组成部分后的价值是不一样的，后者远大于前者。不过部件鉴定法的优点也正在于此，它的评估值应该更接近客观实际，可信度高。它既考虑了车辆的有形损耗，同时也计入了车辆维修换件能够增大车辆的价值。部件鉴定法一般适用于价值较高的车辆评估。

2. 整车观测法

整车观测法是采用人工观察的方法，例如问、听、看、摸、闻、试和比较等，辅之以简单的仪器检测，对车辆技术状况进行全面的鉴定、分级以确定成新率的一种方法。对车辆技术状况分级的原则是先确定两头，即先确定刚投入使用不久的车辆和将要报废车辆的技术状况等级，然后再将各种实际的车辆技术状况在上述两种极端情况之间进行分级，并定义出每个级别车况的基本技术特征以及在该级别内的成新率分布范围。通常，将车辆的技术状况分为使用不久、较新车、旧车、老旧车和待报废处理车辆等五大类别，位于每个类别内的车辆的成新率有一个选择范围，需要根据每辆车的具体情况和评估人员的经验确定出该车成新率的具体数值，其技术状况分级如表4-4所列。

表4-4 旧机动车成新率评估参考表

车况等级	新旧程度	形损耗率/%	技术状况描述	成新率/%
1	使用不久	0~10	刚使用不久，行驶里程一般在3万km~5万km，在用状态良好，能按设计要求正常使用	100~90
2	较新车	11~15	使用一年以上，行驶15万km左右，一般没有经过大修，在用状态良好，故障率低，可随时出车使用	89~65
3	旧车	36~60	使用4年~5年，发动机或整车经过大修较好地恢复原设计性能，在用状态良好，故障率低，可随时出车使用	64~40

（续）

车况等级	新旧程度	形损耗率/%	技术状况描述	成新率/%
4	老旧车	61～85	使用 5 年～8 年，发动机或经过二次大修，动力性能、经济性能、工作可靠性能所下降，外观油漆脱落受损、金属伯锈蚀程度明显。故障率上升，维修费用、使用费用明显上升。但车辆符合《机动车安全技术条件》，在用状态一般或较差	39～15
5	待报废处理车	86～100	基本到达或到达使用年限，通过《机动车安全技术条件》检查，能使用但不能正常使用，动力性、经济性、可靠性下降，燃油费、维修费、大修费用增长速度快，车辆收益与支出基本持平，排放污染和噪声污染到达极限	15 以下

整车观测法对车辆技术状况的评判，主要是通过人工观察的方法进行，成新率的估值是否客观、是否与市场实际相符，取决于评估人员的专业水准和评估经验。整车观测法简单易行，但评估值没有部件鉴定法准确，一般用于初步估算中、低档旧车的价格，或作为综合分析法的辅助手段，用来确定车辆的技术状况调整系数。

4.4.3　综合分析法

1. 估算方法

综合分析法是以使用年限法为基础，以调整系数方式综合考虑影响车辆价值和使用寿命的多种因素，按下式计算车辆成新率：

$$成新率 = \left(1 - \frac{已使用年限}{规定使用年限}\right) \times 综合调整系统 \times 100\%$$

上式中，已使用年限和规定使用年限与前式中的含义一样，而综合调整系数采用下述二种方法确定。

（1）车辆无须进行项目修理或换件的，可采用表 4-5 所推荐的综合调整系数，用加权平均的方法进行微调。

（2）车辆需要进行项目修理或换件的，或需进行大修理的，综合考虑表 4-5 列出的影响因素，可采用"一揽子"评估方法确定一个综合调整系数。

影响旧机动车成新率的主要因素有车辆技术状况、车辆使用和维修状态、车辆原始制造质量、车辆工作性质、车辆工作条件等 5 个方面。为此，综合调整系数由 5 个方面构成，即

$$综合调整系数 = F_1K_1 + F_2K_2 + F_3K_3 + F_4K_4 + F_5K_5$$

式中　F_1——车辆技术状况加权系数（30%）；

　　　K_1——车辆技术状况调整系数；

　　　F_2——车辆制造质量加权系数（20%）；

　　　K_2——车辆制造质量调整系数；

F_2——车辆维护条件加权系数（25%）；

K_3——车辆维护条件调整系数；

F_4——车辆工作性质加权系数（15%）；

K_4——车辆工作性质调整系数；

F_5——车辆工作条件加权系数（10%）；

K_5——车辆工作条件调整系数。

车辆各项调整系数的加权系数的取值仅供参考，其中车辆制造质量调整系数的加权系数取值较大，主要是因为旧机动车交易市场价格走势表明，汽车品牌因素对其残值的影响相当大，甚至超过汽车的技术状况。各项调整系数通常采用下述两种方法确定。

（1）车辆无需进行项目修理或更换部件，可选用表4-5中的推荐值，根据车辆的具体情况确定每个调整系数。

（2）车辆需要进行项目修理或更换部件，或需进行大修的，综合考虑表4-5列出的影响因素，可采用"一揽子"评估方法确定出一个综合调整系数。

表4-5　车辆成新率综合调整系数

影响因素	因素分级	调整系数	加权系数/%
技术状况	好	0.95	30
	较好	0.9	
	一般	0.8	
	较差	0.7	
	差	0.6	
制造质量	进口	1.0	30
	国产名牌	0.95	
	国产非名牌	0.8	
维护条件	好	1.0	15
	一般	0.9	
	较差	0.8	
工作性质	私用	1.0	15
	公务、商务	0.9	
	营运	0.7	
工作条件	较好	1.0	10
	一般	0.9	
	较差	0.8	

2. 各调整系数的选取

为了正确理解和选取合适的系数，对影响成新率的各个调整系数说明如下。

1）车辆技术状况调整系数 K_1

车辆技术状况调整系数是以车辆技术状况鉴定结论为基础，对车辆进行分级，再在所处的等级内通过仔细的分析比较，确定出一个调整系数来修正车辆的成新率。在某一等级内对车况进行细分，需要在当地车市中积累的工作经验，因为这样的等级细分是一个分析比较的过程，各地的参照标准可能存在一定的差别。技术状况调整系数取值范围定为 0.6～0.95。其上限选为 0.95 而不是 1.0，是考虑到车辆的完美无损，但只要已属于旧车，由于无法避免的沉没成本，就已经发生了一定程度的贬值。

需要指出的是，在旧车鉴定评估中，所谓的旧车与新车的区别仅在于是否办理了机动车注册登记手续，并不是强调车辆已经很陈旧了。当然，这个上限值到底应取多大，在工作实践中还可根据各地的实际情况（如消费水平和汽车普及率等）加以修正。

从本质上讲，对被评估车辆技术状况等级的评判，是相对于那些与其使用年限基本一致的车辆的平均技术状况进行的。车辆技术状况等级的评判包括两部分工作：一是评判车辆的技术状况应划归于哪个大等级，如"好"还是"较好"；二是评判在一个大等级内它是偏上还是稍偏下。表中建议的数值可看作是具有平均技术状况时的调整系数，例如，"好"等级的平均技术状况的调整系数为 0.95，而"一般"等级的平均技术状况的调整系数为 0.8。与平均技术状况一致的，技术状况调整系数可取为该等级的平均值，好于平均技术状况的，系数取值可适当大于平均值，差于平均技术状况的，则调整系数取值可适当小于平均值。

在论述平均技术状况时只强调车辆的使用年限基本一致，而没有涉及车辆的其他情况，是因为目前只是以车辆的剩余使用寿命为基准通过综合调整系数来计算成新率，其中车辆的剩余使用寿命只与其使用年限和规定使用年限有关，而后者是国家规定的。

2）车辆制造质量调整系数 K_2

确定该调整系数时，应了解车辆是国产还是进口以及进口国别，是国产的应了解是名牌产品还是一般产品。一般来说，国家正规手续进口的以及大型合资企业生产的车辆质量优于国产车辆，名牌产品优于一般产品，不过也要注意较多的例外，故在确定此系数时应较慎重。对依法没收的已领取牌证的走私车辆，其制造质量系数建议视同国产名牌产品考虑。车辆制造质量调整系数取值范围在 0.8～1.0。制造质量调整系数的加权系数取为 30%，这反映了国内外旧车交易市场的实际情况。在车辆各方面条件基本一致的情况下，汽车的品牌、口碑、可靠性以及是否为成熟车型等，都显著地影响着旧机动车的交易价格，而这几个因素都是通过制造质量调整系数来反映的。

国外的经验表明，不同品牌和生产国别的同类车型的保值率差别非常大，例如使用 2 年的轿车的折旧率可以从 35% 增加到 60%。2011 年初，美国汽车市场促销优惠活动此起彼伏，新车降价使汽车残值贬值速度大大加快。根据美国一项市场调查报告的评估结果，除克莱斯勒集团和通用公司生产的越野车外，美国汽车品牌未来的残值都将低于整个行业的平均值，而欧洲、日本的汽车品牌则具有较高的残值。调查结果表明，德国大众品牌 3 年后的平均残值为新车价格的 52%，是残值最高的汽车品牌；奔驰是豪华轿车中的佼佼者，3 年后的残值平均为新车价格的 54.5%，而豪华车的平均残值为新车价格的 48.7%；在非豪华车品牌中，3 年后的残值率低于平均值（41.8%）的车型分别为别克、雪佛兰、克莱斯勒、大宇、福特、现代、五十铃、起亚、马自达、三菱和铃木等。

3）车辆维护条件调整系数 K_3

车辆维护条件调整系数反映使用者在车辆使用和停驶期间的维护保养条件及水平。

不同的使用者，其经济实力和驾驶行为会存在程度不同的差别，使车辆实际接受的维护保养条件和措施不尽相同。例如，车容是否经常保持整洁，是否及时发现和消除故障隐患，防止汽车早损和出现过多故障等；车主启动车辆时如果做不到缓慢松抬离合器踏板，就容易造成离合器从动盘、主减速器、半轴等传动系零部件受冲击而损害。这些维护保养和使用条件直接影响着车辆的使用寿命和成新率。车辆维护条件调整系数取值范围一般定为 0.8~1.0。同样，对被评估车辆维护条件等级的评判，是相对于那些与其使用年限基本一致的车辆的平均维护条件进行的。表 4-3 中建议的数值可看作是具有平均维护条件时的调整系数。与平均维护条件一致的，维护条件调整系数可取为该等级的平均值，好于平均维护条件的，系数取值可适当大于平均值，差于平均维护条件的，则调整系数取值可适当小于平均值。

4）车辆工作性质调整系数 K_4

车辆工作性质调整系数反映车辆工作性质对其成新率的影响。车辆工作性质不同，其用途和繁忙程度以及使用强度也不同。车辆工作性质可分为私人工作和生活用车，机关企事业单位的公务和商务用车，从事旅客、货运、城市出租的营运用车。以普通小轿车为例，一般来说，私人工作和生活用车每年平均行驶里程约 2.5 万千米；公务、商务用车每年不超过 4 万千米；而营运出租车每年行驶可高达 12 万千米。可见，工作性质不同，其使用强度差异相当大，因此车辆工作性质调整系数的取值范围也比较宽，在表 4-5 中为 0.7~1.0。

5）车辆工作条件调整系数 K_5

车辆工作条件是指车辆行驶的路面和气候条件等，车辆工作条件调整系数反映车辆工作条件对其成新率的影响。路面和气候条件比较好时，车辆的使用寿命也比较长，故障率较低。如果车辆长期行驶在颠簸路面上，由于车辆振动引起的冲击，容易使车架、车桥、悬架和其他零部件变形和损坏。我国地域辽阔，各地自然条件差别较大，车辆工作条件的不同，对其成新率影响很大，这些都是通过不同的车辆工作条件调整系数来体现的。车辆工作条件调整系数取值范围为 0.8~1.0。车辆工作条件一般可分为道路条件和特殊自然条件。

（1）道路条件可分为好路、中等路和差路 3 类。好路是指国家道路等级中的高速公路。一、二、三级道路，好路率在 50% 以上；中等路是指符合国家道路等级四级的道路，好路率在 30%~50%；差路是国家等级以外的路，好路率在 30% 以下。

（2）特殊自然条件是指特殊的气候和地理条件，包括寒冷、沿海、风沙、山区、高原等地区。外界气温过低或过高，都不利于车辆的使用。气温过低会使润滑油变稠、流动性变差，造成零件磨损加剧。气温过高，发动机易过热，是润滑油黏度降低，零件润滑不良。当车辆行驶在崎岖不平的山路上时，因行驶速度多变，变速器换挡次数和离合器的分离次数均会增多，使零件磨损加快。

车辆长期在好路和中等路面上行驶，工作条件调整系数建议可取 1.0 或 0.9；车辆长期在差路上或特殊自然条件下行驶，其调整系数建议取为 0.8。从上述分析可以看出，各影响因素的关联性较大，有着交叉影响的特点。某一影响因素加强时，其他各项影响因素也会随之加强，反之则减弱。

4.4.4　其他因素对成新率的影响

一辆机动车使用过一段时间后各总成零件会出现一定的磨损、变形和腐蚀，使零件原有尺寸、形状、表面质量及配合副的配合性质、相互位置等发生渐进、永久的变化，影响到各总成技术状况。消除零件磨损和变形并恢复总成和整车性能的办法就是修理。当某零件的磨损或变形过大而又无法修理时，必须换件以恢复该零件的功能作用。当车辆主要总成的技术状况下降到一定程度，已无法用正常的维护和小修的方法使其恢复正常技术状况时，就需要用修理或更换车辆任何零部件的大修方法，以恢复车辆的动力性、经济性、工作可靠性和外观的完整美观性。根据国内的粗略统计，车辆第一次大修的费用一般为车辆原值的 10% 左右。随着行驶里程或使用年限的增长，以后的大修间隔里程逐渐缩短，费用也逐渐增加。在计算大修费用时，要把某次的大修费用均摊在此次大修至下次大修的间隔里程内，即相当于对大修后间隔里程的投资。进行大修对车辆追加的投入从理论上讲，无疑是延长了车辆的使用寿命，因此应适当增加车辆成新率的估算值。但是在实际使用和维修中又不尽人意：一是使用者对车辆的技术管理水平低，不清楚自己车辆的实际技术状况，而不能做到合理送修、适时大修；二是社会上有些维修企业，维修设备落后，维修安装技术水平差；三是有些配件质量差。因此，经过大修的车辆不一定都能很好地恢复车辆使用性能。对于老旧的国产车辆，刚完成大修，即使很好地恢复使用性能，其耐久性也差。更重要的是有些高档进口车辆经过大修以后，不仅难以恢复原始状况，而且有扩大故障的可能性。

鉴于上述分析，对于重置成本在 7 万元以下的旧车或老旧车辆，一般不考虑其大修对成新率的增加问题；对于重置成本在 7 万元～25 万元之间的车辆，凭车主提供的车辆大修结算单等资料可适当考虑增加成新率的估算值；对于 25 万元以上的进口车，或国产高档车，凭车主提供的车辆大修或一般维修换件的结算单等资料，分析车辆受托维修厂家的维修设备，维修技术水平、配件来源等情况，或者对车辆进行实体鉴定，考查维修对车辆带来的正面作用或者可能出现的负面影响，从而酌情决定是否增加成新率的估算值。

重大事故通常由于汽车的碰撞、倾覆造成汽车主要结构件的严重损伤，尤其以承载式汽车的车身件为代表。汽车发生过重大事故后，往往存在严重的质量缺陷，并且不易修复，在汽车交易实务中，往往对汽车的交易价格形成重大影响，必须非常重视。因此，出现重大事故的汽车应给予一定的折扣率。

4.4.5　计算实例

实例：张某 2007 年花 12.5 万元购置了一辆桑塔纳作为个人使用，于 2011 年 2 月，在某省旧机动车交易市场交易，评估人员检查发现，该发动机排量 1.8L，初次登记为 2007 年 8 月，基本做为个人市内交通使用，累计行驶里程 7 万多千米，维护保养一般，路试车况较好。2010 年 12 月，该车市场新车价 9.58 万元，用综合分析法，其综合调整系数采用加权平均的方法确定，计算成新率。

解：已使用年限：3 年 6 个月 =42 个月，即 $Y=42$。

规定使用年限：15 年，即 180 个月，则 $G = 180$。

该车路试车况较好，取车辆技术状况系数为 $K_1 = 0.95$。

桑塔纳轿车为国产名牌车，取车辆原始制造质量系数为：$K_2 = 0.9$。

维护保养一般，取车辆使用与维护状态系数为：$K_3 = 0.9$。

该车为私人用车，且累计行驶里程 7 万多千米，则取车辆工作性质系数为：$K_4 = 1.0$。

该车为个人市内交通使用，取车辆工作条件系数为：$K_5 = 0.9$。

则综合调整系数为：

$$
\begin{aligned}
K &= K_1 \times 30\% + K_2 \times 20\% + K_3 \times 25\% + K_4 \times 15\% + K_5 \times 10\% \\
&= 0.95 \times 30\% + 0.9 \times 20\% + 0.9 \times 25\% + 1.0 \times 15\% + 0.9 \times 10\% \\
&= 0.93
\end{aligned}
$$

该车的成新率为

$$
\begin{aligned}
C &= \left(1 - \frac{Y}{G} \right) \times K \times 100\% \\
&= \left(1 - \frac{42}{180} \right) \times 0.93 \times 100\% \\
&= 71.3\%
\end{aligned}
$$

第五章 旧机动车评估的基本方法

5.1 旧机动车评估概述

5.5.1 旧机动车评估的概念

旧机动车评估是指由专门的鉴定估价人员，按照特定的目的，遵循法定或公允的标准和程序，运用科学的方法，对汽车进行手续检查、技术鉴定和估算价格的过程。

旧机动车评估是伴随汽车工业的发展而在一定阶段产生的市场经济产物，是适应生产资料市场流转的需要，由鉴定估价人员通过所掌握的市场资料，并在对市场进行预测的基础上对旧机动车的现时价格作出预测估算。在汽车发达的国家，旧汽车的交易往往比新车的交易更加活跃。而旧汽车的交易必须通过相关的评估和鉴定。

5.5.2 旧机动车鉴定估价的特点

机动车曾经作为一类生产资料，有别于其他类型的资产。但随着私家车保有量的增加，汽车已经由生产资料领域扩展到生活消费领域，并形成了自身的特点：第一是单位价值较大，使用时间较长，使用范围很广；第二是使用条件和强度、维护水平差异大；第三是使用管理严格，税费附加值高；第四是汽车是高科技产品，专业技术性强，评估需要专门人才；第五是车主和驾驶人本身不一定具备汽车的相关知识。

因此，由机动车的本身特点决定了机动车评估的特点如下。

1. 汽车鉴定估价以技术鉴定为依据

由于汽车本身具有较强的专业技术特点，其科技含量较高，尤其是近年电子技术及计算机在汽车上的大量运用，使得汽车的技术含量越来越高。汽车在长期的使用中，由于机件的摩擦和自然力的作用，它处于不断磨损的过程中。随着使用里程和年限的增加，汽车实体的有形磨损和无形损耗加剧；其损耗程度的大小，因使用条件和强度、维修等水平差异很大。因此，评定汽车实物和价值状况，必须通过技术检测等技术手段来鉴定其损耗程度。

2. 汽车鉴定估价以单台为评估对象

由于汽车单位价值相差比较大、类别型号多、车辆结构差异很大。为了保证评估质量，对于单位价值大的车辆，一般都是分整车、分系统、分部件逐辆、逐件地进行鉴定评估，为了简化鉴定估价工作程序，节省时间，对于以产权转让为目的，单位价值小的车辆，也采取整辆作价的评估方式。

3. 汽车鉴定估价要考虑其手续构成的价值

由于国家对车辆实行"户籍"管理，使用税费附加值高。因此，对汽车进行鉴定估价时，除了估算其实体价值以外，还有考虑由"户籍"管理手续和各种使用税费构成的价值。

4. 汽车鉴定估价的价值概念

从实际应用状况观察，汽车评估中的价值与价格没有经济学中定义的那样严格，在实践中一般可以理解为交换价值或市场价格的概念。

5.5.3　旧机动车鉴定估价的业务类型

旧机动车评估业务类型按鉴定估价服务对象不同，一般分为：交易类和咨询服务类业务。交易类业务是服务于机动车交易市场内部的交易业务，它是按照国家有关规定，以汽车成交额收取交易管理费的一部分作为有偿服务；咨询服务类业务是服务于汽车交易市场外部的非交易业务，它是按各地方政府物价管理部门对机动车鉴定估价制定的有关规定实行有偿咨询服务。如融资业务的抵押贷款估价，为法院提供的咨询服务等。

旧机动车评估方法和资产评估的方法一样，按照国家规定的收益现值法、重置成本法、现行市价法和清算价格法等4种方法进行。

5.2　现行市价法

现行市价法又称市场法、市场价格比较法。是指通过比较被评估车辆与最近售出类似车辆的异同，并将类似车辆的市场价格进行调整，从而确定被评估车辆价值的一种评估方法。现行市价法是最直接、最简单的一种评估方法。这种方法的基本思路是：通过市场调查，选择一个或几个与评估车辆相同或类似的车辆作为参照物，分析参照物的构造、功能、性能、新旧程度、地区差别、交易条件及成交价格等，并与评估车辆——对照比较，找出两者的差别及差别所反映在价格上的差额，经过调整，计算出旧机动车辆的价格。

5.2.1　现行市价法应用的前提条件

（1）需要有一个发育充分、活跃的旧机动车交易市场，有充分的参照物可取，即要有旧机动车交易的公开市场。在这个市场上有众多的卖者和买者，交易充分平等，这样可以排除交易的偶然性和特殊性。市场成交的旧机动车价格可以准确地反映市场行情，评估结果更公平公正，双方都易接受。

（2）参照物及其与被评估车辆可以比较的指标、技术参数等资料是可收集到的，并且价值影响因素明确，可以量化。

运用现行市价法，重要的是要能够找到与被评估车辆相同或相似的参照物，并且参照物是近期的，可比较的。所谓近期，即指参照物交易时间与车辆评估基准日相差时间较近，一般在一个季度之内。所谓可比，即指车辆在规格、型号、功能、内部结构、新旧程度及交易条件等方面不相上下。还有选择参照物的数量，按照市价法的通常做法，参照物一般要在 3 个以上。因为运用市价法进行旧机动车价格评估，旧机动车的价位高低在很大程度上取决于参照物成交价格水平。而参照物成交价不仅仅是参照物功能自身市场价值体现，还要受买卖双方交易地位、交易动机、交易时限等因素影响。因此，在评估中除了要求参照物与评估对象在功能、交易条件和成交时间上有可比性，还要考虑参照物的数量。

5.2.2　采用现行市价法评估的步骤

（1）收集资料。收集评估对象的资料，包括车辆的类别名称、型号和性能、生产厂家及出厂年月，了解车辆目前使用情况、实际技术状况以及尚可使用的年限等。

（2）选定旧机动车交易市场上可进行类比的对象。所选定的类比车辆必须具有可比性，可比性因素包括如下方面。

① 车辆型号。

② 车辆制造厂家。

③ 车辆来源，是私用、公务、商务车辆，还是营运出租车辆。

④ 车辆使用年限，行驶里程数。

⑤ 车辆实际技术状况。

⑥ 市场状况。指的是市场处于衰退萧条或是复苏繁荣，供求关系是买方市场还是卖方市场。

⑦ 交易动机和目的。车辆出售是以清偿为目的或是以淘汰转让为目的；买方是获利转手倒卖或是购建自用。不同情况交易作价往往有较大的差别。

⑧ 车辆所处的地理位置。不同地区的交易市场，同样车辆的价格有较大的差别。

⑨ 成交数量。单台交易与成批交易的价格会有一定差别。

⑩ 成交时间。应尽量采用近期成交的车辆作类比对象。由于市场随时间的变化，往往受通货膨胀及市场供求关系的影响，价格有时波动很大。

按以上可比性因素选择参照对象，一般选择与被评估对象相同或相似的 3 个以上的交易案例。某些情况找不到多台可类比的对象时，应按上述可比性因素，仔细分析选定的类比对象是否具有一定的代表性，要认定其成交价的合理性，才能作为参照物。

（3）分析、类比。综合上述可比性因素，对待评估的车辆与选定的类比对象进行认真的分析类比。

（4）计算评估值。分析调整差异，作出结论。

5.2.3　现行市价法的具体计算方法

1. 两类主要方法

运用现行市价法确定单台车辆价值通常采用直接法和类比法这两类主要方法。

1）直接法

直接法是指在市场上能找到与被车辆完全相同的车辆的现行市价，并依其价格直接作为被评估车辆评估价格的一种方法。

所谓完全相同是指车辆型号相同，但是在不同的时期，寻找同型号的车辆有时是比较困难的。我们认为，参照车辆与被评估车辆类别相同、主参数相同、结构性能相同，只是生产序号不同，并作局部改动的车辆，则还是认为完全相同。

2）类比法

类比法是指评估车辆时，在公开市场上找不到与之完全相同的车辆，但在公开市场上能找到与之相类似的车辆，以此为参照物，并依其价格再做相应的差异调整，从而确定被评估车辆价格的一种方法。所选参照物与评估基准日在时间上越近越好，实在无近期的参照物，也可以选择远期的，再作日期修正。其基本计算公式为

评估价格 = 市场交易参照物价格 + ∑评估对象比交易参照物优异的价格差额 − ∑交易参照物比评估对象优异的价格差额

或

评估价格 = 参照物价格 × （1 ± 调整系数）

用现行市价法进行评估，了解市场情况是很重要的。并且要全面了解，了解的情况越多，评估的准确性越高。这是市价法评估的关键。

2. 几项具体方法

在具体的旧机动车价格评估中，运用市价法进行评估的具体评估方法有以下几种。

（1）市场售价类比法。以参照旧机动车的市场成交价为基础，考虑参照物旧机动车与被评估旧机动车在功能、市场条件及交易条件等方面的差异，通过对比分析，量化差异，调整估算出旧机动车价格的方法。其数学公式表达为

旧机动车评估值 = 参照物旧机动车成交价 + 功能性条件差异 + 市场性条件差异 + 交易性条件差异

（2）功能价值法。以参照物旧机动车的成交价格为基础，考虑参照物与评估对象之间的功能差异进行调整来估算被评估旧机动车价格的方法。如同为奥迪牌旧机动车，被评估旧机动车是自动挡，而参照物旧机动车是手动挡，而其他条件完全相同，只是在功能上有差异，这时就可以用功能价值法进行评估。数学公式表达为

被评估旧机动车价格 = 参照物旧机动车成交价格 × 功能价值系数

功能价值系数 = 被评估旧机动车功能 ÷ 参照物旧机动车功能

（3）价格指数法。以参照物旧机动车成交价为基础，考虑参照物旧机动车成交时间与被评估旧机动车价格评估基准日之间间隔对旧机动车价格影响，利用价格指数调整

估算旧机动车价值的方法。其数学公式表达为

$$旧机动车评估值 = 参照物旧机动车成交价格 \times 物价变动指数$$

价格指数法是一种简单方法，在旧机动车价格评估中不常用。但有时遇特定目的和特殊情况，也会用到此法。

（4）成新率价格法。以参照物旧机动车的成交价格为基础，考虑参照物旧机动车与被评估旧机动车在新旧程度上差异，通过成新率调整估算出被评估旧机动车的价格的方法。其数学公式表达为

$$旧机动车评估值 = 参照物旧机动车成交价 \times 成新率系数$$

$$成新率系数 = 被评估旧机动车成新率 \div 参照物旧机动车成新率$$

对成新率的定义在学术上有争议，一般情况下成新率指旧机动车新旧程度比率，其计算公式为

$$成新率 = 旧机动车的尚可使用年限 \div （已使用年限 + 尚可使用年限） \times 100\%$$

（5）市价折扣法。以参照物旧机动车为基础，考虑到被评估旧机动车交易条件方面的因素，凭评估人执业经验或有关规定，设定一个价格折扣率来估算旧机动车价格的方法。其数学公式表达为

$$被评估旧机动车价值 = 参照物旧机动车成交价格 \times （1 - 折扣率）$$

（6）成本市价法。以被评估旧机动车的现行合理成本为基础，利用参照物的成本市价比率来估算被评估旧机动车价格方法，有些人把该方法归类为成本法范畴。成本市价法在旧机动车的评估实践中很少用，一般是遇到特种改装车、定制专用车等才用。

5.2.4　采用现行市价法的优缺点

1. 现行市价法的优点

（1）能够客观地反映旧机动车辆目前的市场情况，其评估的参数、指标，可直接从市场获得，评估值能反映市场的现实价格。

（2）评估结果易于被各方面理解和接受。

2. 现行市价法的缺点

（1）需要公开及活跃的市场作为基础。然而我国旧机动车市场还只是刚刚建立，发育不完全、不完善，寻找参照物有一定的困难。

（2）可比因素多而复杂，即使是同一个生产厂家生产的同一型号的产品，同一天登记，由不同的车主使用，其使用强度、使用条件、维护水平等多种因素不同，其实体损耗、新旧程度都各不相同。

5.3　收益现值法

5.3.1　收益现值法及其原理

收益现值法是将被评估的车辆在剩余寿命期内预期收益用适用的折现率折现为评估

基准日的现值，并以此确定评估价格的一种方法。

采用收益现值法对旧机动车辆进行评估所确定的价格，是指为获得该机动车辆以取得预期收益的权利所支付的货币总额。

旧机动车购买者购买该车时所支付的价格不会超过该车在未来预期收益折合成的现值。旧机动车买主在完成这项交易前必须考虑买车的几种经济风险。

（1）买车，失去买股票、房地产、开商店等投资机会。

（2）买车为了未来获利，但变化未知，可能获利，也可能损失。

（3）由于货币有时间价值，获得一定收益是肯定的，如存银行、买国债等，如果将钱用于买旧机动车，虽然有比存银行、买国债获取更大效益的可能性，但同时承担着失去获得固定收益的风险。旧机动车购买者存在风险正是用收益现值法进行价格评估的意义所在。价格评估人员可以根据未来现金流入量（收益）来判断是否必要花费如此代价。

从原理上讲，收益现值法是基于这样的事实，即人们之所以占有某车辆，主要是考虑这辆车能为自己带来一定的收益。如果某车辆的预期收益小，车辆的价格就不可能高；反之车辆的价格肯定就高。投资者投资购买车辆时，一般要进行可行性分析，其预计的内部回报率只有在超过评估时的折现率时才肯支付货币额来购买该车辆。应该注意的是，运用收益现值法进行评估时，是以车辆投入使用后连续获利为基础的。在机动车的交易中，人们购买的目的往往不是在于车辆本身，而是车辆获利的能力。因此该方法较适用于投资营运的车辆。

5.3.2　收益现值法运用的前提条件

（1）被评估的旧机动车必须是经营性车辆，具有继续经营的能力，并能够不断获得收益。消防车、救护车和自用轿车等非经营性的旧机动车不能用收益法评估。

（2）被评估的旧机动车继续经营收益能够而且必须用货币金额来表示。

（3）影响被评估未来经营风险的各种因素能够转化为数据加以计算，体现在折现率中。

5.3.3　收益现值法评估值的计算

收益现值法评估值的计算，实际上就是对被评估车辆未来预期收益进行折现的过程。被评估车辆的评估值等于剩余寿命期内各期的收益现值之和，其基本计算公式为

$$P = \sum_{t=1}^{n} \frac{A_t}{(1+i)^t}$$

$$= \frac{A_1}{(1+i)^1} + \frac{A_2}{(1+i)^2} + \cdots + \frac{A_n}{(1+i)^n}$$

当 $A_1 = A_2 = \cdots = A_n = A$ 时，即 t 从 $1 \sim n$ 未来收益分别相同为 A 时，则有：

$$P = A \cdot \left[\frac{1}{1+i} + \frac{1}{(1+i)^2} + \cdots + \frac{1}{(1+i)^n} \right]$$

$$= A \cdot \frac{(1+i)^n - 1}{i \cdot (1+i)^n}$$

当预期收益不等值时，应用前一个公式；当预期收益等值时，应用后一个公式。

式中　　P——评估值；

A_t——未来第 t 个收益期的预期收益额，收益期有限时（机动车的收益期是有限的），A_t 中还包括期末车辆的残值，一般估算时残值忽略不计；

n——收益年期（剩余经济寿命的年限）；

i——折现率；

t——收益期，一般以年计。

其中 $\dfrac{1}{(1+i)^t}$ 称为现值系数；$\dfrac{(1+i)^n - 1}{i \cdot (1+i)^n}$ 称年金现值系数。

实例：某企业拟将一辆 10 座旅行客车转让，某个体工商户准备将该车用作载客营运。按国家规定，该车辆剩余年限为 3 年，经预测得出 3 年内各年预期收益的数据如下。

	收益额/元	折现率/%	折现系数	收件折现值/元
第一年	10000	8	0.9259	9259
第二年	8000	8	0.8573	6854
第三年	7000	8	0.7538	5557

由此可以确定评估值为

评估值 $= 9259 + 6854 + 5557 = 21670$（元）

5.3.4　收益现值法中各评估参数的确定

1. 剩余经济寿命期的确定

剩余经济寿命期指从评估基准日到车辆到达报废的年限。剩余经济寿命期估计过长，就会高估车辆价格；反之，则会低估价格。因此，必须根据车辆的实际状况对剩余寿命作出正确的评定。对于各类汽车来说，该参数按《汽车报废标准》确定是很方便的。

2. 预期收益额的确定

收益法运用中，收益额的确定是关键。收益额是指由被评估对象在使用过程中产生的超出其自身价值的溢余额。对于收益额的确定应把握两点。

（1）收益额指的是车辆使用带来的未来收益期望值，是通过预测分析获得的。无论对于所有者还是购买者，判断某车辆是否有价值，首先应判断该车辆是否会带来收益。对其收益的判断，不仅仅是看现在的收益能力，更重要的是预测未来的收益能力。

（2）收益额的构成，以企业为例，目前有几种观点：第一，企业所得税后利润；第二，企业所得税后利润与提取折旧额之和扣除投资额；第三，利润总额。

关于选择哪一种作为收益额，针对旧机动车的评估特点与评估目的，为估算方便，推荐选择第一种观点，目的是准确地反映预期收益额。为了避免计算错误，一般应列出车辆在剩余寿命期内的现金流量表。

3. 折现率的确定

确定折现率，首先应该明确折现的内涵。折现作为一个时间优先的概念，认为将来的收益或利益低于现在的同样收益或利益，并且，随着收益时间向将来推迟的程度而有系统地降低价值。同时，折现作为一个算术过程，是把一个特定比率应用于一个预期的将来收益流，从而得出当前的价值。从折现率本身来说，它是一种特定条件下的收益率，说明车辆取得该项收益的收益率水平。收益率越高，车辆评估值越低。折现率的确定是运用收益现值法评估车辆时比较棘手的问题。折现率必须谨慎确定，折现率的微小差异，会带来评估值很大的差异。确定折现率，不仅应有定性分析，还应寻求定量方法。折现率与利率不完全相同，利率是资金的报酬，折现率是管理的报酬。利率只表示资产（资金）本身的获得能力，而与使用条件、占用者和使用用途没有直接联系，折现率则与车辆以及所有者使用效果有关。一般来说，折现率应包含无风险利率、风险报酬率和通货膨胀率。无风险利率是指资产在一般条件下的获利水平，风险报酬率则是指冒风险取得报酬与车辆投资中为承担风险所付代价的比率。风险收益能够计算，而为承担风险所付出的代价为多少却不好确定，因此风险收益率不容易计算出来，只要求选择的收益率中包含这一因素即可。

每个行业，每个企业都有具体的资金收益率。因此在利用收益法对机动车评估，选择折现率时，应该进行本企业、本行业历年收益率指标的对比分析。但是，最后选择的折现率应该起码不低于国家债券或银行存款的利率。

此外还应注意，在使用资金收益率这一指标时，要充分考虑年收益率的计算口径与资金收益率的口径是否一致。若不一致，将会影响评估值的正确性。

5.3.5　收益现值法评估的程序

（1）调查、了解营运车辆的经营行情，营运车辆的消费结构。
（2）充分调查了解被评估车辆的情况和技术状况。
（3）确定评估参数，即预测预期收益，确定折现率。
（4）将预期收益折现处理，确定旧机动车评估值。

5.3.6　收益现值法评估应用举例

某人拟购置一台较新的普通桑塔纳车用作个体出租车经营使用，经调查得到以下各数据和情况。

车辆登记之日是 2007 年 4 月，已行驶里程数 18.3 万 km，目前车况良好，能正常运行。如用于出租使用，全年可出勤 300 天，每天平均毛收入 500 元。评估基准日是 2009 年 2 月。分析：从车辆登记之日起至评估基准日止，车辆投入运行已 2 年。根据行驶里程数、车辆外观和发动机等技术状况看来，该车辆原投入出租营运，属于正常使用、维护之列。根据国家有关规定和车辆状况，车辆剩余经济寿命为 6 年。预期收益额的确定思路是：将 1 年的毛收入减去车辆使用的各种税和费用，包括驾驶人员的劳务费等，以计算其税后纯利润。根据目前银行储蓄年利率、国家债券、行业收益等情况，确定资金预期收益率为10%，风险报酬率5%。

具体计算如下。

预计年收入：500元×300＝15.0万元

预计年支出：每天耗油量费用为175元，年耗油费用为175元×300＝5.25万元

日常维修费1.2万元。

平均大修费用0.8万元。

牌照、保险、养路费及各种规费、杂费2.5万元。

人员劳务费1.5万元。

出租车标付费0.6万元。

故年毛收入为：15.0－5.25－1.2－0.8－2.5－1.5－0.6＝3.15（万元）

按个人所得税法规定，该年毛收入应缴纳所得税率为0%。故年纯收入：

$$3.15 \times （1 - 0\%） = 3.15（万元）$$

该车剩余使用寿命为6年，预计资金收益率为10%，再加上风险率5%，故折现率为15%。假设每年的纯收入相同，则由收益现值法公式求得收益现值，即评估值为

$$p = A \cdot \frac{(1+i)^n - 1}{1 \cdot (1+i)^n} = 3.15 \times \frac{(1+0.15)^6 - 1}{0.15 \times (1+0.15)^6} = 11.92（万元）$$

5.3.7　采用收益现值法的优缺点

（1）采用收益现值法的优点是：①与投资决策相结合，容易被交易双方接受；②能真实和较准确地反映车辆本金化的价格。

（2）采用收益现值法的缺点是：预期收益额预测难度大，受较强的主观判断和未来不可预见因素的影响。

5.4　清算价格法

清算价格法是以清算价格为标准，对旧机动车辆进行的价格评估的方法。清算价格是指企业由于破产或其他原因，要求在一定的期限内将车辆变现，在企业清算之日预期出卖车辆可收回的快速变现价格。

清算价格法在原理上基本与现行市价法相同，所不同的是迫于停业或破产，清算价格往往大大低于现行市场价格。这是由于企业被迫停业或破产，急于将车辆拍卖、出售。

5.4.1　清算价格法的适用范围和前提条件

清算价格法适用于企业破产、抵押、停业清理时要售出的车辆。

（1）企业破产。当企业或个人因经营不善造成的严重亏损不能清偿到期债务时，企业应依法宣告破产，法院以其全部财产依法清偿其所欠的债务，不足部分不再清偿。

（2）抵押。抵押是以所有者资产作抵押物进行融资的一种经济行为，是合同当事

人一方用自己特定的财产向对方保证履行合同时，抵押权人有权利将抵押财产在法律允许的范围内变卖，从变卖抵押物价款中优先受偿。

（3）停业清理。停业清理是指企业由于经营不善导致严重亏损，已临近破产的边缘或因其他原因将无法继续经营下去，为弄清财物现状，对全部财产进行清点、整理和查核，为经营决策（破产清算或继续经营）提供依据，以及因资产损毁、报废而进行清理、拆除等的经济行为。

在上述 3 种经济行为中若有机动车辆进行评估，可用清算价格为标准进行。

以清算价格法评估车辆价格的前提条件有以下 3 点。

（1）具有法律效力的破产处理文件或抵押合同及其他有效文件为依据。

（2）车辆在市场上可以快速出售变现。

（3）所卖收入足以补偿因出售车辆导致的附加支出总额。

5.4.2　决定清算价格的主要因素

在旧机动车评估中决定清算价格的有以下几项主要因素。

（1）破产形式。如果企业丧失车辆处置权，出售的一方无讨价还价的可能，那么以买方出价决定车辆售价；如果企业未丧失处置权，出售车辆一方尚有讨价还价余地，那么以双方议价决定售价。

（2）债权人处置车辆的方式。按抵押时的合同契约规定执行，如公开拍卖或收回已有。

（3）清理费用。在破产等评估车辆价格时应对清理费用及其他费用给予充分的考虑。

（4）拍卖时限。一般说时限长售价会高些，时限短售价会低些，这是由快速变现原则的作用所决定的。

（5）公平市价。指车辆交易成交双方都满意的价格。在清算价格中卖方满意的价格一般不易求得。

（6）参照物价格。在市场上出售相同或类似车辆的价格。一般地说，市场参照物价格高，车辆出售的价格就会高，反之则低。

5.4.3　评估清算价格的方法

旧机动车评估清算价格的方法主要有如下 3 种。

（1）现行市价折扣法。指对清理车辆，首先在旧机动车市场上寻找一个相适应的参照物；然后根据快速变现原则估定一个折扣率并据以确定其清算价格。

实例：一辆旧桑塔纳轿车，经旧机动车市场上评估成交价为 4 万元，根据销售情况调查，折价 20% 可以当即出售。则该车辆清算价格为 4×（1-20%）=3.2（万元）。

（2）模拟拍卖法（也称意向询价法）。这种方法是根据向被评估车辆的潜在购买者询价的办法取得市场信息，最后经评估人员分析确定其清算价格的一种方法。用这种方法确定的清算价格受供需关系影响很大，要充分考虑其影响的程度。

例如有大型拖拉机一台，拟评估其拍卖清算价格，评估人员经过对 2 个农场主、2

个农机公司经理和 2 个农机销售员征询，其评估分别为 6 万元、7.3 万元、4.8 万元、5 万元、6.5 万元和 7 万元，平均价为 6.1 万元。考虑目前看着日期将至和其他因素，评估人员确定清算价格为 5.8 万元。

（3）竞价法：是由法院按照法定程序（破产清算）或由卖方根据评估结果提出一个拍卖的底价，在公开市场上由买方竞争出价，谁出的价格高就卖给谁。

清算价格法的应用在我国还是一个新课题，还缺少这方面的实践，关于清算价格的理论与实际操作，都有待进一步总结和完善。

5.5　重置成本法

5.5.1　重置成本法及其理论依据

重置成本法是指用在现时条件下重新购置一辆全新状态的被评估车辆所需的全部成本（即完全重置成本，简称重置全价），减去该被评估车辆的各种陈旧贬值后的差额作为被评估车辆现时价格的一种评估方法。其基本计算公式可表述为

被评估车辆的评估值 = 重置成本 - 实体性贬值 - 功能性贬值 - 经济性贬值

或

被评估车辆的评估值 = 重置成本 × 成新率

从上式可看出，被评估车辆的各种陈旧贬值包括实体性贬值、功能性贬值、经济性贬值。重置成本法的理论依据是：任何一个精明的投资者在购买某项资产时，它所愿意支付的价钱，绝对不会超过具有同等效用的全新资产的最低成本。如果该项资产的价格比重新建造或购置一全新状态的同等效用的资产的最低成本高，投资者肯定不会购买这项资产，而会去新建或购置全新的资产。这也就是说，待评估资产的重置成本是其价格的最大可能值。

重置成本是购买一项全新的与被评估车辆相同的车辆所支付的最低金额。按重新购置车辆所用的材料、技术的不同，可把重置成本区分为自愿重置成本（简称复原成本）和更新重置成本（简称更新成本）。复原成本与被评估车辆相同的材料、制造标准、设计结构和技术条件等，以现时价格复原购置相同的全新车辆所需的全部成本。更新成本指利用新型材料、新技术标准、新设计等，以现时价格购置相同或相似功能的全新车辆所支付的全部成本。一般情况下，在进行重置成本计算时，如果同时可以取得复原成本和更新成本，应选用更新成本；如果不存在更新成本，则再考虑用复原成本。

和其他机器设备一样，机动车辆价值也是一个变量，它随其本身的运动和其他因素变化而相应变化。影响车辆价值量变化的因素，除了市场价格以外，还有以下几种。

1. 机动车辆的实体性贬值

实体性贬值也叫有形损耗，是指机动车在存放和使用过程中，由于物理和化学原因而导致的车辆实体发生的价值损耗，即由于自然力的作用而发生的损耗。旧机动车一般都不是全新状态的，因而大都存在实体性贬值。确定实体性贬值，要依据新旧程度，包括内部构件、部件的损耗程度。假如用损耗率来衡量，一项全新的车辆，其实体性贬值

为百分之零；而一项完全报废的车辆，其实体性贬值为百分之百；处于其他状态下的车辆，其实体性贬值率则位于这两个数字之间。

2. 机动车辆的功能性贬值

功能性贬值是由于科学技术的发展而导致的车辆贬值，即无形损耗。这类贬值又可细分为一次性功能贬值和劳动性功能贬值。一次性功能贬值是由于技术进步引起劳动生产率的提高，现在再生产制造与原功能相同的车辆的社会必要劳动时间减少，成本降低而造成原车辆的价值贬值。具体表现为原车辆价值中有一个超额投资成本将不被社会承认。劳动性功能贬值是由于技术进步，出现了新的、性能更优的车辆，致使原有车辆的功能相对新车型已经落后而引起其价值贬值。具体表现为原有车辆在完成相同工作任务的前提下，在燃料、人力、配件材料等方面的消耗增加，形成了一部分超额运营成本。

3. 机动车辆的经济性贬值

经济性贬值是指由于外部经济环境变化所造成的车辆贬值的。外部经济环境包括宏观经济政策、市场需求、通货膨胀、环境保护等。经济性贬值是由于外部环境而不是车辆本身或内部因素所引起的达不到原有设计的获利能力而造成的贬值。外界因素对车辆价值的影响不仅是客观存在的，而且对车辆价值影响还相当大，所以在旧机动车的评估中不可忽视。重置成本法的计算公式为正确运用重置成本法评估旧机动车辆提供了思路，评估操作中，重要的是依此思路，确定各项评估技术、经济指标。

5.5.2　重置成本及其估算

前面讲述重置成本分复原重置成本和更新重置成本。一般来说，复原重置成本大于更新重置成本，但由此引起的功能性损耗也大。在选择重置成本时，在获得复原重置成本和更新重置成本的情况下，应选择更新重置成本。之所以要选择更新重置成本，一方面随着科学技术的进步，劳动生产率的提高，新工艺、新设计的采用被社会所普遍接受；另一方面，使用新型设计、工艺制造的车辆无论从其使用性能还是成本耗用方面都会优于旧的机动车辆。

更新重置成本和复原重置成本的相同方面在于采用的都是车辆现时价格，不同的在于技术、设计、标准方面的差异，对于某些车辆，其设计、耗费、格式几十年一贯制，更新重置成本与复原重置成本是一样的。应该注意的是，无论更新重置成本还是复原重置成本，车的功能、型号等要与被评估的旧机动车一致，如评估一辆"普桑"旧机动车，不能用"桑塔纳2000"来作为更新重置成本，也不能用其他型号的轿车来作为复原重置成本或更新重置成本。

重置成本的估算在资产评估中，其估算的方法很多，对于旧机动车评估定价，一般采用如下二种方法。

1. 直接法

直接法也称重置核算法，它是按待评估车辆的成本，以现行市价为标准，计算被评估车辆重置全价的一种方法。也就是将车辆按成本构成分成若干组成部分，先确定各组成部分的现时价格，然后相加得出待评估车辆的重置全价。

重置成本的构成可分为直接成本和间接成本两部分。直接成本是指直接可以构成车辆成本的支出部分。具体来讲是按现行市价的买价，加上运输费、购置附加费、消费税、人工费等。间接成本是指购置车辆产生的管理费、专项贷款发生的利息、注册登记手续费等。

以直接法取得的重置成本，无论国产或进口车辆，尽可能采用国内现行市场价作为车辆评估的重置成本全价。市场价可通过市场信息资料（如报纸、专业杂志和专业价格资料汇编等）或向车辆制造商、经销商取得。在重置成本全价中，旧机动车价格评估人员应该注意区别合理收费和无依据收费。有的地方为了经济利益，越权制定了一些有关机动车的收费项目，是违背国家收费政策的，这些费用不能计入旧机动车的重置成本全价。

根据不同评估目的，旧机动车重置成本全价的构成一般分下述两种情况考虑。

（1）属于所有权转让的经济行为或为司法、执法部门提供证据的鉴定行为，可按被评估车辆的现行市场成交价格作为被评估车辆的重置全价，其他费用略去不计。

（2）属于企业产权变动的经济行为（如企业合资、合作和联营，企业分设、合并和兼并等），其重置成本构成除了考虑被评估车辆的现行市场购置价格以外，还应考虑国家和地方政府对车辆加收的其他税费（如车辆购置附加费、教育费附加、社控定编费、车船使用税等）一并计入重置成本全价。

2. 物价指数法

物价指数法是在旧机动车辆原始成本基础上，通过现时物价指数确定其重置成本。计算公式为

$$车辆重置成本 = 车辆原始成本 \times \frac{车辆评估时物价指数}{车辆购买时特价指数}$$

或

$$车辆重置成本 = 车辆原始成本 \times (1 + 物价变动指数)$$

如果被评估车辆是淘汰产品或是进口车辆，当询不到现时市场价格时，这是一种很有用的方法。用物价指数法时注意的问题如下。

（1）一定要先检查被评估车辆的账面购买原价。如果购买原价不准确，则不能用物价指数法。

（2）用物价指数法计算出的值，即为车辆重置成本值。

（3）运用物价指数法时，现在选用的指数往往与评估对象规定的评估基准日之间有一段时间差。这一时间差内的价格指数可由评估人员依据近期内的指数变化趋势并结合市场情况确定。

（4）物价指数要尽可能选用有法律依据的国家统计部门或物价管理部门以及政府机关发布和提供的数据。有的可取自有权威性的国家政策部门所辖单位提供的数据。不能选用无依据、不明来源的数据。

5.5.3 实体性贬值及其估算

机动车的实体性贬值是由于使用和自然损耗导致的贬值。实体性贬值的估算，一般可以采取以下几种方法。

（1）观察法。观察法也称成新率法。是指对评估车辆，由具有专业知识和丰富经验的工程技术人员对车辆的实体各主要总成、部件进行技术鉴定，并综合分析车辆的设计、制造、使用、磨损、维护、修理、大修理、改装情况和经济寿命等因素，将评估对象与其全新状态相比较，考察由于使用磨损和自然损耗对车辆的功能、技术状况带来的影响，判断被评估车辆的有形损耗率，从而估算实体性贬值的一种方法。其计算公式为

$$车辆实体性贬值 = 重置成本 \times 有形损耗率$$

（2）使用年限法。通过确定被评估旧机动车已使用年限与该车辆预期可使用年限的比率来确定旧机动车有形损耗。其计算公式为

$$车辆实体性贬值 = （重置成本 - 残值）\times \frac{已使用年限}{规定使用年限}$$

式中：残值是指旧机动车辆在报废时净回收的金额，在鉴定评估中一般略去残值不计。

（3）修复费用法。也叫功能补偿法。通过确定被评估旧机动车恢复原有的技术状态和功能所需要的费用补偿，来直接确定旧机动车的有形损耗。这种方法是对交通事故车辆进行评估的常用法。其计算公式为

$$旧机动车有形损耗 = 修复后的重置成本 - 修复补偿费用$$

5.5.4 功能性贬值及其估算

1. 一次性功能贬值的测定

功能性贬值属无形损耗范畴。指由于技术陈旧、功能落后导致旧机动车相对贬值。对目前在市场上能购买到的且有制造厂家继续生产的全新车辆，一般采用市场价即可认为该车辆的功能性贬值已包含在市场价中了。这是最常用的方法。从理论上讲，同样的车辆其复原重置成本与更新重置成本之差即是该车辆的一次性功能性贬值。但在实际评估工作中，具体计算某车辆的复原重置成本是比较困难的，一般就用更新重置成本（即市场价）来考虑其一次性功能贬值。

在实际评估时经常遇到的情况是：待评估的车辆是现已停产或国内自然淘汰的车型，这样就没有实际的市场价，只有采用参照物的价格用类比法来估算。参照物一般采用替代型号的车辆。这些替代型号的车辆其功能通常比原车型有所改进和增加，故其价值通常会比原车型的价格要高（功能性贬值大时，也有价格更降低的）。故在与参照物比较，用类比法对原车型进行价值评估时，一定要了解参照物在功能方面改进或提高的情况，再按其功能变化情况测定原车辆的价值，总的原则是被替代的旧型号车辆其价格应低于新型号的价格。这种价格有时是相差很大的。评估这类车辆的主要方法是设法取得该车型的市场现价或类似车型的市场现价。

2. 营运性功能贬值的估算

测定营运性功能贬值的步骤如下。

（1）选定参照物，并与参照物对比，找出营运成本有差别的内容和差别的量值。

（2）确定原车辆尚可继续使用的年限。

（3）查明应上缴的所得税率及当前的折现率。

（4）通过计算超额收益或成本降低额，最后计算出营运性陈旧贬值。

现举例说明如下。

实例： A、B 两台 8t 载货汽车，重置全价基本相同，其营运成本差别如下。

项　　目	A 车	B 车
每百千米耗油量	25L	22L
每年维修费用	3.5 万元	2.8 万元

求 A 车的功能性贬值。

按每日营运 150km，每年平均出车日为 250 天计算，每升油价 7 元。则 A 车每年超额耗油费用为

$$(25 - 22) \times 7 \times \frac{150}{100} \times 250 = 7875 \text{（元）}$$

A 车每年超额维修费用为

$$35000 - 28000 = 7000 \text{（元）}$$

A 车总超额劳动成本为

$$7875 + 7000 = 14875 \text{（元）}$$

取所得税率 33%，则税后超额营运成本为

$$14875 \times (1 - 33\%) = 9966 \text{（元）}$$

取折现率为 11%，并假设 A 车将继续运行 5 年，查表 11% 折现率 5 年的折现系数为 3.696。

所以 A 车的营运性贬值为

$$9966 \times 3.696 = 36834.34 \text{（元）} \approx 37000 \text{（元）}$$

或利用年金现值公式 $P = A \dfrac{(1+i)^n - 1}{(1+i)^n \cdot i}$ 计算。

5.5.5　经济性贬值估算的思考方法

经济性贬值是由机动车辆外部因素引起的。外部因素不论多少，对车辆价值的影响不外乎两类：一是造成营运成本上升；二是导致车辆闲置。旧机动车的经济性贬值通常与所有者或经营者有关，一般对单个旧机动车而言没有意义，因外部原因导致的营运成本上升和车辆闲置，对旧机动车本身价值影响不大。因此，对单个旧机动车进行评估时不考虑经济性贬值。因为旧机动车是否充分使用，在有形损耗的实际使用年限上给予了考虑。由于造成车辆经济性贬值的外部因素很多，并且造成贬值的程度也不尽相同。所以在评估时只能统筹考虑这些因素，而无法单独计算所造成的贬值。其评估的思考方法

如下：

（1）估算前提。车辆经济性贬值的估算主要以评估基准日以后是否停用、闲置或半闲置作为估算依据。

（2）已封存或较长时间停用，且在近期内仍将闲置，但今后肯定要继续使用的车辆最简单的估算方法是：可按其可能闲置时间的长短及其资金成本估算其经济贬值。

（3）根据市场供求关系估算其贬值。

5.5.6　采用重置成本的优缺点

采用重置成本法的优点如下：

（1）比较充分地考虑了车辆的损耗，评估结果更趋于公平合理。

（2）有利于旧机动车辆的评估。

（3）在不易计算车辆未来收益或难以取得市场（旧机动车交易市场）参照物条件下可广泛应用。

运用重置成本法的缺点是工作量较大，且经济性贬值也不易准确计算。

5.6　旧机动车评估方法的选择

5.6.1　评估方法的区别与联系

1. 重置成本法与收益现值法

重置成本法与收益现值法的区别在于：前者是历史过程，后者是预期过程。重置成本法比较侧重对车辆过去使用状况的分析。尽管重置成本法中的更新重置成本是现时价格，但重置成本法中的其他许多因素都是基于对历史的分析，再加上对现时的比较后得出的结论。如有形损耗就是基于被评估车辆的已使用年限和使用强度等来确定的。由此可见，如果没有对被评估车辆的历史判断和记录，那么运用重置成本法评估车辆的价值是不可能的。

与重置成本法比较，收益现值法的评估要素完全是基于对未来的分析。收益现值法不必考虑被评估车辆过去的情况怎样，也就是说，收益现值法从不把被评估车辆已使用年限和使用程度作为评估基础。收益现值法所考虑和侧重的是被评估对象未来能给予投资者带来多少收益。预期收益的测定，是收益现值法的基础。一般而言，预期收益越大，车辆的价值越大。

2. 重置成本法与现行市价法

理论上讲，重置成本法也是一种比较方法。它是将评估车辆与全新车辆进行比较的过程，而且，这里的比较更侧重于性能方面。例如，评估一辆旧汽车时，首先要考虑重新购置一台全新的车辆时需花多少成本，同时还需进一步考虑旧汽车的陈旧状况和功能、技术情况。只有当这一系列因素充分考虑周到后，才可能给旧汽车定价。而上述过程都涉及到与全新车辆的比较，没有比较就无法确定旧汽车的价格。

与重置成本法比较，现行市价法的出发点更多地表现在价格上。由于现行市价法比较侧重价格分析，因此对现行市价法的运用便十分强调市场化程度。如果市场很活跃，参照物很容易取得，那么运用现行市价法所取得的结论就会更可靠。现行市价法的这种比较性，相对于重置成本而言，其条件更为广泛。

运用重置成本法时，也许只需有一个或几个类似的参照物即可。但是运用现行市价法时，必须有更多的市场数据。如果只取某一数据作比较，那么现行市价法所作的结论将肯定受到怀疑。

3. 收益现值法与现行市价法

如果说收益现值法与现行市价法存在某种联系，那么这一联系就是现行市价法与收益现值法的结合。通过把现行市价法和收益现值法结合起来评估车辆的价值，在市场发达的国家应用得相当普遍。

从评估观点看，收益现值法中任何参数的确定，都具有人的主观性。因为预期收益、折现率等都是不可知的参数，也容易引起争议。但是这些参数在运用收益现值法评估车辆价值时必须明确，否则收益现值法就不能使用。然而，一旦从评估上来考虑收益现值法中的参数，这就涉及到估计依据问题。对这样的问题，在市场发达的地方，解决的方式便是寻求参照物，通过选择参照物，进一步计量其收益折现率及预期年限，然后将这些参照物数据比较有效地运用到被评估车辆上，以确定车辆的价值。

把收益现值法和现行市价法相结合，其目的在于降低评估过程中的人为因素，更好地反映客观实际，从而使车辆的评估更能体现市场观点。

4. 清算价格法与现行市价法

清算价格法与现行市价法，都是基于现行市场价格确定车辆价格的方法。所不同的是，利用现行市价法确定的车辆价格，如果被出售者接受，而不被购买者接受，出售者有权拒绝交易。但利用清算价格法确定的清算价格，若不能被买方接受，清算价格就会失去意义。这就使得利用清算价格进行的评估，完全是一种站在购买方立场上的评估，在某种程度上，这可以被认为是一种取悦于购买方的评估。

5.6.2 评估方法的选用

1. 重置成本法的适用范围

重置成本法是汽车评估中的一种常用方法，它适用于继续使用的汽车评估。对在用车辆，可直接运用重置成本法进行评估，无须作较大的调整。在目前，我国汽车交易市场尚需进一步规范和完善，运用现行市价法和收益现值法的客观条件受到一定的制约；而清算价格法仅在特定的条件下才能使用。因此，重置成本法在汽车评估中得到了广泛地应用。

2. 收益现值法的适用范围

汽车的评估多数情况下采用重置成本法，但在某些情况下，也可运用收益现值法。运用收益现值法进行汽车评估的前提是被评估车辆具有独立的、能连续用货币计量的可预期收益。由于在车辆的交易中，人们购买的目的往往不在于车辆本身，而是车辆的获利能力。因此，该方法较适于从事营运的车辆。

3. 现行市价的适用范围

现行市价法的运用首先必须以市场为前提，它是借助于参照物的市场成交价或变现价运作的（该参照物与被评估车辆相同或相似）。因此，一个发达活跃的车辆交易市场是现行市价法得以广泛运用的前提。

此外，现行市价法的运用还必须以可比性为前提。运用该方法评估车辆市场价值的合理性与公允性，在很大程度上取决于所选取的参照物的可比性如何。可比性包括两方面内容。

（1）被评估车辆与参照物之间在规格、型号、用途、性能、新旧程度等方面应具有可比性。

（2）参照物的交易情况（诸如交易目的、交易条件、交易数量、交易时间、交易结算方式等）与被评估车辆将要发生的情况具有可比性。

以上所述的市场前提和可比前提，既是运用现行市价法进行汽车评估的前提条件，同时也是对运用现行市价法进行汽车评估的范围界定。对于车辆的买卖，以车辆作为投资参股、合作经营，均适用现行市价法。

4. 清算价格法的适用范围

清算价格法适用于破产、抵押、停业清理时要售出的车辆。这类车辆必须同时满足以下 3 个条件，方可利用清算价格法进行出售。

（1）具有法律效力的破产处理文件、抵押合同及其他有效文件为依据。

（2）车辆在市场上可以快速出售变现。

（3）清算价格大于补偿因出售车辆所付出的附加支出总额。

5.6.3　旧机动车鉴定评估的价值计算

1. 旧机动车的计价形式

一般来说，旧机动车有以下几种计价的形式，这些形式在旧机动车的鉴定评估中都有可能出现。

1）旧机动车的原始价值

旧机动车的原始价值也叫原价或原值。是指车主在购置以及其他方式取得某类新车当时所发生的全部货币支出，包括买价、运杂费、汽车购置附加费、消费税、新车登记注册等所发生的费用。为了简化计算，旧机动车的原价除了购置车辆的买价以外，只考虑车辆购置附加费和消费税，而将其他费用略去不计。

2）旧机动车的净值

旧机动车随着使用的过程逐渐磨损，其原始价值也随着减少而转入企业成本。企业提取的机械折旧额为折旧基金，用于车辆磨损的补偿。提取折旧后，剩余的机械净值，它反映车辆的现有价值。

3）旧机动车的残值

旧机动车报废清理时回收的那些材料、废料的价值称残值，它体现了旧机动车丧失生产能力以后的残体价值。

4）旧机动车的重置完全价值

它是指估算在某段时间内重新生产或购置同样的机动车所需要的全部支出，包括购置价及其他费用，当企业取得无法确定原价的车辆（如接受捐赠车辆）以及经济发生重大变化，要求企业对车辆按重置完全价值计价。

5）旧机动车评价估值

它是遵循一定的评估标准和评估方法，重新确定的旧机动车现值。

2. 旧机动车价格评估

可以计算出旧机动车的评估值，或者说计算出旧机动车的重置净价。这个评估值的价值即对旧机动车评判的价值：一是指车辆产权交易发生时的交易价值；二是指评估基准日的市场价值的货币表现，即评估基准日的市场价格。对于旧机动车成新率的确定，通常采用使用年限法、综合分析法和部件鉴定法3种，实际使用时，根据被评估的对象的不同选择不同的方法。一般说来，对于重置成本不高的老旧车辆，可采用使用年限法估算其成新率；对于重置成本价值中等的车辆，可采用综合分析法；对于重置成本价值高的车辆，可采用部件鉴定法。

在旧机动车鉴定评估的工作中，根据各阶段的工作步骤应该及时填写机动车鉴定评估作业表（表5-1，表5-2，表5-3）。此3种表可供鉴定评估人员参考选用。对于旧机动车交易市场中发生的交易类评估业务，可以以此为资料与旧机动车鉴定评估登记表一同存档备查，从而可略去旧机动车鉴定评估报告；对发生的咨询服务类评估业务，除了上述存档备查资料外，还应向委托单位出具旧机动车鉴定评估报告书。

表5-1 旧机动车鉴定评估作业表（形式一）

车主		所有权性质	公 / 私	联系电话	
住址				经办人	
车辆名称		型号		生产厂家	
牌照号		发动机号		车架号	
载质量 / 座位数 / 排量		燃料种类		车籍	
初次登记日期	年 月	已使用年限	年 个月	累计行驶里程/万 km	
		账面净值/元		成交价格/元	
		成新率/%		评估价格/元	
鉴定评估目的：					
鉴定评估说明：					

鉴定评估师（签名）：审核人（签名）：

表 5-2　旧机动车鉴定评估作业表（形式二）

车主		所有权性质	公／私	联系电话	
住址				经办人	
车辆名称		型号		生产厂家	
结构特点		发动机号		车架号	
载质量／座位数／排量				燃料种类	
初次登记日期	年 月	牌照号		车籍	
已使用年限	年 个月	累计行驶里程／万 km		工作性质	
大修次数	发动机/次		工作条件		
	整车/次				
维护情况			现时状态		
事故情况：					
技术状况鉴定：					
账面原值／元		账面净值／元		成交价格／元	
重置价格／元		成新率／%		评估价格／元	
鉴定评估目的：					
鉴定评估说明：					

鉴定评估师（签名）：审核人（签名）：

表 5-3　旧机动车鉴定评估作业表（形式三）

车主		所有权性质	公／私	联系电话	
住址				经办人	
车辆名称					
车牌号					
载重量／座位数／排量		已使用年限		车籍	
初次登记日期	年 月			累计行驶里程／万 km	
账面原值／元				成交价格／元	
重置价格／元				评估价格／元	
鉴定评估目的：					
鉴定评估说明：					

（续）

成新率估算明细表		

鉴定评估师（签名）：审核人（签名）：

应当说明的是，被评估旧机动车的价格，客观存在的是一个量，而鉴定评估人员对它评估的又是一个量，旧机动车的鉴定评估就是要通过对车辆的全面认识和判断来反映其客观价格。但是一般说来，要使评估值与旧机动车的客观价格完全一致，那是很难的；鉴定评估人员的目的或任务应该是努力缩小这个差距。

3. 旧机动车评估事例

实例1：某机电设备公司的一辆桑塔纳出租车，2009年2月26日来江苏省旧机动车交易中心交易，试对车辆鉴定评估。经与客户洽谈，了解车辆情况，对该出租车鉴定评估分析如下。

桑塔纳轿车属国产名牌车，其工作性质属城市出租营运车辆，常年工作在市区或市郊，工作繁忙，工作条件较好。从车辆使用年数和累计行驶里程数看来，年平均行驶近10万km，使用强度偏大；加上车辆日常维护、保养较差；再则，发现发动机排气管冒蓝烟，车身前左侧撞击受损，故应该着重检查车辆动力性能和检测前轮定位是否正确。

经外观检查，油漆有局部脱落现象；车厢内饰有二处烟头烧伤痕迹。经路试作紧急制动检查，方向稍向左跑偏，但属正常情况之列。用力踩油门，车辆提速困难，发动机排气管冒蓝烟。经发动机功率检测，发现发动机功率比原设计功率下降20%，判定活塞、活塞环、缸套磨损严重，导致燃烧室窜机油。车辆前左侧受撞击，经前轮定位仪检测，前轮定位正常，不影响转向。其他情况均与使用1年7个月的新旧程度基本相符。从总体感觉看来，车辆技术状况较差。

通过上述技术鉴定认为：购买者购买该车辆，需要进行一些项目维修和换件（如换活塞、活塞环、缸套组件、表面做漆等）后，才能投入正常使用。鉴于这种情况，首先采用使用年限法估算车辆正常情况下的成新率，再综合考虑影响成新率的各项因素，采用"一揽子"评估方法确定综合调整系数。具体计算如下。

（1）估算成新率。根据国家规定出租车使用年限为8年，折合96个月，从初次登记之日至评估基准日已使用年限1年7个月，折合19个月。根据车辆实际技术状况，综合调整系数确定为0.8，故成新率计算为

$$\left(1-\frac{19}{96}\right)\times 100\%\times 0.8\approx 64\%$$

（2）经市场询价，评估基准日同型号的桑塔纳轿车市场成交价为 100400 元。

（3）计算评估值为

$$100400 \times 64\% = 64256（元）$$

上例，假设车辆无需进行项目维修和换件，采用加权平均的方法确定综合调整系数以微调成新率。

（4）经过对车辆的技术鉴定和全面了解，各影响因素调整系数取值如下。

① 技术状况差取 0.6。

② 维护情况较差取 0.7。

③ 制造质量属国产名牌取 0.9。

④ 工作性质属营运车辆取 0.7。

⑤ 工作条件较好取 1。

采用加权平均法估算综合调整系数为

$$0.6 \times 30\% + 0.7 \times 25\% + 0.9 \times 20\% + 0.7 \times 15\% + 1 \times 10\% = 0.74$$

以此综合调整系数计算评估值为

$$100400 \times \left(1 - \frac{10}{96}\right) \times 100\% \times 0.74 = 59592（元）$$

填写旧机动车鉴定评估作业及鉴定评估登记表并一起存档备查。

第六章 汽车碰撞损失评估

6.1 汽车碰撞事故分类及类型

6.1.1 汽车碰撞事故分类

汽车碰撞事故可分为单车事故和多车事故，其中单车事故又可细分为翻车事故和与障碍物碰撞事故。翻车事故一般是驶离路面或高速转弯造成的，其严重程度主要与事故车辆的车速和翻车路况有关，既可能是人车均无大碍的情况，也可能造成车毁人亡的严重后果。

与障碍物碰撞事故主要可分为前撞、尾撞和侧撞，其中前撞和尾撞较常见，而侧撞较少发生。与障碍物碰撞的前撞和尾撞又可根据障碍物的特征和碰撞方向的不同再分类，图 6-1 为几种典型的汽车与障碍物碰撞案例。尽管在单车事故中侧撞较少发生，但当障碍物具有一定速度时也有可能发生，如图 6-2 所示。单车事故中汽车可受到前后、左右、上下的冲击载荷，且对汽车施加冲击载荷的障碍物可以是有生命的人体或动物体，也可以是无生命的物体。显然障碍物的特性和运动状态对汽车事故的后果影响较大：这些特性包括质量、形状、尺寸和刚性等。这些特性参数的实际变化范围很大，如人体的质量远比牛这类动物体的质量小，而路面和混凝土墙的刚性远比护栏和松土的刚性大。障碍物特性和状态的千变万化导致的结果是对事故车辆及乘员造成不同类型和不同程度的伤害。

多车事故为两辆以上的汽车在同一事故中发生，如图 6-3 所示。在多车事故中，两辆车相撞的情形较多。图 6-4 (a) 所示的正面相撞和图 6-4 (c) 所示的侧面相撞都是具有极大危险性的典型事故状态，且占事故的 70% 以上。追尾事故在市内交通中发生时，一般相对碰撞速度较低。但由于追尾可造成被撞车辆中乘员颈部的严重损伤和致残，其后果仍然十分严重。

从图 6-4 不难看出，在多车事故中，不同车辆所受的碰撞类型是不一样的，如在图

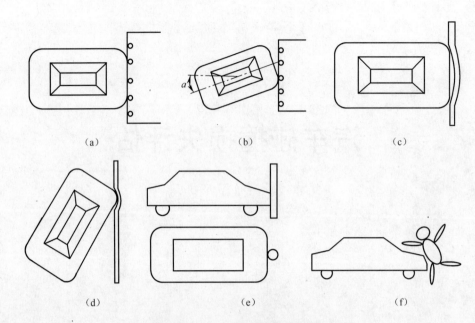

图 6-1　汽车与障碍物碰撞情形

（a）与刚性墙正碰；（b）与刚性墙斜碰；（c）与护栏正碰；

（d）与护栏斜碰；（e）与刚性柱碰撞；（f）与行人碰撞。

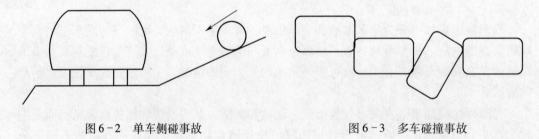

图 6-2　单车侧碰事故　　　　　　　图 6-3　多车碰撞事故

6-4（a）所示的正面碰撞中，两辆车均受前撞；在图 6-4（b）所示的追尾事故中，前面车辆受到尾撞，而后面车辆却受前撞；在图 6-4（c）所示的侧撞事故中，一辆汽车受侧碰，而另一辆汽车却受前撞。在多车事故中，汽车的变形模式也是千变万化的，但与单车事故比，有两个明显的特征。

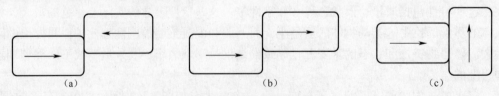

图 6-4　两车相撞情形

（a）正面碰撞；（c）追尾；（d）侧面碰撞。

（1）在多车事故中一般没有来自上、下方向的冲击载荷。

（2）给事故汽车施加冲击力的均为其他车辆，尽管不同车辆的刚性不一样，但没有单车事故中障碍物的刚性变化大。

在实际生活中，除了以上描述的典型单车事故和典型多车事故外，还有这两类典型事故的综合型事故，如在多车事故中，一辆或多辆车与行人或其他障碍物发生碰撞。对于这类综合型事故的分析，可结合典型单车事故和典型多车事故的分析方法来讨论。

在实际生活中，汽车事故发生的状态和结果千差万别，很难用有限的篇幅描述全部可能出现的情况。同时，从上述分析可以看出，尽管单车事故看上去只涉及单一车辆，似乎情况相对简单，但车辆本身可能造成的损伤比多车事故更复杂，因为单车事故包括了上、下受冲击载荷的情形，而多车事故中一般不包括这一情形。

6.1.2　汽车碰撞损伤类型

按汽车碰撞行为分，汽车碰撞损伤可分为直接损伤（一次损伤）和间接损伤（二次损伤）。

1. 直接损伤

直接损伤是指车辆直接碰撞部位出现的损伤。直接碰撞点为车辆左前方，推压前保险杠、车辆左前翼子板、散热器护栅、发动机罩、左车灯等导致其变形，称为直接损伤。

2. 间接损伤

间接损伤是指二次损伤，并离碰撞点有一段距离的损伤，是因碰撞力传递而导致的变形，如车架横梁、后备厢底板、护板和车轮外壳等，因弯曲变形和各种钣金件的扭曲变形等。

按汽车碰撞后导致的损伤现象不同，汽车碰撞损伤可归纳为五大类，即侧弯、凹陷、折皱或压溃、菱形损伤、扭曲等（图6-5）。

（1）侧弯。汽车前部、汽车中部或汽车后部在冲击力的作用下，偏离原来的行驶方向发生的碰撞损伤称为侧弯。图6-5（a）所示为汽车的前部侧弯，冲击力使"汽车"的一边伸长，一边缩短。

侧弯也有可能在汽车中部和后部发生。侧弯可以通过视觉观察和对汽车侧面的检查判别出来，在汽车的伸长侧面留下一条的刮痕，而在另一缩短侧面会有折皱。发动机罩不能正常的开启等情况都是侧面损伤的明显特征。

对于非承载式车身汽车，折皱式侧面损伤一般发生在汽车车架横梁的内部和相反方向的外部。承载式车身汽车车身也能够发生侧面损伤。

（2）凹陷。凹陷就是出现汽车的前罩区域比正常的规定低的情况。损伤的车身或车架背部呈现凹陷形状。凹陷一般是由于正面碰撞或追尾碰撞引起的，有可能发生在汽车的一侧或两侧（图6-5（b））。当发生凹陷时，可以看到在汽车翼子板和车门之间顶部变窄，底部变宽，也可以看到车门闪眼处过低。凹陷是一种普通碰撞损伤类型，大量存在于交通事故中。尽管折皱或扭结在汽车车架本身并不明显，但是一定的凹陷将破坏汽车车身钣金件的结合。

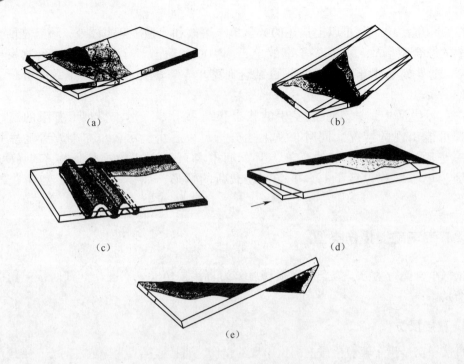

图6-5 汽车碰撞损坏类型

(a) 侧弯；(b) 凹陷；(c) 折皱或压溃；(d) 菱形损坏；(e) 扭曲。

（3）折皱或压溃。折皱就是在车架上（非承载式车身汽车）或侧梁（承载式车身汽车）微小的弯曲。如果仅仅考虑车架或侧梁上的折皱位置，常常是另一种类型损伤。

例如，在车架或在车架边纵梁内侧有折皱，表明有向内的侧面损伤；折皱在车架或在车架边梁外侧，表明有向外的侧面损伤；在车架或在车架边梁的上表面有折皱，一般表明是向上凹陷类型；如果折皱在相反的方向即位于车架的下表面，则一般为向下凹陷类型。

压溃是一种简单的、具有广泛性的折皱损伤。这种损伤使得汽车框架的任何部分都比规定要短（图6-5（c））。压溃损伤一般发生在前罩板之前或后窗之后。车门没有明显的损伤痕迹。而在前翼子板、发动机罩和车架棱角等处会有折皱和变形。在轮罩上部车身框架常向上升，引起弹簧座损伤。伴随压溃损伤，保险杠的垂直位移很小。发生正面碰撞或追尾碰撞时，会引起这种损伤。

在决定严重压溃损伤的修理方法时，必须记住一点：在承载式车身上，高强度钢加热后易于拉伸，但这种方法要严格限制，因为这些钢材加热处理不当，会使其强度降低。

另一方面，对弯曲横梁冷法拉直可能导致板件撕裂或拉断。然而对小的撕裂，可用焊接的方法修复，但必须合理地考虑零件是修理还是换新件。如果结构部件扭绞，即弯曲超过90°，该零件应该换新件。如果弯曲小于90°，可能拉直并且能够满足设计强度，该零件可以修理。用简单的方法拉直扭绞零部件可能会使汽车结构性能下降。当这种未达到设计标准的汽车再发生事故时，气囊将有可能不能正常打开，这样就会危及乘客的生命。

（4）菱形损伤。菱形损伤就是一辆汽车的一侧向前或向后发生位移，使车架或车身不再是方形。如图6-5（d）所示，汽车的形状类似一个平行四边形，这是由于汽车碰撞发生在前部或尾部的一角或偏离质心方向所造成的。明显的迹象就是发动机罩和车尾后备厢盖发生了位移。在后驾驶室后侧围板的后轮罩附近或在后侧围板与车顶盖交接处可能会出现折皱。折皱也可能出现在乘客室或后备厢地板上。通常，压溃和凹陷会带有菱形损伤。

菱形损伤经常发生在非承载式车身汽车上。车架的一边梁相对于另一边梁向前或向后运动。可以通过量规交差测量方法来验证菱形损伤。

（5）扭曲。扭曲即汽车的一角比正常的要高，而另一角要比正常的低，如图6-5（e）所示。当一辆汽车以高速撞击到路边或高级公路中间分界之安全岛时，有可能发生扭曲形损伤。后侧车角发生碰撞也常发生扭曲损伤，仔细检查能发现板件不明显的损伤，然而真正的损伤一般隐藏在下部。由于碰撞，车辆的一角向上扭曲，同样，相应的另一角向下扭曲。由于弹簧弹性弱，所以如果汽车的一角凹陷到接近地面的程度，应该检查是否有扭曲损伤。当汽车发生滚翻时，也会有扭曲。

只有非承载式车身汽车才能真正发生扭曲。车架的一端垂直向上变形，而另一端垂直向下变形。从一侧观察，看到两侧纵梁在中间处交叉。

承载式车身汽车前后横梁并没有连接，因此并不存在真正意义上的"扭曲"。承载式车身损伤相似的扭曲是，前部和后部元件发生相反的凹陷。例如：右前侧向上凹陷而左后侧向下凹陷，左前侧向下凹陷而右后侧向上凹陷。

要区别车架扭曲和车身扭曲，因为它们的修理方法和修理工时是不同的。对于承载式车身汽车而言，在校正每一端的凹陷时应对汽车的拉伸修理进行评估。

对于非承载式车身汽车，需要两方面的拉伸修理，汽车前沿的拉伸修理和汽车后端的修理。

6.2　碰撞损伤的诊断与测量

要准确地评估好一辆事故汽车，就要对其碰撞受损情况作出准确的诊断。就是说，要确切地评估出汽车受损的严重程度、范围及受损部件。确定完这些之后，才能制定维修工艺，确定维修方案。一辆没有经过准确诊断的汽车会在修理过程中发现新的损伤情况，这样，必然会造成修理工艺及方案的改变，从而造成修理成本的改变，由于需要控制修理成本，往往会造成修理质量的不尽人意，甚至留下质量隐患，对碰撞作出准确的诊断是衡量一名汽车评估人员水平的重要标志。

通常，一般的汽车评估人员对碰撞部位直接造成的零部件损伤都能作出诊断，但是这些损伤对于与其相关联零部件的影响以及发生在碰撞部位附近的损伤常常可能会被疏忽。因此对于现代汽车，较大的碰撞损伤只用目测来鉴定损伤是不够的，还必须借助相应的工具及仪器设备来鉴定汽车的损伤。

6.2.1　碰撞损伤鉴定评估之前应当注意的安全事项

（1）在查勘碰撞受损的汽车之前，先要查看汽车上是否有破碎玻璃棱边，以及是否有锋利的刀状和锯齿状金属边角，为安全起见，最好对危险的部位做上安全警示，或进行处理。

（2）如果有汽油泄漏的气味，切忌使用明火和开关电器设备。对于事故较大时，为保证汽车的安全，可考虑切断蓄电池电源。

（3）如果有机油或齿轮油泄漏，注意当心滑倒。

（4）在检验电器设备状态时，注意不要造成新的设备和零部件损伤。如车窗玻璃升降器，在车门变形的情况下，检验电动车窗玻璃升降功能时，切忌盲目升降车窗玻璃。

（5）应在光线良好的场所进行碰撞诊断，如果损伤涉及底盘件或需在车身下进行细致检查时，务必使用汽车升降机，以提高评估人员的安全性。

6.2.2 基本的汽车碰撞损伤鉴定步骤

（1）了解车身结构的类型。

（2）以目测确定碰撞部位。

（3）以目测确定碰撞的方向及碰撞力大小，并检查可能有的损伤。

（4）确定损伤是否限制在车身范围内，是否还包含功能部件或零配件（如车轮、悬架、发动机及附件等）。

（5）沿着碰撞路线系统地检查部件的损伤，直接没有任何损伤痕迹的位置。例如，立柱的损伤可以通过检查门的配合状况来确定。

（6）测量汽车的主要零部件，通过比较维修手册车身尺寸图表上的标定尺寸和实际汽车上的尺寸来检查汽车车身的是否产生变形量。

（7）用适当的工具或仪器检查悬架和整个车身的损伤情况。

一般而言，汽车损伤鉴定按图6-6所示的步骤进行。

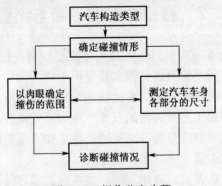

图6-6 损伤鉴定步骤

6.2.3 碰撞对不同车身结构汽车的影响

现代汽车车身既要经受行驶中的振动，还要在碰撞时能给乘员提供安全。现代汽车车身设计成在碰撞时能够最大限度地吸收碰撞时的能量，使得对乘员的影响减少。因此，现代乘用车在碰撞时，前部和后部车身形成一个吸引能量的结构，在某种程度上碰撞容易损坏，使得车身中部形成一个相对安全区，当汽车以 48km/h 的速度碰撞坚固障碍物时，发动机室的长度会被压缩 30% ~ 40%，但乘员室的长度仅被压缩 1% ~ 2%。

汽车车身结构有两种基本类型：承载式车身和非承载式车身。非承载式车身遭受碰撞后，可能是车架损伤，也可能是车身损伤，或车架和车身都损伤，车架和车身都损伤可通过更换车架来实现车轮定位及主要总成定位。然而，承载式车身受碰撞后通常都会造成车身结构件的损伤，通常非承载式车身的车身修理只需满足形状要求，而承载式车身的车身修理既要满足形状要求，更要满足车轮定位及主要总成定位。所以碰撞对不同车身结构汽车的影响不同，从而造成修理工艺和方法的不同，最终造成修理费用的差距。这是汽车评估人员必须掌握的基本知识。

1. 对非承载式车身结构汽车的影响

非承载式车身由车架及围在其周围的可分解的部件组成，如图 6 - 7 所示。图中车架上圈出的部位为车架刚度较弱的部位，主要用来缓冲和吸收来自前端或后端的碰撞能量，车身通过橡胶件固定在车架上，橡胶件同样也能减缓从车架传至车身上的振动效应。但这里需要注意的是，遇有强烈振动时，橡胶垫上的螺栓可能会折曲，并导致架与车身之间出现缝隙。而且，由于振动的大小和方向不同，车架可能遭受到损伤而车身则没有。

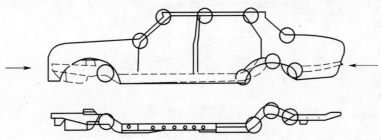

图 6 - 7 车架上刚度较弱的部位

1）车架变形的种类

车架的变形大致分为以下 5 种。

（1）左右弯曲。如图 6 - 8 所示，从一侧来的碰撞冲击力经常会引起车架的左右弯曲或一侧弯曲。左右弯曲通常发生在汽车前部或后部，一般可通过观察钢梁的内侧及对应钢梁的外侧是否有皱曲来确定，如图 6 - 9 所示。

此外，通过发动机盖、后备厢盖及车门的缝隙、错位等情况都能够辨别出左右弯曲变形。

（2）上下弯曲。如图 6 - 10 所示，汽车碰撞后产生弯曲变形后，车身外壳表面会比正常位置高或低，结构上也有前、后倾现象。上下弯曲一般由来自前方或后方的直接碰撞引起，如图 6 - 11 所示，可能发生在汽车的一侧也可能是两侧。

判别上下弯曲变形可以查看翼子板与门之间的缝隙上下是否在顶部变窄，而下部变宽；也可以查看车门在撞击后是否下垂。上下弯曲变形是碰撞中最常见的一种损伤，交通事故中常见到这种受损汽车。严重的上下弯曲变形能够造成悬架钢板的弯曲变形损伤。

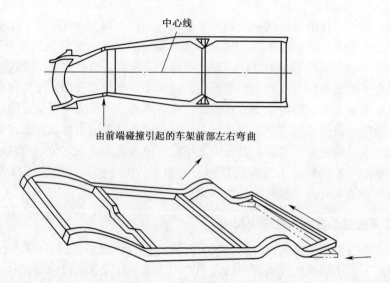

中心线

由前端碰撞引起的车架前部左右弯曲

由后端碰撞引起的车架后部左右弯曲

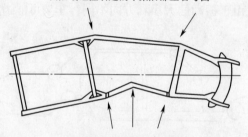

车架中部受到的左右弯曲

图6-8 各种不同的左右弯曲变形

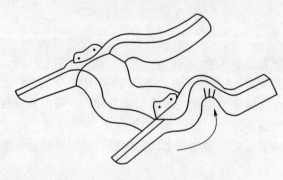

图6-9 确定车架损伤的常见部位

（3）皱折与断裂损伤。如图6-12所示，汽车碰撞后车架或车上某些零部件的尺寸会与厂家提供的技术资料不相符，断裂损伤通常表现在发动机盖前移和侧移、行李箱盖的后移和侧移。有时看上去车门与周围吻合很好，但车架已产生了皱折或断裂损伤，这是非承载式结构不同于承载式车身结构的特点之一。皱折或断裂通常发生在应力集中的部位，如图6-13所示，而且车架通常还会在对应的翼子板处造成向上变形。

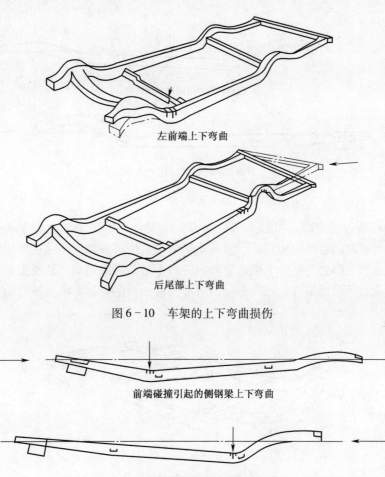

左前端上下弯曲

后尾部上下弯曲

图 6 - 10　车架的上下弯曲损伤

前端碰撞引起的侧钢梁上下弯曲

后端碰撞引起的侧钢梁上下弯曲

图 6 - 11　直接碰撞引起的上下弯曲

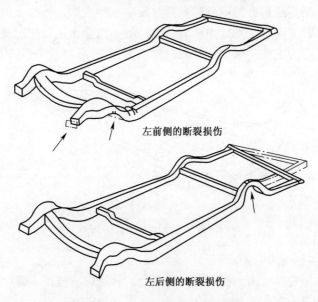

左前侧的断裂损伤

左后侧的断裂损伤

图 6 - 12　车架的皱折与断裂损伤

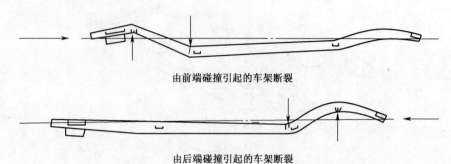

由前端碰撞引起的车架断裂

由后端碰撞引起的车架断裂

图 6 - 13　车架的断裂损伤

（4）平行四边形变形。如图 6 - 14 所示，汽车的一角受到来自前方或后方的撞击力时，其一侧车架向后或向前移动，引起车架错位，使其成为一个接近平行四边形的形状，平行四边形变形会对整个车架产生影响，而不是一侧的钢梁。从视觉上，我们会看到发动机盖及后备厢盖错位，通常平行四边形变形还会附有许多断裂及弯曲变形损伤的组合损伤。

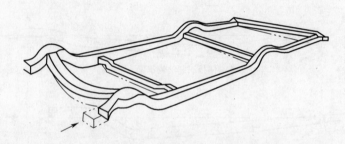

图 6 - 14　引起整个车架准直的平行四边形变形

（5）扭曲变形。如图 6 - 15 所示，扭曲变形是车架损伤的另一种型式，当汽车在高速下撞击到与车架高度相近的障碍时就时常发生这种变形。另外，汽车尾部受侧向撞击时也时常发生这种变形。受到此损伤后，汽车的一角会比正常情况高，而相反的一侧会比正常情况低。应力集中处时常伴有皱折或断裂损伤。

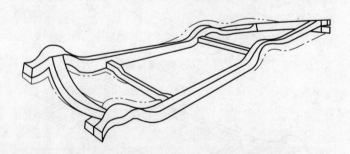

图 6 - 15　使整个车架发生扭转的扭曲变形

2）车架产生多种变形时的修理与校正步骤

大多数碰撞损伤是以上所述损伤类型的混合，其修理与校正步骤如下。

（1）解决扭曲变形。

（2）解决平行四边形变形。

（3）解决皱折与断裂损伤。

（4）解决上下弯曲变形。

（5）解决左右弯曲变形。

2. 碰撞对承载式车身结构汽车的影响

（1）由碰撞引起的整体式汽车的损伤可以运用图 6 - 16 所示的圆锥体形法进行分析。

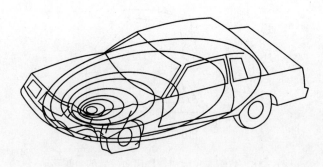

图 6 - 16　运用圆锥体形法确定碰撞对承载式结构车身的影响

承载式车身结构汽车通常被设计成能够很好地吸收碰撞时产生的能量。这样受到撞击时，汽车车身由于吸收撞击能量而产生变形，撞击能量通过车身扩散，车身结构从撞击点依次吸收撞击能量，使得撞击能量主要被车身吸收。将目测撞击点作为圆锥体的顶点，圆锥体的中心线表示碰撞力的方向，其高度和范围表示碰撞力穿过车身壳体扩散的区域。圆锥体顶点附近通常为主要的受损区域。由于整个车身壳体由许多片薄钢板连接而成，碰撞引起的振动大部分被车身壳体吸收，如图 6 - 17 所示。

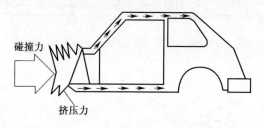

图 6 - 17　碰撞能量沿着车身扩散

但振动波的影响被称为"二次损伤"，通常，此损伤会影响整体式车身内部零部件和造成相反一侧的车身变形损伤，如图 6 - 18 所示。

为了控制二次损伤变形并为乘员提供一个更为安全的空间，承载式车身结构的汽车在前部和后部设计了如图 6 - 19 所示的碰撞应力吸收区域。在受到碰撞时，它能按照设计要求形成折曲，这样传到车身结构的振动波在传进时就被大大减小。换句话说，来自前方的碰撞应力被前部车身吸收，如图 6 - 20 所示。来自后方的碰撞应力被后部车身吸收，如图 6 - 21 所示。而来自前侧方的碰撞应力被前翼子板及前部纵梁吸收，中部的碰撞应力被边梁、立柱和车门吸收，来自后侧方的碰撞应力被后翼子板及后部纵梁吸收。

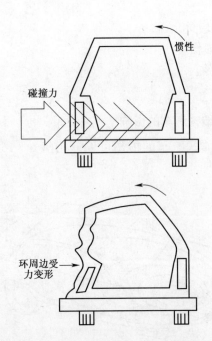

图 6 - 18　汽车车顶因惯性作用向碰撞的一侧移动

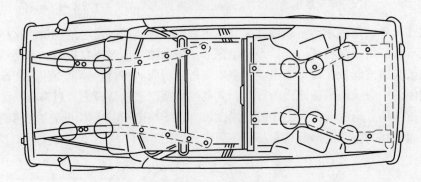

图 6 - 19　承载式结构车身的横向刚度较弱的部位（应力吸收区域）

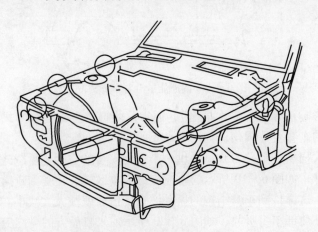

图 6 - 20　承载式结构车身的前部刚度较弱的部位（应力吸收区域）

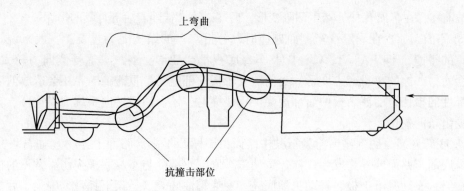

图 6-21 承载式结构车身的后部刚度较弱的部位（应力吸收区域）

（2）承载式结构车身碰撞损伤按部位分类。

① 前端碰撞。汽车前端正面碰撞损伤时，汽车在碰撞事故中多为主动物。碰撞的冲击力主要取决于被评估汽车的质量、速度、碰撞范围及碰撞源。碰撞较轻时，保险杠会被向后推，前纵梁及内轮壳、前翼子板、前横梁及散热器框架会变形；如果碰撞程度加大，那么前翼子板就会弯曲变形并移位触到车门，发动机盖铰链会向上弯曲变形并移位触到前围盖板，前纵梁变形加剧造成副梁的变形；如果碰撞程度更剧烈，前立柱将会产生变形，车门开关困难，甚至造成车门变形；如果前面的碰撞从侧向而来，由于前横梁的作用，前纵梁就会产生变形，如图 6-22 所示。前端碰撞常伴随着前部灯具及护栅破碎、冷凝器、散热器及发动机附件损伤、车轮移位等。

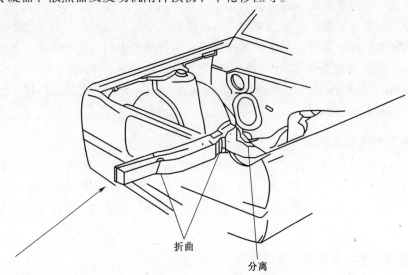

图 6-22 承载式结构车身的弯曲及断裂效应

② 后端碰撞。汽车后端正面碰撞损伤时，损伤较严重的往往是汽车在碰撞事故中为被动物。汽车遭受后端产生碰撞损伤撞击时，碰撞的冲击力主要取决于撞击物的质量、速度及被评估汽车的被碰撞部位、角度和范围。如果碰撞较轻，通常后保险杠、后备厢后围板及后备厢底板可能压缩弯曲变形；如果碰撞较重，D 柱下部前移，D 柱上端与车顶接合处会产生折曲，后门开关困难，后风窗玻璃与 D 柱分离，甚至破碎。碰撞更严重会造成 B

柱下端前移，在车顶 B 柱处产生凹陷变形。后端碰撞常伴随着后部灯具的损坏等。

③ 侧面碰撞。在确定汽车侧面碰撞时，分析汽车的结构尤为重要。一般来说。对于严重的碰撞，车门 A、B、C 柱以及车身底板都会变形。当汽车遭受侧向力较大时，惯性会使另一侧的车身产生变形。当前后翼子板中部遭受严重碰撞时，还会造成前后悬架零部件的损伤，前翼子板中后部遭受严重碰撞时，还会造成转向系统中横拉杆、转向机齿轮齿条的损伤。

④ 底部碰撞。底部碰撞常为行驶中路面由于凹凸不平、路面上异物（如石块）造成车身底部与路面或异物发生碰撞，致使汽车底部零部件与车身底板损伤。常见的损伤有前横梁、发动机下护板、发动机油底壳、变速箱油底壳、悬架下托臂、副梁、后桥及车身底板等。

⑤ 顶部碰撞。顶部单独碰撞的汽车发生的概率较小，单独的顶部受损多为空中坠落物所致，以顶部面板及骨架变形为主。汽车倾覆是造成顶部受损的常见现象，汽车倾覆造成顶部受损常伴随着车身立柱、翼子板和车门变形及车窗破碎。

6.2.4　以目测确定碰撞损伤的程度

在大多数情况下，碰撞部位能够显示出结构变形或者断裂的迹象。用肉眼进行检查时，先要后退离开汽车对其进行总体观察。从碰撞的位置估计受撞范围的大小及方向，并判断碰撞如何扩散。再查看汽车上是否有扭转、弯曲变形，设法确定出损伤的位置以及所有的损伤是否都是由同一起事故引起的。

碰撞力沿着车身扩散，并使汽车的许多部位发生变形，碰撞力具有穿过车身坚固部位最终抵达并损坏薄弱部件，最终扩散并深入至车身部件内的特性。因此，为了查找出汽车损伤，必须沿着碰撞力扩散的路径查找车身薄弱部位（碰撞力在此形成应力集中）。沿着碰撞力的扩散方向一处一处地进行检查，确认是否损伤和损伤程度。具体可从以下几个方面来加以识别：

1. 钣金件的截面突然变形

碰撞所造成的钣金件的截面变形与钣金件本身的设计的结构变形不一样，钣金件本身的设计结构变形处表面油漆完好无损，而碰撞所造成的钣金件的截面变形处油漆起皮、开裂。车身设计时，要使碰撞产生的能量能够按照一条既定的路径传递，在指定的地方吸收，如图 6-23 所示。

2. 零部件支架断裂、脱落及遗失

发动机支架、变速器支架、发动机各附件支架是碰撞应力吸收处，发动机支架、变速器支架、发动机各附件支架在汽车设计时就有保护重要零部件免受损伤的功能。在碰撞事故中常有各种支架断裂、脱落及遗失现象出现。

3. 检查车身每一部位的间隙和配合

车门是以铰链装在车身立柱上的，通常立柱变形就会造成车门与车门、车门与立柱的间隙不均匀，如图 6-24 所示。

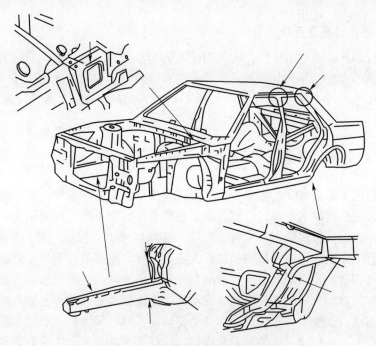

图 6 - 23　损伤容易出现的部位

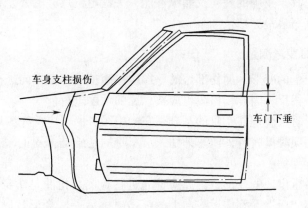

图 6 - 24　通过车门下垂检查支柱是否损伤

　　另外，还可通过简单的开关车门，查看车门锁机与锁扣的配合，从锁机与锁扣的配合可以判断车门是否下沉，从而判断立柱是否变形，查看铰链的灵活程度可以判断主柱及车门铰链处是否变形。

　　在汽车前端碰撞事故中，检查后车门与后翼子板、门槛、车顶侧板的间隙，并做左右对比是判断碰撞应力扩散范围的主要手段。

4. 检查汽车本身的惯性损伤

　　当汽车受到碰撞时，一些质量较大部件（如装配在橡胶支座上的发动机、离合器总成）在惯性力的作用下会造成固定件（橡胶垫、支架等）、周围部件及钢板的移位、断裂。对于承载式车身结构的汽车还需检查车身与发动机及底盘结合部是否变形。

5. 检查来自乘员及行李的损伤

乘员和行李在碰撞中由于惯性力作用还能引起车身的二次损伤，损伤的程度因乘员的位置及碰撞的力度而异，其中较常见的损伤有转向盘、仪表工作台、转向柱护板及座椅等。行李箱中的行李是造成行李箱中如 CD 机、音频功率放大器等设施损伤的常见现象。

6.2.5　车身变形的测量

碰撞损伤汽车车身尺寸的测量是做好碰撞损失评估的一项重要工作，对承载式车身结构的汽车来说，准确的车身尺寸测量对于损伤鉴定更为重要。转向系统和悬架大都装配在车身上。齿轮齿条式转向器通常装配在车身或副梁上，形成与转向臂固定的联系，车身的变形直接影响到转向系统中横拉杆的定位尺寸。大多数汽车的主销后倾角和车轮外倾角是不可调整的，而是通过与车身的固定装配来实现的，车身悬架座的变形直接影响到汽车的主销后倾角和车轮外倾角。发动机、变速器及差速器等也被直接装配在车身或车身构件支承的支架上。车身的变形还会使转向器和悬架变形，或使零部件错位，而导致车身操作失灵，传动系统的振动和噪声，拉杆接头、轮胎、齿轮齿条的过度磨损和疲劳损伤。为保证汽车正确的转向及操纵性能，关键定位尺寸的公差必须不超过 3mm。

碰撞损伤的汽车最常见部位如下。

1. 车身的扭曲变形测量

要修复碰撞产生的变形，撞伤部位的整形应按撞击的相反方向进行，修复顺序也应与变形的形成顺序相反。因此，检测也应按相反的顺序进行。

测量车身变形时，应记住车身的基础是它的中段，所以应首先测量车身中段的扭曲和方正状况，这两项测量将告诉汽车评估人员车身的基础是否周正，然后才能以此为基准对其他部位进行测量。

扭曲变形是最后出现的变形，因此应首先进行检测。扭曲是车身的一种总体变形。当车身一侧的前端或后端受到向下或向上的撞击时，另一侧变形就以相反的方向变形。这时就会呈现扭曲变形。

扭曲变形只能在车身中段测量，否则，在前段或后段的其他变形导致扭曲变形的测量数据不准确。为了检测扭曲变形，必须悬挂两个基准自定心规，它们也称作 2 号（前中）和 3 号（后中）规。2 号规应尽量靠近车体中段前端，而 3 号规则尽量靠近车体中段的后端。然后相对于 3 号规观测 2 号规：如果现规平行，则说明没有扭曲变形，否则说明可能有扭曲变形。注意，真正的扭曲变形必须存在于整个车身结构中。当中段内的两个基准规不平行时，要检测是否为真正的扭曲变形时，通常要再挂一个量规。应走到未出现损伤变形的车身段上，把 1 号（前）或 4 号（后）自定心规挂上。这个自定心规应相对于靠其最近的基准规来进行测量，即 1 号规相对于 2 号规，而 4 号规相对于 3 号规观测。如果前（或后）量规相对于最靠近它的基准规观测的结果是平行的，则表示不存在真正的扭曲变形，而只是在中段失去了平行。当存在真正的扭曲变形时，各量规将呈现出如图 6-25 所示的情形。

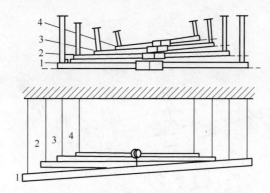

图 6 - 25　车身扭曲时各个自定心规呈现出的状态

2. 前部车身的尺寸测量

图 6 - 26 所示为典型的承载式结构车身的前部控制点和定位尺寸。通过测量图中所标位置的尺寸和出厂车身尺寸来判断碰撞产生的变形量。最常用的方法是上部测量两悬架座至另一侧散热器框架上控制点的距离是否一致；下部测量前横梁两定位控制点至另一测副梁后控制点的距离是否一致。通常检查的尺寸越长，测量就越准确。如果利用每个基准点进行两个或更多个位置尺寸的测量，就能保证所得到的结果更为准确，同时还有助于判断车身损伤的范围和方向。

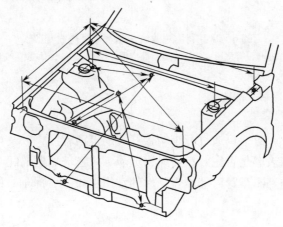

图 6 - 26　前部车身上的测量点及定位尺寸

3. 车身侧围的测量图

图 6 - 27 所示为典型的车身侧围的测量点和定位尺寸。

通常汽车左右都是对称的，利用车身的左右对称性，通过测量可以进行车身挠曲变形的检测，如图 6 - 28 所示。

这种测量方法不适用于车身的扭曲变形和左右两侧车身对称受损的情况（图 6 - 28（c））。

在图 6 - 29 中通过左侧、右侧长度 yz、YZ 的测量和比较，可对损伤情况作出很好的判断，这一方法适用于左侧和右侧对称的部位，它还应与对角线测量法结合使用。

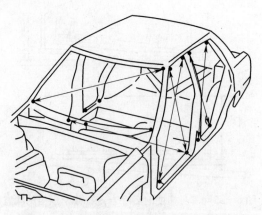

图 6 - 27   车身车板上的测量点及定位尺寸

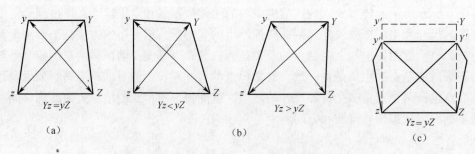

图 6 - 28   利用对角线法测量车身挠曲变形

（a）车身没有挠曲；（c）车身挠曲变形；（d）车身两侧均发生变形。

4. 车身后段的测量

后部车身的变形大致上可通过行李箱盖开关的灵活程度，以及与行李箱的结合的密封性来判断。后风窗玻璃是否完好；后风窗玻璃与风窗玻璃框的配合间隙左右、上下是否合适也是汽车评估判断车身后部是否变形的常用手段。后部车身的常见测量点如图 6 - 30 所示。

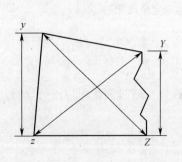

图 6 - 29   左右侧高度尺寸的比较

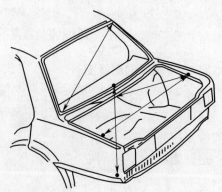

图 6 - 30   后部车身测量点

6.3　受损零件修与换的原则

在汽车的损失评估中，受损零件修与换的标准是一个难题。在保证汽车修理质量的前提下，"用最小的成本完成受损部位修复"是评估受损汽车的原则。碰撞中常损零件有承载式车身结构钣金件、非结构钣金件、塑料件、机械件及电器件等。

6.3.1　承载式车身结构钣金件的修与换

车身结构钣金件是指通过点焊或激光焊接工艺连在一起，构成一个高强度的车身箱体的各组成件，通常包括纵梁、横梁、减震器塔座、前围板、散热器框架、车身底板、门槛板、立柱、行李箱底板等。

车身结构钣金件碰撞受损后修复与更换的判断原则是"弯曲变形就修，折曲变形就换"。

零件发生弯曲变形，其特点是：损伤部位与非损伤部位的过渡平滑、连续；通过拉拔矫正可使它恢复到事故前的形状，而不会留下永久的塑性变形。

零件发生折曲变形，其特点是：变形剧烈，曲率半径小于 3mm，通常在很短长度上弯曲可达 90°以上；矫正后零件上仍有明显的裂纹或开裂，或者出现永久变形带，不经调温加热处理不能恢复到事故前的形状。

6.3.2　非结构钣金件的修与换

非结构钣金件又称车身覆盖钣金件，它们通过螺栓、胶粘、铰接或焊接等方式覆盖在车体表面，起到密封车身、减小空气阻力、美化车辆的作用。承载式车身的覆盖钣金件通常包括可拆卸的前翼子板、车门、发动机盖、行李箱盖，以及不可拆卸的后翼子板、车顶等。

1. 可拆卸件的修与换

1）前翼子板

损伤程度没有达到必须将其从车上拆下来才能修复，如整体形状还在，只是中间局部凹陷，一般不考虑更换。

损伤程度达到必须将其从车上拆下来才能修复，并且前翼子板的材料价格低廉、供应流畅，材料价格达到或接近整形修复的工时费，可以考虑更换。

如果每米长度超过 3 个折曲、破裂变形。或已无基准形状，应考虑更换（一般来说，当每米折曲、破裂变形超过 3 个时，整形和热处理后很难恢复其尺寸）。

如果每米长度不足 3 个折曲、破裂变形，且基准形状还在，应考虑整形修复。

如果修复工时费明显小于更换费用应考虑以修复为主。

2）车门

如果门框产生塑性变形，一般来说是无法修复的，应考虑更换。

许多车的车门面板是作为单独零件供应的，损坏后可单独更换，不必更换总成。其他同前翼子板。

3）发动机盖和行李箱盖

绝大多数汽车的发动机盖和行李箱盖，是用两个冲压成形的冷轧钢板经翻边胶粘制成的。

判断碰撞损伤变形的发动机盖或行李箱盖，应看其是否要将两层分开进行修理。如果不需将两层分开，则应考虑不予更换；若需将两层分开整形修理，应首先考虑工时费加辅料与其价值的关系，如果工时费加辅料接近或超过其价值，则应考虑更换。反之，应考虑修复。

2. 不可拆卸件的修与换

碰撞损伤的汽车中最常见的不可拆卸件就是三厢车的后翼子板，由于更换需从车身上将其切割下来，而国内绝大多数汽车维修厂在切割和焊接上，满足不了制造厂提出的工艺要求，从而造成车身结构方面新的修理损伤。所以，在国内现有修理行业的设备和工艺水平条件下，后翼子板只要有修理的可能都应采取修理的方法修复，而不应像前翼子板一样存在值不值得修理的问题。

3. 塑料件的修与换

随着汽车工业的发展，车身各种零部件越来越多地使用了各种塑料，特别是在车身前端（包括保险杠、格栅、挡泥板、防碎石板、仪表工作台、仪表板等）。许多损坏的塑料件可以经济地修理而不必更换，如划痕、擦伤、撕裂和刺穿等。此外，由于某些零件更换不一定有现货供应，修理往往可迅速进行，从而缩短修理工期。

不同车型、不同部位所用塑料材料不尽相同，即使是同一款汽车或同一部件也有可能使用不同的塑料材料。这通常是因为汽车制造厂更换了配件供应商，或者是改变了设计或生产工艺而致。

塑料件的修与换应从以下几个方面考虑。

（1）对于燃油箱及要求严格的安全结构件，必须考虑更换。

（2）整体破碎以更换为主。

（3）价值较低、更换方便的零件应以更换为主。

（4）应力集中部位，应以更换为主。

（5）基础零件尺寸较大，受损以划痕、撕裂、擦伤或穿孔为主，这些零件拆装麻烦、更换成本高或无现货供应，应以修理为主。

（6）表面无漆面的、不能使用氰基丙烯酸酯粘结法修理的，且表面要求较高的塑料零件，由于修理处会留下明显的痕迹，一般考虑更换。

6.3.3 机械类零件的修与换

1. 悬挂系统、转向系统零件

汽车悬挂系统中的任何零件是不允许用校正的方法进行修理的，当车轮定位仪器检测出车轮定位不合格时，用肉眼和一般量具无法判断出具体损伤和变形的零部件，不要轻易作出更换悬挂系统中某个零件的决定。

悬挂系统与车轮定位的关系为：对非承载式车身而言，正确的车轮定位的前提是正确的车架形状和尺寸；对承载式车身而言，正确的车轮定位的前提是正确的车身定位尺寸。车身定位尺寸的允许偏差一般在 1mm ~ 3mm。

车轮外倾、主销内倾、主销后倾等参数都与车身定位尺寸密切相关。如果数据不对，首先分析是否因碰撞造成，由于碰撞事故不可能造成轮胎的不均匀磨损，可通过检查轮胎的磨损是否均匀，初步判断事故前的车轮定位情况。再检查车身定位尺寸，相关定位尺寸正确后，做车轮定位检测。如果此时车轮定位检测仍不合格，再根据其结构、维修手册判断具体的损伤部件，逐一更换、检测，直至损伤部件确认为止。上述过程通常是一个非常复杂而繁琐的过程，又是一个技术含量较高的工作，由于悬挂系统中的零件都属于安全部件，价格较高，鉴定评估工作切不可轻率马虎。

转向机构中的零件也有类似问题。

2. 铸造基础件

发动机缸体、变速器、主减速和差速器的壳体往往用球墨铸铁或铝合金铸造而成。在遭受冲击载荷时，常常会造成固定支脚的断裂，而球墨铸铁或铝合金铸件都是可以焊接的。

一般情况，对发动机缸体、变速器、主减速和差速器的壳体的断裂是可以通过焊接修复的。当然，不论是球墨铸铁或铝合金铸件，焊接都会造成变形。这种变形通常用肉眼看不出来，如果焊接部位附近对形状尺寸要求较高，如在发动机汽缸壁、变速器、主减速和差速器的轴承座附近产生断裂，用焊接的方法修复常常是行不通的，一般应考虑更换。

6.3.4　电器件的修与换

有些电器件在遭受碰撞后，虽然外观没有损伤，然而"症状"却是"坏了"，是真的"坏了"，还是系统中的电路保护装置出现问题了呢？对此一定要认真检查。

如果电路过载或短路就会出现大电流，导致导线发热、绝缘损伤，可能会酿成火灾。因此，电路中必须设置保护装置。熔断器、熔丝链、大限流熔断器和断路器都是过载保护装置。

它们可单独使用，也可配合使用。碰撞会造成系统过载，熔断器、熔丝链、大限流熔断器和断路器等会因过载而停止工作，出现断路，"症状"就是"坏了"。

6.3.5　橡胶及纺织品的修与换

汽车上的纺织品、橡胶很多（如内饰、座垫、轮胎等）。发生碰撞时，纺织品的损坏形式一般是漏油污染、起火燃烧、撕裂等。只要纺织品受到损坏，一般需更换，个别污染不太严重的，可通过清洗等方式予以恢复。

橡胶具有良好的耐磨性、柔性、不透水性、不透气性及电绝缘性等，主要用作轮胎、垫圈、地板等，起到耐磨、缓冲、防尘、密封等作用。汽车上的橡胶制品损坏形式一般为老化、破损、烧损等。损坏后，无法修复或没有修复价值的，只能更换。

6.3.6　受损零件的更换原则

1. 无修复价值的零件

汽车发生事故后，某些损坏的零部件，虽然从技术的角度可以修复，但从经济学的角度考虑。基本没有修复价值了，即修复价值接近或超过零部件原价值的零部件。

2. 结构上无法修复的零部件

某些结构件，由于所用原材料的缘故，发生碰撞后，一旦造成破损，一般无法进行维修，只能进行更换。脆性材料的结构件，一般都具有这一特性，例如：汽车灯具的损毁，汽车玻璃的破碎等。

3. 安全上不允许修理的零部件

为保证使用安全，汽车上的某些零部件，一旦发生故障或造成损坏，往往不允许修复后再用，如行驶系统的车桥、悬架、转向系统的所有零部件、制动系统的所有零部件、安全气囊的传感器等。

4. 工艺上不可修复后再使用的零部件

某些结构件，由于工艺设计就存在不可修复后再使用的特点，如：胶贴的风窗玻璃饰条、胶贴的门饰条、翼子板饰条等。这些零部件一旦被损坏或开启后，就无法再用。

6.4　汽车碰撞损失项目确定

6.4.1　车身及附件

1. 前、后保险杠及附件

保险杠主要起装饰及初步吸收前部、后部碰撞能量的作用，大多用塑料制成。对于用热塑性塑料制成、价格昂贵、表面烤漆的保险杠，如破损不多，可焊接。

保险杠饰条破损后以更换为主。

保险杠使用内衬的多为中高档轿车，常为泡沫制成，一般可重复使用。

对于铁质保险杠骨架，轻度碰撞常采用钣金修复，价值较低的或中度以上的碰撞常采用更换的方法。铝合金的保险杠骨架修复难度较大，中度以上的碰撞多以更换为主。

保险杠支架多为铁质，一般价格较低，轻度碰撞常用钣金修复，中度以上碰撞多为更换。

保险杠灯多为转向信号灯和雾灯，表面破损后多更换，对于价格较高的雾灯，且只损坏少数支撑部位的，常用焊接和粘结修理的方法予以修复。

2. 前格栅及附件

前格栅及附件由饰条、铭牌等组成，破损后多以更换为主。

3. 玻璃及附件

挡风玻璃因撞击而损坏时基本以更换为主。前挡风玻璃胶条有密封式和粘贴式，密封式无需更换胶条；粘贴式必须同时更换。粘贴在前风窗玻璃上的内视镜，破损后一般更换。

需注意的是，后挡风玻璃为带加热除霜的钢化玻璃，价格可能较高。有些汽车的前挡风玻璃带有自动灯光和自动雨刷功能，价格也会偏高。

对车窗玻璃、天窗玻璃，破碎时，一般需更换。

4. 照明及信号灯

现代汽车灯具的表面多为聚碳酸酯或玻璃制成。常见损坏形式有：调节螺丝损坏，需更换，并重新校光。

表面用玻璃制成的，破损后如有玻璃灯片供应的，可考虑更换玻璃灯片；若整体式的结构，只能更换总成；若只是有划痕，可以考虑通过抛光去除划痕；对于氙气前照灯，需要注意更换前照灯时，氙气发生器是无需更换的；价格昂贵的前照灯，只是支撑部位局部破损的，可采取塑料焊接法修复。

5. 发动机罩及附件

轿车发动机罩绝大多数采用冷轧钢板冲压而成，少数高档轿车采用铝板冲压而成。冷轧钢板在遭受撞击后常见的损伤有变形、破损，铁质发动机罩是否需更换主要依据变形的冷作硬化程度及基本几何形状程度，冷作硬化程度较少、几何形状程度较好的发动机罩常采用钣金修理法修复，反之则更换。铝质发动机罩通常产生较大的塑性变形需更换。

发动机罩锁遭受碰撞变形、破损以更换为主。

发动机罩铰链碰撞后会变形，以更换为主。

发动机罩撑杆有铁质撑杆和液压撑杆两种，铁质撑杆基本上可校正修复，液压撑杆撞击变形后以更换为主。

发动机罩拉线在轻度碰撞后一般不会损坏，碰撞严重会造成折断，应更换。

6. 梁类零件

汽车上的梁类结构件一般采用锻造等方式加工而成，如汽车前纵梁、前横梁、后纵梁、车顶纵梁、车顶横梁、车架等。

发生碰撞、翻滚、倾覆等故障后，容易造成扭曲、弯曲、变形、折断等，直接影响了汽车的使用，可以通过整形、焊接的方式恢复其变形，损坏严重的需要更换。

7. 前翼子板

前翼子板的损伤程度没有达到必须将其从车上拆下来才能修复，如整体形状还在，只是中间局部凹陷，一般不考虑更换。损伤程度达到必须将其从车上拆下来才能修复，并且前翼子板的材料价格低廉、供应流畅，材料价格达到或接近整形修复的工时费，才考虑更换。

如果每米长度超过3个折曲、破裂变形，或已无基准形状，应考虑更换（一般来说，当每米折曲、破裂变形超过 3 个时，整形和热处理后很难恢复其尺寸）。如果每米长度不足 3 个折曲、破裂变形，且基准形状还在，应考虑整形修复。如果修复工时费明显小于更换费用应考虑以修复为主。

前翼子板的附件有饰条、砾石板等。饰条损伤后以更换为主，即使未被撞击，也常因钣金整形翼子板需拆卸饰条，拆下后就必须更换；砾石板因价格较低撞击破损后一般更换即可。

8. 车门

如果门框产生塑性变形，一般无法修复，应考虑更换。许多车的车门面板是作为单独零件供应的，损坏后可单独更换，不必更换总成。其他同前翼子板。

车门防擦饰条碰撞变形后应更换，车门变形后，需将防擦饰条拆下整形。多数防擦饰条为自干胶式，拆下后重新粘贴上不牢固，用其他胶粘贴影响美观，应更换。门框产生塑性变形后，一般不好整修，应考虑更换。门锁及锁芯在严重撞击后会产生损坏，一般以更换为主。后视镜镜体破损以更换为主，对于镜片破损，有些高档轿车的镜片可单独供应，可以通过更换镜片修复。玻璃升降机是碰撞中经常损坏的部件，玻璃导轨、玻璃托架也是经常损坏的部件，碰撞变形后一般都要更换。

9. 柱类零件

货车的驾驶室、客车的车身一般都有立柱。在轿车车身上，左右侧自前至后均有 3 个立柱，依次为前柱（A 柱）、中柱（B 柱）、后柱（C 柱），它们除了起支撑作用外，也起到门框的作用。

汽车的柱类结构件在发生碰撞、翻滚、倾覆等故障时，一般会发生扭曲、弯曲、变形、折断等，直接影响汽车的美观和使用，必须立即修复。修复时可以采用整形、焊接等方式使其外形恢复，损坏严重的需要更换。

10. 后翼子板

三厢车后翼子板属于不可拆卸件，由于更换它需从车身上将其切割下来，而国内绝大多数汽车维修厂在切割和焊接方面满足不了制造厂提出的工艺要求，从而造成车身新的损伤。所以，后翼子板只要有修理的可能都应修复，而不应像前翼子板一样存在值不值得修的问题。

11. 行李箱盖

行李箱盖大多用冲压成形的冷轧钢板经翻边胶粘制成。判断其是否碰撞损伤变形，应看是否要将两层分开修理。如不需分开，则不应考虑更换；若需分开整形修理，应首先考虑工时费与辅料费之和与其价值的关系，如果工时费加辅料费接近或超过其价值，则应考虑更换。反之，则考虑修复。行李箱工具盒在碰撞中时常破损，评估时不要遗漏。后轮罩内饰、左侧内饰板、右侧内饰板等在碰撞中一般不会损坏。其他部位同车门。

12. 后搁板及饰件

后搁板碰撞后基本上都能整形修复，严重时应更换。后搁板面板用毛毡制成，一般不用更换。后墙盖板也很少破损，如果损坏以更换为主。高位刹车灯的损坏按前照灯方法处理。

13. 仪表台

因正面或侧面撞击常造成仪表台整体变形、皱折和固定爪破损。整体变形在弹性限度内，待骨架校正后重新装回即可。皱折影响美观，对美观要求较高的新车或高级车最好更换。因仪表台价格较贵，老旧车型更换意义不大。少数固定爪破损常以焊修为主，多数固定爪破损以更换为主。

左右出风口常在侧面撞击时破碎，右出风口也常因二次碰撞被副驾驶员右手支承时压坏。

左右饰框常在侧面碰撞时破损，严重的正面碰撞也会造成支爪断裂，以更换为主。

杂物箱常因二次碰撞被副驾驶膝盖撞破，一般以更换为主。

严重的碰撞会造成车身底板变形，车身底板变形后会造成过道罩破裂，以更换为主。

6.4.2　发动机

1. 铸造基础件

发动机缸体大多是用球墨铸铁或铝合金铸造。受到冲击载荷时，常常会造成固定支脚的断裂，而球墨铸铁或铝合金铸件都是可以焊接的。

一般情况下，对发动机缸体的断裂是可以进行焊接的。当然，不论是球墨铸铁或铝合金铸件，焊接都会造成其变形。这种变形通常用肉眼看不出来，当焊接部位附近对形状尺寸要求较高，如在发动机汽缸壁附近产生断裂，用焊接的方法修复常常是行不通的，一般应考虑更换。

2. 发动机附件

正时及附件因撞击破损和变形以更换为主。油底壳轻度变形一般无需修理，放油螺塞处碰伤至中度以上的变形以更换为主。发动机支架及胶垫因撞击变形、破损以更换为主。进气系统因撞击破损和变形以更换为主。排气系统中最常见的撞击损伤形式为发动机移位造成排气管变形。由于排气管长期在高温下工作，氧化严重，通常无法整修。消声器吊耳因变形超过弹性极限破损，也是常见的损坏现象，应更换。

3. 水箱及附件

铝合金水箱修与换的掌握，与汽车的档次相关。中低档车的水箱一般价格较低，中度以上损伤一般可更换；高档车的水箱价格较贵，中度以下损伤常采用氩弧焊修复。但水室破损后，一般需更换，而水室在遭受撞击后最易破损，水管破损应更换。水泵皮带轮变形后通常以更换为主。轻度风扇护罩变形一般以整形校正为主，严重变形需更换。主动风扇与从动风扇的损坏常为叶片破碎，由于扇叶做成了不可拆卸式，破碎后需要更换总成。风扇皮带在碰撞后一般不会损坏，即使正常使用也会磨损，拆下后如需更换，应确定是否系碰撞所致。

散热器框架根据"弯曲变形整修，折曲变形更换"的基本维修原则，考虑到散热器框架形状复杂，轻度变形时可以钣金修复，中度以上的变形往往不易修复，只能更换。

6.4.3 底盘

1. 铸造基础件

变速器、主减速和差速器的壳体往往用球墨铸铁或铝合金铸造。受到冲击载荷时，常常会造成固定支脚的断裂，而球墨铸铁或铝合金铸件都是可以焊接的。

变速器、主减速和差速器的壳体断裂可以焊接。但焊接会造成壳体的变形，这种变形虽然用肉眼看不出来，但会影响尺寸精度，若在变速器、主减速和差速器等的轴承座附近产生断裂，用焊接的方法修复常常是行不通的，一般应考虑更换。

2. 变速器及传动轴

变速器损坏后，内部机件基本都可独立更换，对齿轮、同步器、轴承等的鉴定，碰撞后只有断裂、"掉牙"才属于保险责任，正常磨损不属于保险责任，在评估中要注意界定和区分。从事故角度来看，变速器的损失主要是拖底，其他类型的损失极小。变速操纵系统遭撞击变形后，轻度的常以整修修复为主，中度以上的以更换为主。

中低档轿车多为前轮驱动，碰撞常会造成外侧等角速万向节破损，需更换。有时还会造成半轴弯曲，也以更换为主。

3. 前悬架及转向系统零件

承载式车身的悬架座属于结构件，按结构件方法处理。

前悬架系统及相关部件，如悬架臂、转向节、稳定杆、发动机托架均为安全部件，变形后均应更换。减振器主要鉴定是否在碰撞前已损坏。减振器是易损件，正常使用到一定程度后会漏油，如果外表已有油泥，说明在碰撞前已损坏；如果外表无油迹，碰撞造成弯曲变形，应更换。

4. 后桥及悬架

后桥按副梁方法处理，后悬架按前悬架方法处理。

5. 车轮

轮辋遭撞击后以变形损伤为主，应更换。轮胎遭撞击后会出现爆胎，应更换。轮罩遭撞击后常会产生破损，应更换。

6.4.4 电器设备

汽车上的电器设备品种繁多，评估时应该根据相关件的特点以及可能遭遇到的情况，分门别类地进行。

1. 蓄电池

蓄电池的损坏多以壳体 4 个侧面破裂为主，应更换。

2. 发电机

发电机常见撞击损伤为皮带轮、散热叶轮变形，壳体破损，转子轴弯曲变形等。皮带轮变形应更换，散热叶轮变形可校正，壳体破损、转子轴弯曲以更换发电机总成为主。

3. 雨刮系统

雨刮片、雨刮臂、雨刮电动机等，因撞击损坏主要以更换为主。而固定支架、联动杆等，中度以下的变形损伤以整形修复为主，严重变形需更换。雨刮喷水壶只有在较严重的碰撞中才会损坏，损坏后以更换为主。雨刮喷水电动机、喷水管和喷水嘴被撞坏的情况较少，若撞坏以更换为主。

4. 仪表类

一旦碰撞导致仪表损坏或者疑似损坏，由于一般的修理厂都没有检测的手段，并且仪表也不容易检测，因此，只要发现有明显的损伤、破损，都应该予以更换。

更换时，假如可以单独更换的仪表，要注意不去更换总成；但若遇到某些整个仪表都安装在一体的仪表台破损，只好更换整个仪表台。

需要注意的是，在检测仪表的工作状态以判别其是否损坏时，不能单纯看仪表自身是否有所反应，还要充分注意相关传感器工作是否正常、线路中的保险是否没有断路、开关工作是否灵敏。

5. 收音机、DVD 或 CD

在比较大的碰撞事故中，收音机、DVD 或 CD 一般会有所损坏，但损失一般不大，只是损坏旋钮、面板等。汽车音响设备在各地都有特约维修点，可以定点选择维修点，同时对损坏设备可以商定零部件的换修价格，而不是一律都交给汽车修理厂去"更新"。一般说来，收音机、DVD 或 CD 的修理价格大约都在新件的 15% ~40%。

6. 汽车电脑

汽车电脑价值较高，设计时充分考虑了其防震、防撞性能，一般的碰撞不会导致损坏。

假如怀疑或者修理人员言称损坏了，可以采用"比较法"判别，即：第一，在其他所有零部件均不改变的前提下，将库存的新电脑装到车上，看是否可以恢复正常工作；第二，将怀疑损坏了的电脑装到同类型的其他车上，看是否可以正常工作。假如通过比较，发现电脑确实坏了，再做更换。

7. 安全气囊

安全气囊遭到撞击损伤后，从安全角度出发应该更换。安装有安全气囊系统的汽车，驾驶员气囊都安装在方向盘上，当气囊因碰撞引爆后，不仅要更换气囊，通常还要更换气囊传感器与控制模块等。需要注意的是，有些车型的碰撞传感器是与SRS/ECU装在一体的，要避免维修厂重复报价。安全气囊系统的控制电脑，假如发生气囊爆开的碰撞故障，一般需要更换电脑，以免在以后的碰撞事故中，万一气囊没有打开造成乘员受伤，引发法律讼诉。

8. 空调系统

空调冷凝器采用铝合金制成，中低档车的冷凝器一般价格较低，中度以上损伤一般可更换；高档车的冷凝器价格较贵，中度以下损伤常可采用亚弧焊修复。储液罐因碰撞变形一般以更换为主。如果系统在碰撞中以开口状态暴露于潮湿的空气中时间较长，则应更换干燥器，否则会造成空调系统工作时的"冰堵"。压缩机因碰撞造成的损伤有壳体破裂，皮带轮、离合器变形等，壳体破裂一般需要更换，皮带轮变形、离合器变形一般也需要更换。空调管有多根，损伤的空调管一定要注明是哪一根；汽车空调管有铝管和胶管两种。铝管常见的碰撞损伤有变形、折弯、断裂等，变形后一般需要校正；价格较低的空调管折弯、断裂时一般需要更换；价格较高的空调管折弯、断裂时一般采取截去折弯、断裂处，再接一节用氩弧焊接的方法修复。破损的胶管一般需要更换。

空调蒸发箱大多用热塑性塑料制成，常见损伤多为箱体破损。局部破损可用塑料焊修复，严重破损一般需更换，决定更换时一定要考虑有无壳体单独更换。蒸发器换与修基本同于冷凝器，膨胀阀因碰撞损坏的可能性极小。

9. 电器设备保护装置

有些电器件在遭受碰撞后，外观虽无损伤，却停止工作，表明"坏了"，其实这有可能是假相。如果电路过载或短路会出现大电流，导致导线发热、绝缘损伤，可能酿成火灾。因此，电路中必须设置保护装置。熔断器、熔丝链、大限流熔断器和断路器都是过流保护装置，它们可单独使用，也可配合使用。碰撞会造成系统过载，相关保护装置会因过载而停止工作，出现断路，导致相关电器装置无法工作。此时只需更换相关的熔断器、熔丝链、大限流熔断器和断路器等即可，无需更换相连的电器件。

6.5　汽车灾害损失分析

6.5.1　汽车水灾损失

1. 汽车水灾损失影响因素

1）水的种类

评估水淹汽车损失时，通常将水分为淡水和海水。同时，还应该对水的混浊情况进行认真了解。多数水淹损失中的水为雨水和山洪形成的泥水，但也有由于下水道倒灌而形成的浊水，这种城市下水道溢出的浊水中含有油、酸性物质和各种异物。油、酸性物质和其他异物对汽车的损伤各不相同，必须在现场查勘时仔细检查，并作准确记录。

2）水淹高度

水淹高度是确定水损程度非常重要的参数，水淹高度通常不以高度作为计量单位为单位，而是以汽车上重要的具体位置作为参数。以轿车为例，水淹高度通常分为6级。

1 级——制动盘和制动毂下沿以上，车身地板以下，乘员仓未进水。

2 级——车身地板以上，乘员仓进水，而水面在驾驶员座椅座垫以下。

3 级——乘员仓进水，水面在驾驶员座椅座垫面以上，仪表工作台以下。

4 级——乘员仓进水，仪表工作台中部。

5 级——乘员仓进水，仪表工作台面以上，顶篷以下。

6 级——水面超过车顶，汽车被淹没顶部。

3）水淹时间

水淹时间（t）的长短对汽车所造成的损伤差异很大。水淹时间以小时为单位，通常分为6级。

1 级——$t \leqslant 1\text{h}$。

2 级——$1\text{h} < t \leqslant 4\text{h}$。

3 级——$4\text{h} < t \leqslant 12\text{h}$。

4 级——$12\text{h} < t \leqslant 24\text{h}$。

5 级——$24\text{h} < t \leqslant 48\text{h}$。

6 级——$t > 48\text{h}$。

2. 汽车水灾损失评估

1）水淹高度为 1 级时的损失评估

当汽车的水淹高度为 1 级时，可能造成的受损零部件主要是制动盘和制动毂。损坏形式主要为生锈，生锈的程度主要取决于水淹时间的长短以及水质。通常情况下，无论制动盘和制动毂的生锈程度如何，所采取的补救措施主要是四轮的保养。因此，当汽车的被淹高度为 1 级，被淹时间也为 1 级时，通常不计损失；被淹时间为 2 级或 2 级以上时，水淹时间对损失金额的影响也不大，损失率通常为 0.1% 左右。

2）水淹高度为 2 级时的损失评估

当汽车的水淹高度为 2 级时，除造成 1 级水淹高度时所造成的损失以外，还会造成以下损失：四轮轴承进水；全车悬架下部连接处因进水而生锈；配有 ABS 的汽车的轮速传感器的磁通量传感失准；地板进水后车身地板如果防腐层和油漆层本身有损伤就会造成锈蚀；少数汽车将一些控制模块置于地板上的凹槽内（如上海大众帕萨特 B5），会造成一些控制模块损毁（如果水淹时间过长，被淹的控制模块有可能彻底失效）。损失率通常为 0.5% ~ 2.5%。

3）水淹高度为 3 级时的损失评估

当汽车的水淹高度为 3 级时，除造成 2 级水淹高度所造成的损失以外，还会造成以下损失：座椅潮湿和污染；部分内饰的潮湿和污染；真皮座椅和真皮内饰损伤严重。一般说来，水淹时间超过 24h 以后，还会造成：桃木内饰板会分层开裂；车门电动机进水；变速器、主减速器及差速器可能进水；部分控制模块被水淹；起动机被水淹；中高档车行李仓中 CD 换片机、音响功放被水淹。损失率通常为 1.0% ~ 5.0%。

4）水淹高度为 4 级时的损失评估

当汽车的水淹高度为 4 级时，除造成 3 级高度所造成的损失以外，还可能造成以下损失：发动机进水；仪表台中部分音响控制设备、CD 机、空调控制面板受损；蓄电池放电、进水；大部分座椅及内饰被水淹；音响的喇叭全损；各种继电器、保险丝盒可能进水；所有控制模块被水淹。损失率通常为 3.0% ~ 15.0%。

5）水淹高度为 5 级时的损失评估

当汽车的水淹高度为 5 级时，除造成 4 级高度所造成的损失以外，还可能造成以下损失：全部电器装置被水泡；发动机严重进水；离合器、变速箱、后桥可能进水；绝大部分内饰被泡；车架大部分被泡。损失率通常为 10.0% ~ 30.0%。

6）水淹高度为 6 级时的损失评估

当汽车的水淹高度为 6 级时，汽车所有零部件都受到损失。损失率通常为 25.0% ~ 60.0%。

6.5.2　汽车火灾损失分析

1. 汽车火灾分类

火灾对车辆损坏一般分为整体燃烧和局部燃烧。

1）整体燃烧

整体燃烧是指：机舱内线路、电器、发动机附件、仪表台、内装饰件、座椅烧损，机械件壳体烧融变形，车体金属（钣金件）件脱炭（材质内部结构发生变化），表面漆层大面积烧损，该情况下的汽车损坏通常非常严重。

2）局部烧毁

局部烧毁分 3 种情况。

（1）机舱着火造成发动机前部线路、发动机附件、部分电器、塑料件烧损。

（2）轿壳或驾驶室着火，造成仪表台、部分电器、装饰件烧损。

（3）货运车辆货箱内着火。

2. 汽车火灾损失的评估步骤

（1）对明显烧损的进行分类登记。

（2）对机械件应进行测试、拆解检查。特别是转向、制动、传动部分的密封橡胶件。

（3）对金属件（特别是车架，前、后桥，壳体类）考虑是否因燃烧而退火、变形。

（4）对于因火灾使车辆遭受损害的，拆解检查工作量很大，且检查、维修工期较长，一般很难在短时期内拿出准确的估价单，只能是边检查边定损，反复进行。

3. 汽车火灾的损失评估

汽车起火燃烧以后，其损失评估的难度相对较大。

如果汽车的起火燃烧被及时扑灭了，可能只导致一些局部的损失，损失范围也只是局限在过火部分的车体油漆、相关的导线及非金属管路、过火部分的汽车内饰。只要参照相关部件的市场价格，并考虑相应的工时费，即可确定出损失的金额。

如果汽车的起火燃烧持续了一段时间之后才被扑灭，虽然没有对整车造成毁灭性的破坏，但也可能造成比较严重的损失。凡被火"光顾"过的车身的外壳、汽车轮胎、导线线束、相关管路、汽车内饰、仪器仪表、塑料制品、外露件的美化装饰等可能都会报废，定损时需考虑到相关需更换件的市场价格、工时费用。

如果起火燃烧程度严重，外壳、汽车轮胎、导线线束、相关管路、汽车内饰、仪器仪表、塑料制品、外露件的美化装饰等肯定会被完全烧毁。部分零部件，如控制电脑、传感器、铝合金铸造件等，可能会被烧化，失去任何使用价值。一些看似"坚固"的基础件，如发动机、变速器、离合器、车架、悬架、车轮轮毂、前桥、后桥等，在长时间的高温烘烤作用下，会因"退火"而失去应有的精度，无法继续使用，此时，汽车离完全报废的距离已经很近了。

6.6　汽车修理材料、工时费的确定

6.6.1　材料价格、修复价值和残值

1. 材料价格

事故车辆的维修过程中，需要大量更换损坏且不能再使用的零配件，这就需要确定更换零配件的价格。

汽车配件价格信息的准确度对准确评估事故车辆维修费用具有举足轻重的影响。由于零配件生产厂家众多，市场上不但有原厂或正规厂家生产的零配件，而且还有许多小厂家生产的零配件，因此市场价格差异较大。另外，由于生产厂家的生产调整、市场供求变化、地域差别等多种原因也会造成零配件价格不稳定，处于波动状态，特别是进口汽车零部件缺乏统一的价格标准，其价格差异更大。因此，如何确定零部件价格，是困扰事故汽车评估的一大难题。

目前，各保险公司都建立了一个完整、准确、动态的询报价体系，如人保建立了独立的报价系统《事故车辆定损系统》，使得估损人员在评估过程中能够争取主动，保证定出的零配件价格符合市场行情，大大加快了评估速度。而对一些特殊车型，报价系统中可能没有，则可采用与专业机构合作的方式或安排专人定期收集整理配件信息，掌握和了解配件市场行情变化情况，与各汽配商店及经济信息部门联系，以期取得各方面的配件信息。对高档车辆及更换配件价值较大的亦可与外地配件市场电话联系，并与当地配件价格比较（要避免在配件价格方面出入较大）。

2. 修复价值

理论上讲，任何一辆损坏的汽车都是可以通过修理恢复到事故前状况的。但是，有时修复的做法往往是不经济的或没有意义的。

对于事故车辆，如果损失严重，要考虑是否具有修复价值：如果修复费用明显小于重置费用，完全有必要修复；修复费用接近重置费用甚至大于重置费用，一般说来就没有修复的必要了。有些事故中，可能事故本身导致的车辆损失不是非常严重，但其他损失比较高，如施救费用非常高，此时，事故车辆本身虽然具有修复价值，但考虑到过高的施救费用，通常会对车辆按全损评估，即按推定全损处理。

3. 残值

残值是指事故车辆整体损伤严重，按全损处理后，对残余物的价值进行评估，或某些零部件、总成损伤严重，更换新的零部件、总成后，对原有零部件、总成的残余物部分进行价值评估。

保险条款一般规定汽车的残值按协商方式作价归被保险人所有，当保险公司与被保险人或修理厂协商残值价格时，保险公司为了提高效率和减少赔付，常常会作出一些让步，即在评估实务中评估单上的残值价值通常会低于整车或零部件残值的实际价值。

当事故造成的损失较大，更换件也较多，保险公司通常会要求确定残值，残值的确定步骤如下：①列出欲更换项目的清单；②将被更换的旧件分类；③估定各类旧件的重量；④根据旧材料价格行情确定残值。

6.6.2　工时费的确定

工时费的计算方式是：

$$工时费 = 工时定额 \times 工时单价$$

其中：工时定额是指实际维修作业项目核定的结算工时数；工时单价是指在生产过程中单位小时的收费标准。

对于事故车的估损，工时定额一般有以下几个来源，可供估损员参考。

（1）对于部分进口乘用车，可以查阅该车型的《碰撞估损指南》，如 MITCHELL 公司和 MOTOR 公司编写的《碰撞估损指南》，不仅提供了各总成的拆装和更换工时，部分总成还提供了大修工时，并且考虑到了各部件之间的重叠工时，是比较适用的估损工具。

（2）对国产车型和部分进口车型，可以参照各车型主机厂的《工时手册》和《零件手册》中的各个项目的工时，然后累加即可。但要注意剔除重叠的工时部分。

（3）如果没有《工时手册》和《零件手册》或手册中没有列出相应工时，一般随着地域、修理厂类别、工种的不同而不同。

根据修理作业的不同，工时可分为 5 项：拆装和更换工时、修理工时、钣金工时、辅助工时、涂饰费。

拆装和更换工时是指把损坏的零件或总成从车上拆下来，拆下该零件上的螺栓安装件或卡装件，把它们转移到新件上，然后再把这个新零件或总成安装到车辆上，并调整和对齐所需的工时。有时，拆装还包括把一些没有损伤的零部件或总成，由于结构的原因，当维修人员更换、修复、检验其他部件时，需要拆下该零部件或总成，并在完成相关作业后再重新装回。所以，此时要求评估人员对被评估汽车的结构非常清楚，对汽车修理工艺了如指掌。

维修工时是指对某些零部件或总成进行分解、检查、测量、调整、诊断、故障排除、重新组装等操作所需要的工时。修理工时的确定非常复杂，零部件价格的不同、地域的不同、修理工艺的不同等都可能造成修理工时的不同。

钣金工时与汽车的档次直接相关。对于完全相同的一个部位，如果发生在低档车上，由于技术水平要求低，可能所需要的工时不是太高，假如发生在高档车上，则由于技术要求高，所花费的时间、精力以及所要求的技术水平均高，所需要的工时也自然要高。

辅助工时的确定通常包括：把待修汽车安放到修理设备上并进行故障诊断所需要的工时；用推拉、切割等方式拆卸撞坏的零部件所需要的工时；相关零部件的矫正与调整所需要的工时；去除内漆层、沥青、油脂及类似物质所需要的工时；修理生锈或腐蚀的零部件所需要的工时；松动锈死或卡死的零部件所需要的工时；检查悬架系统和转向系统的定位所需要的工时；拆去破碎的玻璃所需要的工时；更换防腐；拆卸及装回车轮和轮毂罩所需要的工时。虽然每项工时都不大，但对于较大的碰撞事故，各作业项累计工时通常是不能忽视的。

最后必须注意，将各类工时累加时，各损失项目在修理过程中有重叠作业项目时，必须考虑将劳动时间适度核减。

6.6.3　涂饰费的确定

涂饰费的计算有两种方法。

1. 按喷漆工时计算

喷漆工时来源包括：一是部分进口车型配有专业估损手册，规定了新更换件的喷涂工时、维修过的零件的喷涂工时等；二是查找该车型的主机厂的《工时手册》或《零件手册》，一般也规定了各个主要板件或部件的喷漆工时；三是各地维修管理部门规定或推荐的工时，表6-1为山东省于2006年1月1日开始实施的汽车车身烤漆项目工时定额。

表6-1　汽车车身烤漆项目工时

漆面类型	单位	外覆件	内构件（涂胶、涂漆）	
			承载式车身	非承载式车身
单层漆（面漆、素色漆）	m²	3	1.5	1
双层漆（底漆/清漆、金属漆类）	m²	4	2	1.5
三层漆（底层/中间层/清漆、珍珠漆类）	m²	5	2	1.5

注：1. 腻子处理面积占烤漆漆面积40%的事故车，单位工时可上浮30%；
　　2. 三厢类轿车的前盖、后盖、车项部位做漆，单位工时可上浮20%；
　　3. 在柔性塑料上烤漆，可增加5%～10%的费用

按喷漆工时计算涂饰费是用喷漆工时乘以预先设定的每工时耗漆费用。例如，如果预先确定的每工时耗漆费用为200元，车门的喷漆工时为3h，则喷涂车门的涂饰费就是600元。每工时耗漆费用通常是维修站根据当地的漆料价格增加一些利润后预先设定的。

2. 按喷漆面积计算

除按喷漆工时计算涂饰费用外，还可以按喷漆面积计算涂饰费用。尤其是对那些没有专业估损手册和主机厂的《工时手册》的车型，或虽有手册，但只是板件上的部分区域需要喷漆时，使用面积计算方法比较方便。此时，汽车涂饰费用取决于烤漆面积及漆种单价。

1）喷漆面积计算方法

烤漆面积的计算，并非利用数学方法简单计算其实际面积，而是采用实践经验法。下面列举两种计算方法，供业内人士参考。

方法一：计算单位按 m^2。不足 $1m^2$ 按 $1m^2$ 计价，第 $2m^2$ 按 $0.9m^2$ 计算，第 $3m^2$ 按 $0.8m^2$ 计算，第 $4m^2$ 按 $0.7m^2$ 计算，第 $5m^2$ 按 $0.6m^2$ 计算，第 $6m^2$ 以后，每 m^2 按 $0.5m^2$ 计算。例如：某车需烤漆 $7.9m^2$，计算结果为：烤漆面积 $= 1 + 0.9 + 0.8 + 0.7 + 0.6 + 0.5 + 0.5 + 0.5 = 5.5$（$m^2$）。

方法二：烤漆面积不足 $0.5m^2$ 时，按 $0.5m^2$ 计；大于 $0.5m^2$ 不足 $1m^2$，按 $1m^2$ 计；大于 $1m^2$ 小于 $3m^2$，按实际面积计；大于 $3m^2$ 小于 $12m^2$，按实际面积的 80% 计；大于 $12m^2$，按实际面积的 70% 计。

2）漆种单价

丙烯酸磁漆与丙烯酸氨基磁漆是汽车修理中常用的两种面漆材料，有各种漆色，包括纯色漆、金属漆和珠光漆等，其中丙烯酸氨基磁漆与丙烯酸磁漆相比，其硬度和耐久性更好一点。纯色漆中没有反光粉或云母片。金属漆中含有细小但可以看得见的铝粉或聚酯粉颗粒。珠光漆中含有非常细小的颜料颗粒，一般为闪光的云母粉，其光泽可以随视角不同而改变，又称其为变色漆。

另外，还有部分车的车身使用硝基漆作为面漆。但硝基漆是一种比较老式的漆，正逐渐被磁漆替代。

硝基漆与磁漆的不同点在于其干燥和固化的方式。硝基漆通过溶剂的挥发而干燥，磁漆的干燥则通过溶剂的挥发与油漆中分子的交联作用来实现，简单地说，硝基漆的固化过程为物理变化，而磁漆的固化过程是物理和化学变化的过程。

关于面漆种类的鉴别，可采用如下方法：用蘸有香蕉水的白布摩擦漆膜判断漆种。观察漆膜溶解程度，如漆膜溶解，并在白布上留下印迹，则是硝基漆；反之为磁漆。如果是磁漆再用 600 号的砂纸在损伤部位轻轻打磨几下，鉴别是否喷有透明漆层。如果砂纸磨出白灰，就是透明漆层；如果砂纸磨出颜色，就是单级有色漆层。最后借光线的变化，用肉眼看一看颜色有无变化，如果有变化为变色漆。

市场上所能购买的面漆太多为进口和合资品牌，世界主要汽车面漆的生产厂家，如美国的杜邦和 PPG、英国的 ICI、荷兰的新劲等，单价都不一样，估价时常采用市场公众都能够接受的价格。

单位面积的烤漆费用中包含材料费和工时费，而各地的工时费差别较大。表 6-2 提供了某地区的收费参考价。

表 6-2 汽车烤漆收费参考表

项目	费用	轿车					客车		货车	
	车型	微型	普通型	中级	中高级	高级	普通	豪华	车箱	驾驶室
硝基漆	元/m^2						100		50	
单涂层漆	元/m^2	200	250	300	400	500	200	300		250
双涂层漆	元/m^2	300	350	400	500	600		400		
变色漆	元/m^2	—		600	700	800				

6.7　碰撞汽车损失评估报告

6.7.1　碰撞汽车损失评估报告的含义

碰撞汽车损失评估报告指被评估汽车按照评估工作制度的有关规定，在完成现场查勘工作后向委托方和有关方面提交的说明碰撞汽车鉴定评估过程和结果的书面报告。它是按照一定格式和内容来反映评估目的、程序、依据、方法、结果等基本情况的报告书。广义的报告还是一种工作制度，它规定评估机构在完成碰撞汽车鉴定评估工作之后必须按照一定的程序和要求，用书面形式向委托方报告鉴定评估的过程和结果。狭义的鉴定评估报告即鉴定评估结果报告书，既是碰撞汽车鉴定机构完成对碰撞汽车损坏零部件修复作价的意见，提交给委托方的公正性报告，也是碰撞汽车鉴定评估机构履行评估的总结，还是碰撞汽车鉴定评估机构为其所完成的鉴定评估结论承担相应法律责任的证明文件。

按照国家公安部关于事故车辆鉴定评估报告的有关规定，事故车碰撞鉴定评估报告书应该包括评估报告书正文以及相关附件，一式三份。给委托方一份，当事人一份，留档一份。

6.7.2　碰撞汽车鉴定评估报告书的作用

（1）为被委托碰撞事故车辆提供损失价格意见。碰撞汽车鉴定评估报告书是经具有事故车鉴定评估资格的机构根据委托鉴定评估车辆的损失状况，由专业的事故车辆鉴定评估师，遵循评估的原则和标准，按照法定的程序，运用科学的方法对被委托评估的碰撞汽车查勘评定损失零部件价格和修复工时费用估算后，通过报告书的形式提出本次事故车辆损失的总费用意见，该费用意见不代表任何当事人一方的利益，具有较强的公正性和科学性，是一种评估师提供给委托方处理碰撞事故车辆的参考依据。

（2）碰撞汽车鉴定评估报告书是反映和体现评估工作情况，明确委托方、受托方及有关方面责任的根据。它采用文字的形式，对汽车评估的目的、依据、程序、方法等过程和评定的结果进行说明和总结，体现了评估机构的工作成果。同时，碰撞汽车鉴定评估报告也反映和体现了受托的碰撞车评估机构与鉴定评估师的权利和义务，并依此来明确委托方和受托方的法律责任。在碰撞车现场鉴定评估工作完成后，评估机构和人员就要根据现场查勘工作取得的有关资料和数据，撰写评估结果报告书，向委托方报告。负责鉴定评估的碰撞车评估师也同时在报告书上行使签字的权利，并提出报告使用的范围及有效条件等具体条款。当然，碰撞车鉴定评估报告书也是评估机构向有关方面收取评估费用的依据。

（3）对碰撞汽车鉴定评估报告书进行审核，是管理部门完善碰撞车鉴定评估管理的重要手段。碰撞汽车鉴定评估报告书是反映评估机构和碰撞车评估师职业道德、职业能力水平以及评估质量高低和机构内部管理机制完善程度的重要依据。有关管理部门通过审核碰撞车评估报告书，可以有效地对评估机构的业务开展情况进行监督和管理，对鉴定评估工作中出现的不足加以完善。

（4）碰撞汽车鉴定评估报告书是建立评估档案，归集评估档案资料的重要信息来源。碰撞汽车评估机构和鉴定评估师在完成鉴定评估任务后，都必须按照档案管理的有关规定，将评估过程收集的资料、工作记录以及评估过程的有关工作底稿进行归档，以便进行评估档案的管理和使用。由于碰撞汽车鉴定评估报告是对整个鉴定评估过程的工作总结，其内容包括了鉴定评估过程的各个具体环节和各有关资料的收集和记录，因此，不仅鉴定评估报告书的底稿是评估档案归集的主要内容而且撰写碰撞评估报告过程中采用到的各种数据、各个依据、工作底稿等都是碰撞车鉴定评估档案的重要信息来源。

6.7.3　碰撞汽车鉴定评估报告的基本原则

（1）碰撞汽车鉴定评估报告必须遵循《中华人民共和国价格法》、《道路交通事故处理办法》、《价格评估管理办法》、《价格评估机构管理办法》，各省、自治区相关的车辆价格评估管理办法和汽车维修行业工时定额和收费标准规定。

（2）碰撞汽车评估机构接受委托开展碰撞车鉴定评估工作后，要按照有关法规的要求，向委托方出具涉及评估对象的评估过程、方法、结论、说明及各类备查文件等内容的碰撞车鉴定评估报告书。

（3）碰撞汽车鉴定评估报告书由鉴定评估报告书正文及相关附件组成。

（4）碰撞汽车鉴定评估活动应充分保证鉴定评估机构的独立性、客观性、公正性。

（5）碰撞汽车评估报告的数据一般均应采用阿拉伯数字，鉴定评估报告书应用中文撰写打印。如需出具外文评估报告书，外文评估报告书的内容和结果应与中文报告书一致并须在评估报告书中注明以中文报告书为准。

（6）鉴定评估工作完毕，碰撞汽车评估机构应按鉴定评估对象立档。其立档内容主要包括碰撞汽车评估委托书、作业表、碰撞汽车碰撞部位的照片及附件、评估工作底稿、审核确认文件等，并按有关规定的保存期限进行保管。

（7）委托方应依据国家法律、法规的有关规定正确使用碰撞汽车鉴定评估报告书。

6.7.4　碰撞汽车鉴定评估报告书的基本内容

（1）封面：碰撞车辆评估报告书名称、鉴定评估机构出具鉴定评估报告的编号、评估报告提交日期、委托单位、承办人、保管期限、本卷共几件几页。

（2）首部。

① 标题（应简练清晰）：含有机构名称，位置居中上方。

② 报告书序号：××车（年份）第×××号，及车损价格评估结论书，位置为本行居中。

（3）绪言：写明该评估报告委托方全称，"根据个人（单位）价格评估委托，遵循独立、客观、公正原则，按照规定的标准程序和方法对×××牌号××车型的损失进行了价格评估。现将价格评估情况综述如下"。

（4）价格评估标的：本次价格评估标的为于×年×月×日发生事故的一辆××

（车型），车牌号码为××××。

（5）价格评估目标：为委托方在××××（某个目的）提供参考依据。

（6）价格评估基准日：×年×月×日（碰撞车辆碰撞时日）。

（7）价格定义：价格评估结论所指价格是指被评估标的在评估基准日，采用公开市场价值标准确定的维修费用。

（8）价格评估依据。

①《中华人民共和国价格法》。

②《道路交通事故处理办法》。

③《价格评估管理办法》和《价格评估机构管理办法》。

④ ××省物价局×××号关于《××省车辆价格评估管理办法》。

⑤《××省汽车维修行业工时定额和收费标准》。

⑥ 价格评估中对受损车辆现场查勘收集的资料。

⑦ 本机构掌握的有关价格资料。

（9）价格评估过程。评估机构接受委托后，立即派专业评估人员对受损车辆进行查勘和了解，确定该车××部位发生碰撞，造成××零部件等严重受损，××零部件等一般受损（受损情况简要描述）。具体评估情况如下。

① 确定更换配件的价格：根据《××省车辆价格评估管理办法》和市场标准价格，确定应调换配件的价格为×元（附必要报表）。

② 确定修复工时费：根据《××省汽车维修行业工时定额和收费标准》，确定修理费用为×元（附必要报表）。

③ 确定管理费：根据《××省汽车维修行业工时定额和收费标准》的规定，确定该的材料服务费率为×%，即材料服务费用金额小计为×元。

④ 确定损失价格：损失价格＝材料费＋材料服务费＋工时费。

（10）价格评估结论。价格评估标的的损失价格为：人民币××元整（大写）（￥……元）。

（11）价格评估限定条件。

① 委托方提供的资料客观真实。

② 所采用参数均依据委托方所在地的市场价格和相关资料。

（12）声明。

① 价格评估结论受结论书中已说明的限定条件限制。

② 委托方提供资料的真实性由委托方负责。

③ 价格评估结论仅对本次委托有效，不做他用。未经本机构同意，不得向委托方和有关当事人之外的任何单位和个人提供，结论书的全部或部分内容，不得发表于任何公开媒体上。

④ 评估机构和评估人员与价格评估标的没有利害关系，也与有关当事人没有利害关系。

⑤ 如对结论有异议，可于结论书送达之日起十五日内向本评估机构提出重新评估、补充评估。

（13）价格评估作业日期。

×年×月×日—×年×月×日（具体的作业日期）。

（14）价格评估机构。

机构名称：

机构资质证书证号：

（15）价格评估人员。

姓名执业资格名称资格证号签章

（16）附件。

① 碰撞被评估车辆更换零部件（逐个）价格、修理零部件（逐个）工时定额费用详细清单。

② ××省价格评估机构资格证书。

③ ××评估人员资格证书。

④ 现场照片。

（17）落款。

×××评估机构（盖章）

×年×月×日（出具报告日期）

注：现场查勘、兼拍照片，另写补充报告附上。

案例：

某公司车牌照号为××××的一辆桑塔纳普通型轿车于 2010 年 8 月 10 日在市区的某个路段发生了事故，该车前部偏右碰撞，造成部分零部件损坏。该车所属公司于该日出具了价格评估委托书，委托该市的评估机构对该车的损失价格进行鉴定评估，作为该车的修理和赔偿依据。评估机构派评估人员对该车进行了现场查勘，初步确定该车的损失部件及一级修理单位的工时费用，从当地的市场中了解到该车型损失部件的价格（表 6-3），要求出具评估报告。

表 6-3 现场勘估事故车损项目及修理报价

序号	损失项目	数量	损失程度	单价	工时
1	前保险杠	1	更换	430	8
2	前大灯	2	更换	250	4
3	前角灯	2	更换	40	2
4	中网	1	更换	50	1
5	机盖	1	修复	—	20
6	前围	1	修复	—	12
7	右前叶子板灯	1	更换	10	1
8	前保骨架	1	修复	—	6
9	右前叶子板	1	修复	—	15
10	右倒车镜	1	更换	130	1
11	右前车门外饰条	1	更换	100	1
12	右前叶子板内衬	1	更换	40	1

案例评估报告

×××× （机构名称）

××车［2010］第×××号

××公司：

根据贵公司价格评估委托书的委托，遵循独立、客观、公正的原则，按照规定的标准程序和方法对××××牌号桑塔纳普通型车的损失进行了价格评估。现将价格评估情况综述如下：

（一）价格评估标的

本次价格评估标的为于 2010 年 8 月 10 日发生事故的一辆桑塔纳普通型车，车牌号码为××××。

（二）价格评估目的

为委托方在修理和赔偿中提供价格参考依据。

（三）价格评估基准日

2010 年 8 月 10 日。

（四）价格定义

价格评估结论所指价格是指被评估标的在评估基准日，采用公开市场价值标准确定的维修费用。

（五）价格评估依据

1. 《中华人民共和国价格法》。

2. 《道路交通事故处理办法》。

3. 《价格评估管理办法》和《价格评估机构管理办法》。

4. 《××省车辆价格评估管理办法》。

5. 《××省汽车维修行业工时定额和收费标准》。

6. 价格评估人员对受损车辆现场查勘收集的资料。

7. 本机构掌握的有关价格资料。

（六）价格评估方法

重置成本法。

（七）价格评估过程

本公司接受委托后，立即派专业评估人员对受损车辆进行查勘和了解，确定该车前部偏右发生碰撞，造成前保险杠、前大灯等霉部件严重受损，前保骨架、右前叶子板等零部件一般受损。具体评估情况如下：

1. 确定更换配件的价格：根据《××省车辆价格评估管理办法》和市场中准价格，确定应调换配件的价格为 1546 元。

2. 确定修复工时费：根据《××省汽车维修行业工时定额和收费标准》，确定修理费用为 644 元。

3. 确定管理费：根据《××省汽车维修行业工时定额和收费标准》规定，确定该车的材料服务费率为 10%，即材料服务费用金额小计为 155 元。

4. 确定损失价格：

损失价格 = 材料费 + 材料服务费 + 工时费 = 1546 + 155 + 644 = 2345 元

注：材料费＝配件费＋辅料费

（八）价格评估结论

价格评估标的的损失价格为：人民币贰仟叁佰肆拾伍元整（大写）。

（九）价格评估限定条件

1. 委托方提供的资料客观真实。

2. 所采用参数均依据委托方所在地的市场价格和相关资料。

（十）声明

1. 价格评估结论受结论书中已说明的限定条件限制。

2. 委托方提供资料的真实性由委托方负责。

3. 价格评估结论倪对本次委托有效，不做他用。未经我机构同意，不得向委托方和有关当事人之外的任何单位和个人提供，结论书的全部或部分内容，不得发表于任何公开媒体上。

4. 评估机构和评估人员与价格评估标的没有利害关系，也与有关当事人没有利害关系。

5. 如对结论有异议，可于结论书送达之日起十五日内向本评估机构提出重新评估、补充评估。

（十一）价格评估作业日期

2010 年 8 月 10 日—2010 年 8 月 20 日。

（十二）价格评估机构

机构名称：

机构资质证书证号：

（十三）价格评估人员

姓名、执业资格名称、资格证号、签章。

（十四）附件

（1）碰撞被评估车辆更换零部件价格、修理零部件工时定额费用清单（见表 6 - 4）。

（2）××省价格评估机构资格证书。

（3）××评估人员资格证书。

（4）现场照片。

碰撞桑塔纳轿车现场勘估清单

××××评估机构（盖章）

2010 年 8 月 20 日

表 6 - 4   碰撞桑塔纳轿车现场勘估清单

××车［2010］第××号   共 1 页第 1 页

车主	××公司		车型	桑塔纳普通型		行驶里程		
车牌号码	浙B××××		勘估地点	××停车场		委托人	××公司	
损失项目	损失程度	修理方式	材料费			工时费		
			数量	单价	金额	工种	工时	金额
前保险杠	严重	更换	1	430	430		8	56
前大灯	严重	更换	2	250	500		4	28

（续）

损失项目	损失程度	修理方式	材料费			工时费		
			数量	单价	金额	工种	工时	金额
前角灯	严重	更换	2	40	80		2	14
中网	严重	更换	1	50	50		1	7
右前叶子板灯	严重	更换	1	10	10		1	7
右倒车镜	严重	更换	1	130	130		1	7
右前车门外饰条	严重	更换	1	100	100		1	7
右前叶子板内衬	严重	更换	1	40	40		1	7
机盖	一般	修复	1		0		20	140
前围	一般	修复	1		0		12	84
前保骨架	一般	修复	1		0		6	42
右前叶子板	一般	修复	1		0		15	105
油漆					160		20	140
合计	＊＊＊	＊＊＊	14.00	＊＊＊	1500.00	＊＊＊	92	644.00
材料费合计	1500.00	工时费合计	644.00	管理员	155.00			
辅料费用	46.00			估损总额（大写）：贰仟叁佰肆拾伍元整				
说明								

评估人员：×××、×××　　校核：×××　　评估日期：2010 年 8 月 10 日

第七章 旧机动车鉴定评估报告

7.1 旧机动车鉴定评估报告的作用与格式

7.1.1 旧机动车鉴定评估报告的作用

旧机动车鉴定评估机构和旧机动车鉴定评估人员决定出了评估对象的评估额后，应将评估结论成果写成评估报告。旧机动车鉴定评估报告是记述评估成果的文件，也可以看成是评估人员提供给委托评估值的"产品"。

旧机动车鉴定评估报告的质量高低，除取决于评估结论的准确性、评估方法的正确性、参数确定的合理性等之外，还取决于报告的格式、文字表述水平及印刷质量等。前者可以说是评估报告的内在质量，后者可以说是评估报告的外在质量，两者不可偏废。

旧机动车鉴定评估书对管理部门及各类交易的市场主体都是十分重要的。一份旧机动车鉴定评估书，特别是涉及国有资产的评估报告资料，不仅是一份评估工作的总结，也是其价格的公证性文件和资产交易双方认定资产价格的依据。由于目的的不同，其作用可从两个方面进行分析。

1. 委托方（客户）对旧机动车鉴定评估书作用的理解

（1）作为产权变动交易作价的基础材料，旧机动车鉴定评估报告的结论可以作为车辆买卖交易谈判底价的参考依据，或作为投资比例出资价格的证明材料。特别是对涉及国有资产的旧机动车的客观公正的作价，可以有效地防止国有资产的流失，确保国有资产价格的客观、公正、真实。

（2）作为各类企业进行会计记录的依据，按评估值对会计账目的调整必须由有权机关的批准。

（3）作为法庭辩论和裁决时确认财产价格的举证材料。一般是指发生纠纷案时的资产评估，其评估结果可作为法庭作出裁决的证明材料。

（4）作为支付评估费用的依据。如果委托方收到评估资料和报告后没有提出异议，也就是说评估的资料及结果符合委托书的条款，委托方应以此为前提和依据向受托方的评估机构付费。

（5）旧机动车鉴定评估报告书是反映和体现评估工作情况，明确委托方、受托方及有关方面责任的根据。它采用文字的形式，对受托方进行机动车评估的目的、背景、产权、依据、程序、方法等过程和评定的结果进行说明和总结。它体现了评估机构的工作成果。同时，旧机动车鉴定评估报告也反映和体现了受托的机动车评估结果与鉴定估价师的权利和义务，并依此来明确委托方和受托方的法律责任。撰写评估结果报告行使了机动车估价师在评估报告上签字的权利。

2. 评估机构对旧机动车鉴定评估报告作用的理解

（1）它是评估机构成果的体现，是一种动态管理的信息资料，体现了评估机构的工作情况和工作质量。

（2）旧机动车鉴定评估报告是建立评估档案、归集评估档案资料的重要信息来源。

7.1.2　撰写旧机动车鉴定评估报告的类型

旧机动车鉴定评估报告分为定型式、自由式与混合式3种。

1. 定型式

定型式旧机动车鉴定评估报告又称封闭式旧机动车鉴定评估报告，采用固定格式、固定内容，评估人员必须按要求填写，不得随意增减。其优点是通用性好，写作省时省力；缺点是不能根据评估对象的具体情况而深入分析某些特殊事项。如果能针对不同的评估目的和不同类型的机动车作相应的定型式旧机动车鉴定评估报告，则可以在一定程度上弥补这一缺点。

2. 自由式

自由式旧机动车鉴定评估报告又称开放式旧机动车鉴定评估报告，是由评估人员根据评估对象的情况而自由创作的无固定格式的旧机动车鉴定评估报告。其优点是可深入分析某些特殊事项，缺点是易遗漏一般事项。

3. 混合式

混合式旧机动车鉴定评估报告是兼取前两种旧机动车鉴定评估报告的格式，兼顾了定型式和自由式两种报告的优点。

一般来说，专案案件以采用自由式旧机动车鉴定评估报告为优，例行案件以采用定型式旧机动车鉴定评估报告为佳。

不论旧机动车鉴定评估报告的形式如何，均应客观、公正、详实地记载评估结果和过程。如果仅以结论告知，必然会使委托评估者或旧机动车鉴定评估报告的其他使用者心理上的信任度降低。旧机动车鉴定评估报告的用语要力求准确、肯定，避免模棱两可或易生误解的文字，对于难以确定的事项应在报告中说明，并描述其可能影响旧机动车价格的情形。

7.1.3　旧机动车鉴定评估报告的基本要求

旧机动车鉴定评估报告不管是采取自由式，还是定型式或混合式，其鉴定评估报告内容必须至少记载以下事项。

（1）委托评估方名称：应写明委托方、委托联系人的名称、联络电话及住址；指出车主的名称。

（2）受理评估方名称：主要是写明评估机构的资质，评估人员的资质。

（3）评估对象概括：须简要写明纳入评估范围车辆的厂牌型号、号牌号码、发动机号、车辆识别代号/车架号、注册登记日期、年审检验合格有效日期、公路规费交至日期、购置税（附加费））证号、车辆使用税缴纳有效期。特别是对车辆的使用性质及法定使用年限有定量的结论年限。

（4）评估目的：应写明旧机动车是为了满足委托方的何种需要，及其所对应的经济行为类型。

（5）评估基准日（时点）：按委托方要求的基准日，式样为：鉴定评估基准日是×××年××月××日。

（6）评估依据：一般可划分为法律法规依据、行为依据和取价依据。法律法规依据应包括车辆鉴定评估的有关条法、文件及涉及车辆评估的有关法律、法规等。行为依据主要是指旧机动车车鉴定评估委托书及载明的委托事项。取价依据为鉴定评估机构收集的国家有关部门发布的技术资料和统计资料，以及评估机构市场调查询价资料和相关技术参数资料。

（7）评估采用的方法、技术路线和测算过程：应简要说明评估人员在评估过程中选择并使用的评估方法，并阐述选择该方法的依据或者原因。如选用两种或两种以上的方法，应当说明原因，并详细说明评估计算方法的主要步骤。

（8）评估结论，即最终评估额：应同时有大小写，并且大小写数额一致。

（9）决定评估额的理由。

（10）评估前提及评估价额应用的说明事项（包括应用时应注意的问题）：评估报告中陈述的特别事项是指在已确定的前提下，评估人揭示在评估过程中已发现可能影响评估结论，但非评估人员执业水平和能力评定估算的有关事项；提示评估报告使用者应注意特别事项对评估结论的影响；揭示鉴定评估人员认为需要说明的其他问题。

（11）参与评估的人员与评估对象有无利害关系的说明。

（12）评估作业日期，即进行评估的期间，是指从何时开始评估作业至何时完成评估作业，具体是进行评估的起止年月日。

（13）若干附属资料，如评估对象的评估鉴定委托书、产权证明（机动车登记证书、车辆行驶证），购置税（附加费）、评估人员和评估机构的资格证明等。

7.1.4　旧机动车鉴定评估报告的格式

从2002年原国家经济贸易委员会、劳动和社会保障部《关于规范旧机动车鉴定评估工作的通知》国经贸贸易［2002］825号文件下发以后，推荐使用定型式旧机动车鉴定评估报告其规范格式样本如下。

旧机动车鉴定评估报告书
（示范文本）
××××鉴定评估机构评报字（200　年）第××号

一、绪言

××（鉴定评估机构）接受××××的委托，根据国家有关资产评估的规定，本着客观、独立、公正、科学的原则，按照公认的资产评估方法，对××××（车辆）进行了鉴定评估。本机构鉴定评估人员按照必要的程序，对委托鉴定评估车辆进行了实地查勘与市场调查，并对其在××××年××月××日所表现的市场价值作出了公允反映。现将车辆评估情况及鉴定评估结果报告如下：

二、委托方与车辆所有方简介

（一）委托方××××，委托方联系人×××，联系电话：×××××。
（二）根据机动车行驶证所示，委托车辆车主×××。

三、评估目的

根据委托方的要求，本项目评估目的：
□交易□转籍□拍卖□置换□抵押□担保□咨询□司法裁决。

四、评估对象

评估车辆的厂牌型号（　　　　）；号牌号码（　　　　）；发动机号（　　　　）；车辆识别代号/车架号（　　　　）；登记日期（　　　　）；年审检验合格至　年　月；公路规费交至　年　月；购置附加税（费）证（　　　　）；车船使用税（　　　　）。

五、鉴定评估基准日

鉴定评估基准日　年　月　日。

六、评估原则

严格遵循"客观性、独立性、公正性、科学性"原则。

七、评估依据

（一）行为依据
旧机动车评估委托书第　　号。
（二）法律、法规依据
1.《国有资产评估管理办法》（国务院令第91号）；
2.《摩托车报废标准暂行规定》（国家经贸委等部门令第33号）；

3. 原国家国有资产管理局《关于印发〈国有资产评估管理办法施行细则〉的通知》（国资办发［1992］36 号）；

4. 原国家国有资产管理局《关于转发〈资产评估操作规范意见（试行）〉的通知》（国资办发［1996］23 号）；

5. 国家经贸委等部门《汽车报废标准》（国经贸经［1997］456 号）、《关于调整轻型载货汽车及其补充规定》（国经贸经［1998］407 号）、《关于调整汽车报废标准若干规定的通知》（国经贸资源［2000］1202 号）、《农用运输车报废标准》（国经贸资源［2001］234 号）等；

6. 其他相关的法律、法规等。

（三）产权依据

委托鉴定评估车辆的机动车登记证书编号：

（四）评定及取价依据

技术标准资料：

技术参数资料：

技术鉴定资料：

其他资料：

八、评估方法

□重置成本法□现行市价法□收益现值法□其他①。

计算过程如下：

九、评估过程

按照接受委托、验证、现场查勘、评定估算、提交报告的程序进行。

十、评估结论

车辆评估价格　　元，金额大写。

十一、特别事项说明②

十二、评估报告法律效力

（一）本项评估结论有效期为 90 天，自评估基准日至　年　月　日止。

（二）当评估目的在有效期内实现时，本评估结果可以作为作价参考依据。超过 90

---

① 指利用两种或两种以上的评估方法对车辆进行鉴定评估，并以它们评估结果的加权值为最终评估结果的方法。

② 特别事项是指在已确定评估结果的前提下，评估人员认为需要说明在评估过程中已发现可能影响评估结论，但非评估人员执业水平和能力所能评定估算的有关事项以及其他问题。

天，需重新评估。另外在评估有效期内若被评估车辆的市场价格或因交通事故等原因导致车辆的价值发生变化，对车辆评估结果产生明显影响时，委托方也需重新委托评估机构重新评估。

（三）鉴定评估报告书的使用权归委托方所有，其评估结论仅供委托方为本项目评估目的使用和送交旧机动车鉴定评估主管机关审查使用，不适用于其他目的；因使用本报告书不当而产生的任何后果与签署本报告书的鉴定估价师无关；未经委托方许可，本鉴定评估机构承诺不将本报告书的内容向他人提供或公开。

附件：

一、旧机动车鉴定评估委托书

二、旧机动车鉴定评估作业表

三、车辆行驶证、购置附加税（费）证复印件

四、鉴定估价师职业资格证书复印件

五、鉴定评估机构营业执照复印件

六、旧机动车照片（要求外观清晰，车辆牌照能够辨认）

注册旧机动车鉴定估价师（签字、盖章）

复核人①（签字、盖章）

（旧机动车鉴定评估机构盖章）

　　年　　月　　日

附件一

旧机动车鉴定评估委托书

委托书编号：＿＿＿＿＿＿

＿＿＿＿＿＿＿＿＿＿＿旧机动车鉴定评估机构：

因□交易□转籍□拍卖□置换□抵押□担保□咨询□司法裁决需要，特委托你单位对车辆（号牌号码＿＿＿＿＿＿车辆类型＿＿＿＿＿＿发动机号＿＿＿＿＿＿车架号＿＿＿＿＿进行技术状况鉴定并出具评估报告书。

附：委托评估车辆基本信息

车主		身份证号码/ 法人代码证		联系电话	
住址				邮政编码	
经办人				联系电话	
住址		身份证号码		邮政编码	
车 辆 情 况	厂牌型号			使用用途	
	载重量/座位/ 排量			燃料种类	
	初次登记日期	年　　月　　日		车身颜色	
	已使用年限	年　个月	累计行驶里程/万 km		
	大修次数	发动机/次		整车/次	

① 复核人须具有高级鉴定估价师资格。

备注：本报告书和作业表一式三份，委托方二份，受托方一份。

（续）

车主		身份证号码/ 法人代码证			联系电话	
车辆 情况	维修情况					
	事故情况					
价值反映	购置日期	年 月 日	原始价格/元			
	车主报价/元					
备注：						

填表说明：

1. 若被评估车辆使用用途曾经为营运车辆，需在备注栏中予以说明；

2. 委托方必须对车辆信息的真实性负责，不得隐瞒任何情节凡由此引起的法律责任及赔偿责任由委托方负责；

3. 本委托书一式二份，委托方、受托方各一份。

委托方：（签字、盖章）　　　　　　　　经办人：（签字、盖章）

（×××旧机动车鉴定评估机构盖章）

　　　年　　月　　日　　年　　月　　日

附件二

旧机动车鉴定评估作业表

车主			所有权性质	□公□私	联系电话	
住址					经办人	
原 始 情 况	厂牌型号		号牌号码		车辆类型	
	车辆识别 代号（VIN）			车身颜色		
	发动机号		车架号			
	载重量/ 座位/排量			燃料种类		
	初次登 记日期	年　月	车辆出厂日期	年　月		
	已使用年限	年　个月	累计行驶 里程	万 km	使用用途	
检查核对 交易证件	证件	□原始发票□机动车登记证书□机动车行驶证□法人代码证或身份证□其他				
	税费	□购置附加税□养路费□车船使用税□其他				
结构特点						
现时技术状况						
维护保养情况			现时状态			
价值反映	帐面原值/元		车主报价/元			
	重置成本/元		成新率/%		评估价格/元	
鉴定评估目的：						
鉴定评估说明：						

　注册旧机动车鉴定估价师（签名）

　　　　年　　月　　日

　复核人（签名）

　年　　月　　日

　填表说明：

　1. 现时技术状况：必须如实填写对车辆进行技术鉴定的结果，客观真实地反映出旧机动车主要部分（含车身、底盘、发动机、电气、内饰等）以及整车的现时技术状况。

　2. 鉴定评估说明：应详细说明重置成本的计算方法，成新率的计算方法以及评估价格的计算方法。

7.2　旧机动车鉴定评估报告的撰写

7.2.1　旧机动车鉴定评估报告书的基本内容

旧机动车鉴定评估报告书不管是采用定型式，还是自由式或混合式，其基本内容是相同的，主要包括以下内容。

1. 封面

旧机动车鉴定评估报告书的封面须载明下列内容：旧机动车鉴定评估报告书名称、鉴定评估机构出具鉴定评估报告的编号、旧机动车鉴定评估机构全称和鉴定评估报告提交日期等。有服务商标的，评估机构可以在报告封面载明其图形标志。

2. 首部

鉴定评估报告书正文的首部应包括标题和报告书序号。

（1）标题：标题应简练清晰，含有"×××（评估项目名称）鉴定评估报告"字样，位置居中偏上。

（2）报告书序号：报告书序号应符合公文的要求，包括评估机构特征字、公文种类特征字（例如：评报、评咨、评函，评估报告书正式报告应用"评报"，评估报告书预报告应用"评预报"）、年份、文件序号，例如：×××评报字［1998］第18号，位置本行居中。

3. 绪言

写明该评估报告委托方全称、受委托评估事项及评估工作整体情况，一般应采用包含下列内容的表达格式。

×××（鉴定评估机构）接受×××的委托，根据国家有关资产评估的规定，本着客观、独立、公正、科学的原则，按照公认的资产评估方法，对×××（车辆）进行了鉴定评估。本机构鉴定评估人员按照必要的程序，对委托鉴定评估车辆进行了实地查勘与市场调查，对其在×××年××月××日所表现的市场价值作出了公允反映。现将车辆评估情况及鉴定评估结果报告如下。

4. 委托方与车辆所有方简介

应写明委托方、委托方联系人的名称、联系电话及住址。

5. 评估目的

应写明本次资产评估是为了满足委托方的何种需要及其所对应的经济行为类型。

6. 评估对象

必须简要写明纳入评估范围车辆的厂牌型号、号牌号码、发动机号、车辆识别代号、车架号、注册登记日期、年审检验合格有效日期、养路费交至日期、购置附加税

（费）证号、车船使用税缴纳有效期。

7. 鉴定评估基准日

写明车辆鉴定评估基准日的具体日期，式样为：鉴定评估准日是××××年××月××日。

8. 评估原则

写明评估工作过程中遵循的各类原则以及本次鉴定评估遵循国家及行业规定的公认原则。对于所遵循的特殊原则，应作适当阐述。

9. 评估依据

评估依据一般可划分为行为依据、法律法规依据、产权依据和评定及取价依据等；行为依据主要是指旧机动车鉴定评估委托书、法院的委托书等经济行为文件。法律法规依据应包括车辆鉴定评估涉及的有关法律、法规等。产权依据是指被评估车辆的机动车登记证书或其他能够证明车辆产权的文件等。评定及取价依据应为鉴定评估机构收集的国家有关部门发布的统计资料和技术标准资料，以及评估机构收集的有关询价资料和参数资料等。

10. 评估方法及计算过程

简要说明评估人员在评估过程中所选择并使用的评估方法，说明选择评估方法的依据或原因；如对某车辆评估采用一种以上的评估方法，应适当说明原因并说明该资产评估价值确定方法。对于所选择的特殊评估方法，应适当介绍其原理与适用范围，各种评估方法计算的主要步骤等。

11. 评估过程

评估过程应反映旧机动车鉴定评估机构自接受评估委托起至提交评估报告的工作过程，包括接受委托、验证、现场查勘、市场调查与询证、评定估算、提交报告等过程。

12. 评估结论

13. 特别事项说明

评估报告中陈述的特别事项是指在已确定评估结果的前提下，评估人员揭示在评估过程中已发现可能影响评估结论，但非评估人员执业水平和能力所能评定估算的有关事项；提示评估报告使用者应注意特别事项对评估结论的影响；揭示鉴定评估人员认为需要说明的其他问题。

14. 评估报告法律效力

揭示评估报告的有效日期，特别提示评估基准日的日后事项对评估结论的影响以及评估报告的使用范围等。

15. 鉴定评估报告提出日期

写明评估报告提交委托方的具体时间，评估报告原则上应在确定的评估基准日后一周内提出。

16. 附件

附件应包括旧机动车鉴定评估委托书，旧机动车鉴定评估作业表，车辆行驶证、购置附加税（费）、车辆登记证书复印件，旧机动车鉴定评估人员资格证书复印件，鉴定评估机构营业执照复印件，鉴定评估机构资质复印件，旧机动车照片等。

17. 尾部

写明出具评估报告的评估机构名称，并盖章；写明评估机构法定代表人姓名并签名；旧机动车鉴定评估人员盖章并签名；高级旧机动车鉴定估价师审核签章以及报告日期。

7.2.2 旧机动车鉴定评估报告书撰写技术要点

旧机动车鉴定评估报告书的技术要点是指在旧机动车鉴定评估报告中的主要技能要求，它具体包括了文字表达方面、格式与内容方面的技能要求和复核与反馈等方面的技能要求等。

1. 文字表达方面的技能要求

旧机动车鉴定评估报告书既是一份对被评估的车辆价值有咨询性和公正性作用的支持，又是一份用来明确鉴定评估机构和评估人员工作职责的文字依据，所以它的文字表达技能要求既要清楚、准确，又要提供充分的依据说明，还要全面地叙述整个鉴定评估的过程。其文字的表达必须清楚，不得使用模棱两可的措词。其陈述既要简明扼要，又要把有关问题说明清楚，不得带有任何诱导、恭维和推荐性的陈述。当然，在文字表达上也不能带着大包大揽的语句，尤其是涉及承担责任条款的部分。

2. 格式和内容方面的技能要求

对旧机动车鉴定评估报告书格式和内容方面的技能要求，必须严格遵循原国家经济贸易委员会颁发的《关于规范旧机动车鉴定评估工作的通知》行事。

3. 鉴定评估报告书的复核与反馈方面的技能要求

鉴定评估报告书的复核与反馈也是鉴定评估报告书制作的具体技能要求。通过对工作底稿、作业表、技术鉴定资料和鉴定评估报告书正文的文字、格式及内容的复核和反馈，可以将有关错误、遗漏等问题在出具正式报告书之前得到修正。对鉴定评估人员来说，由于知识、能力、经验、阅历及理论方法的限制会产生工作盲点和工作疏忽，所以，对鉴定评估报告书初稿进行复核就成为必要。就鉴定评估车辆的情况熟悉程度来说，大多数车辆评估委托方和占有方对委托鉴定评估车辆的成新、使用强度、保养、车辆性能、维修、事故等情况可能比评估机构和评估人员更熟悉，所以，在出具正式报告之前征求委托方意见，收集反馈意见也很有必要。

对鉴定评估报告进行复核，必须明确复核人的职责，防止流于形式的复核。收集反馈意见主要是通过委托方或所有方熟悉车辆具体情况的人员。对委托方或车辆所有方意见的反馈信息，应慎重对待，本着独立、客观、公正的态度去接受其反馈意见。

4. 撰写鉴定报告书应注意事项

旧机动车鉴定评估报告书的制作技能除了需要掌握上述 3 个方面的技术要点外，还应注意以下几个事项。

（1）实事求是，切忌出具虚假报告。报告书必须建立在真实、客观的基础上，不能脱离实际情况，更不能无中生有。报告拟定人应是参与鉴定评估并全面了解被评估车辆的主要鉴定评估人员。

（2）坚持一致性做法，切忌出现表里不一。报告书文字、内容要前后一致，正文、评估说明、作业表、鉴定工作底稿、格式甚至数据要相互一致，不能出现相互矛盾、各谈各调等不一致的情况。

（3）提交报告书要及时、齐全和保密。在正式完成旧机动车鉴定评估报告工作后，应按业务约定书的约定时间及时将报告书送交委托方。送交报告书时，报告书及有关文件要送交齐全。

7.3 旧机动车鉴定评估档案管理

旧机动车鉴定评估报告制度是规定旧机动车鉴定评估机构在完成机动车鉴定评估工作后应向委托方出具鉴定评估报告的一系列有关规定的制度，包括旧机动车鉴定评估报告的编制、旧机动车鉴定评估报告的确认和复议、旧机动车鉴定评估报告的档案管理等关内容。

7.3.1 编写和签发旧机动车鉴定评估报告

编制评估报告是完成评估工作的最后一道工序，也是评估工作中一个很重要的环节。评估人员通过评估报告不仅要真实准确地反映评估工作情况，而且表明评估者在今后一段时期里对评估的结果和有关的全部附件资料承担相应的法律责任。旧机动车鉴定评估报告是记述鉴定评估成果的文件，是鉴定评估机构向委托鉴定评估者和旧机动车鉴定评估管理部门提交的主要成果。鉴定评估报告的质量高低，不仅反映鉴定评估人员的水平，而且直接关系到有关各方的利益。这就要求评估人员编制的报告要思路清晰、文字简练准确、格式规范、有关的取证与调查材料和数据真实可靠。为了达到这些要求，评估人员应按下列步骤进行评估报告的编制。

1. 评估资料的分类整理

占有大量真实的评估工作记录，包括被评估旧机动车的有关背景资料、技术鉴定情况资料及其他可供参考的数据记录等，是编制评估报告的基础。一个较复杂的评估项目是由两个或两个以上评估人员合作完成的，将评括咨料进行分类整理，包括评估鉴定作业表的审核，评估依据的说明，最后形成评估的文字材料。

2. 鉴定评估资料的分析讨论

在整理资料工作完成后，应召集参与评估工作过程的有关人员，对评估的情况和初步结论进行分析讨论。如果发现其中有提法不妥、计算错误、作价不合理等方面的问题，特别是机动车的配置、维护保养情况及技术状况及品牌在市场中的影响力等，要求进行必要的调整，尤其采用两种不同方法评估并得出两个结论的，需要在充分讨论的基础上得出一个正确的结论。

3. 评估报告的编写

评估报告的负责人应根据评估资料讨论后的修正意见，进行资料的汇总编排和评估结果报告的编写工作；然后将旧机动车鉴定评估的基本情况和评估报告初稿的初步结论与委托方交换意见，听取委托方的反馈意见后，在坚持独立、客观、公正的前提下，认真分析委托方提出的问题和意见，考虑是否应该修改评估报告，对报告中存在的疏忽、遗漏和错误之处进行修正，待修正完毕即可撰写出正式的旧机动车鉴定评估报告。

4. 评估报告的审核与签发

评估报告先由项目负责人审核，再报评估机构经理审核签发，同时要旧机动车估价人员盖章并加盖评估机构公章。送达客户签收，必须要求客户在收到评估书后，按送达回证上的要求认真填写并要求收件人签字确认。

7.3.2 确认旧机动车鉴定评估报告

旧机动车鉴定评估报告一般情况下由委托方确认，涉及国有资产的除资产占有方确认外还必须由上级主管部门认可。

旧机动车鉴定评估报告的确认因委托方的不同和委托目的的不同，大致可以分成以下几种情况。

（1）交易类的旧机动车鉴定评估由买卖双方和旧机动车交易机构确认。

（2）抵押类的旧机动车鉴定评估由抵押人和银行共同确认。

（3）司法鉴定的旧机动车鉴定评估经法庭质证后写入判决书或调解书即为确认，其中刑事案件中的旧机动车鉴定评估须经公安机关、检察机关的确认后再经审判程序法庭质证即为确认，同时有些旧机动车鉴定评估报告还要经过二审程序的考验。有时评估鉴定人员按国家法律规定要求作为鉴定人，详细叙述鉴定过程和鉴定结论并回答法官、律师、原被告的提问。因此司法鉴定的旧机动车鉴定评估是最为复杂的一种，要求极高。

（4）置换类的旧机动车鉴定评估由车主和汽车经销商共同确认。

（5）拍卖类旧机动车鉴定评估要求确定委托拍卖底价，因此由拍卖企业和委托拍卖人共同确认。

（6）企业合并、分设等资产重组类的旧机动车鉴定评估由企业董事会或管理层确认。

7.3.3 归档旧机动车鉴定评估报告

旧机动车鉴定评估报告的档案管理包括旧机动车鉴定评估报告的归档制度、保管制度、保密制度、借阅利用档案制度。

旧机动车鉴定评估报告是记录、描述或反映整个旧机动车鉴定评估过程和结果的各类文件的统称。它属于专门业务文书，主要有以下3种。

1. 旧机动车鉴定评估委托书

委托书是一种合同契约文件，由委托方与受托方共同签字。委托书应如实提供标的详细的资料，如机动车登记证书、机动车行驶证、附加税完税凭证、道路运输证、养路费缴纳凭证等，作为委托书的附件。

2. 旧机动车鉴定评估的调查资料

旧机动车鉴定评估的调查资料主要是指以下内容。

（1）以国家有关法律、法规中与该项业务直接或间接相关的条款作为旧机动车鉴定评估的法律依据。

（2）委托标的的详细资料及有关证明材料，重要的标的物应附有照片、图像资料（特别是机动车受损较为严重的部位），必要时要有汽车修理厂或保险公司的修理清单。

（3）与旧机动车鉴定评估有关的其他资料，如相关机动车的价格行情、价格指数、汇率、利率、参照物等。

旧机动车鉴定评估报告一般根据委托方的要求和旧机动车鉴定评估业务的具体情况来确定基本内容，包括结论书正文和附件两部分。其主要内容是阐述鉴定评估的基本结论，旧机动车鉴定评估报告成立的前提条件，得出结论的主要过程、方法和依据，并附录必要的文件资料。

3. 旧机动车鉴定评估报告文书的归档范围

旧机动车鉴定评估报告文书的归档范围包括：旧机动车鉴定评估委托书；旧机动车鉴定评估的法律依据（国家有关法规的相关条款）；委托人所从事的主要经济活动或者委托事项的背景材料；委托标的物的证明材料，照片、图像资料，必要的技术鉴定材料。

7.3.4　旧机动车鉴定评估报告的复议与保管

旧机动车鉴定评估机构出具旧机动车鉴定评估报告后，由于各种原因委托方对评估结论即评估报告有异议，通常在复议的有效期可以委托原评估机构对原出具的旧机动车鉴定评估报告进行复议，也可以委托另一家资质较高的评估机构进行复议或重新评估。

根据原国家经济贸易委员会、劳动和社会保障部《关于规范旧机动车鉴定评估工作的通知》国经贸贸易［2002］825号文件精神的要求，鉴定评估机构应由专人负责管理旧机动车鉴定评估报告，形成完整的评估档案。评估档案应保留到评估车辆达到法定报废年限为止，还要建立、健全旧机动车鉴定评估报告档案的保密、安全等事项的工作制度，并严格贯彻执行。同时还要及时准确、真实地进行统计，并按规定向有关机关报送统计报表。

第八章 旧机动车的市场交易

8.1 我国的旧机动车交易市场

8.1.1 我国旧机动车市场发展现状

我国旧机动车交易市场是随着国家经济的发展、人民生活水平的提高、私人购车比例的逐年增加而快速启动的。特别是 1998 年颁布的《旧机动车交易管理办法》，初步实现了旧机动车由分散交易向集中交易，无序交易向有序交易的转变。1999 年全国旧机动车交易量约 60 万辆，占汽车交易总量的 30%，交易额为 170 亿元人民币。2002 年全国旧机动车交易量超过 100 万辆，占当年汽车销量的 30.7%，交易金额约 358 亿元。2003 年随着下线新品牌车的增多，国内轿车市场升级换代速度明显加快，我国旧机动车的交易也随之火爆起来。据有关数据统计，2011 年全国旧机动车交易量达到 433 万辆。而依据国外汽车产业发展趋势，旧机动车的销量大约是新车的 2 倍，目前在我国仅占不到 1/3，这预示着我国旧机动车市场存在着巨大的潜力和广阔的发展前景。

从目前我国的现实情况看，旧机动车的交易量约是新车交易量的 30%，每年以平均超过 25% 的速度增长。其流动的趋势：从经济发达地区向欠发达地区流动，从高收入者向低收入者流动。目前全国共有 400 多家有形市场——旧车交易中心，相对集中于经济发达、汽车保有量大的中心城市如上海、北京、广州等地。

8.1.2 旧机动车市场繁荣的原因

1. 旧机动车自身的潜在优势

随着汽车大量进入家庭，我国汽车工业迎来了飞跃发展的时代。但是，由于受能源和道路等因素的制约，任何一个城市都不可能无限制地发展机动车。如果一个城市的机动车达到了一定数量，政府必将采取相关措施加以控制。如上海购置新车需花几万元牌照费，而手续齐全的旧机动车就相对有很大的优势。

2. 国际汽车巨头进入我国旧机动车市场

目前，通用等几家国际汽车公司已经开始在中国开展旧机动车业务。由于汽车巨头拥有雄厚的资金、先进的营销管理手段和国际著名品牌的强大支持，他们从新车置换到汽车租赁、拍卖、美容、维修及零配件供应诸多方面开展业务，这将有力地推动整个旧机动车市场交易量的提升，有利于国内旧机动车市场健康有序的发展。

3. 汽车消费结构的变化促进旧机动车市场的发展

自 1998 年之后，我国汽车消费结构逐渐由纯商务消费转为多元化消费，私人购车逐渐成为汽车消费的主体。由于消费主体的变化，市场所呈现出来的特点也发生了变化。家庭消费的特点是各有差别，并随着消费观念的转变而变化，高需求的消费者会不断换车，将旧车卖掉再去买新车；低消费的人群会到旧机动车市场买车来满足代步需求。这样就为旧机动车市场既提供了充分的货源又有广泛的消费群体，而且不断换新车也为新车市场提供了更大的商机。两者彼此依靠，形成良性循环。

8.1.3   目前我国旧机动车市场存在着的主要问题

1. 旧机动车交易的税收标准不统一

据调查，各地对旧机动车交易中的税收基本上都按当地有关政策，因此各地税收的种类和标准都不一样，有的按增值税征收，有的按营业税征收，税率最高的为 17%，最低的为 2%，高低相差悬殊。造成了一些地区旧机动车的成本过高，经营旧机动车的企业利润微薄，一些地区采用交易不过户来逃税，场外交易、私下交易、非法交易，扰乱了旧机动车的交易秩序，可以说旧机动车交易税收问题制约着旧机动车市场的发展，税费成为旧机动车市场发展的瓶颈。

2. 评估体系不健全

我国旧机动车交易起步与发达国家相比较晚，可以说旧机动车市场是伴随着我国市场经济而发展的。随着我国改革开放和法制的健全以及国家机关、企业、事业用车制度的改革，进口车、新车、缉私罚没车、抵债车等不断增加，人们的消费观念，市场需求结构发生了变化，刺激了旧机动车的交易。在旧机动车交易中价格的评估是很重要的环节。为了做好旧机动车的评估工作，1999 年原国内贸易局编写了《旧机动车鉴定评估师培训教材》与劳动和社会保障部培训就业司联合下发了《关于开展旧机动车鉴定评估师资格鉴定工作的通知》，对旧机动车鉴定评估从业人员进行了资格鉴定、目前经过培训并取得资格的评估师约 2 万人，但是人员的培训仅仅是旧机动车价格评估的一个方面，而评估的标准全国不统一，在交易中存在着定价不合理，随意性较大的问题。有的地方为了抢旧机动车生意，故意降低评估价格，竞相压价。同时还出现"私卖公高评估，公卖私低评估"。由于价格压低，使国有资产流失，国家的税收减少。因此如何建立科学、可操作的旧机动车评估系统是急需解决的问题。

3. 旧机动车售后服务力量薄弱

目前我国新车品牌的销售基本上建立了信息咨询、配件供应、维修、汽车保险等一条龙服务。而旧机动车的售后服务还没有建立，特别是与发达国家相比差距较大。如美国在旧机动车售出之后，提供一段时间的质量保证，比如通用公司就规定车龄7年以内的旧机动车有1年～2年的质量保证，这与新车的服务一样。而且，所有车行出售的旧机动车都必须持有政府颁发的技术合格证书，才能上路行驶。同时一般购买旧机动车的消费者还有一定时间的试用期，避免消费者利益受损失。这些服务有力地促进了发达国家旧机动车的销售。

4. 应加强旧机动车技术检测

2000年全国汽车更新办公室领导小组在组织原国家经贸委、国家计委、原国家内贸局、原国家机械局、公安部、国家环保总局6部委研究修订《汽车报废标准》时，特别强调在调整延缓年限的同时增加汽车安全、环保技术的检验项目和技术指标。2000年颁布的《关于调整汽车报废标准的若干规定的通知》在两个方面有较大的突破：一是重点调整了非营运客车中的私人、机关、旅游及外事接待的使用用车，即9座以下非营运载客汽车（包括轿车、越野车）使用15年；二是以技术检验为延长汽车使用年限的依据，即达到使用年限需继续使用的，必须依据国家机动车安全、污染物排放有关规定进行严格检验，检验合格后可延长使用年限。这项政策的调整在全社会引起强烈的反响，一方面体现了我们国家政策的调整符合国情；另一方面在技术检测上逐步与国际接轨，促进了旧机动车市场的发展。但是从目前情况看，国家并没有要求所有旧机动车在交易前必须经过有关的技术检测，这样就很难保证旧机动车的行驶安全和购车者的利益。

8.1.4 多管齐下加速旧机动车交易市场健康发展

1. 尽快建立科学的旧机动车价格评估体系

鉴于我国在旧机动车的价格评估体系还不规范，一方面要加强旧机动车鉴定评估师的培训和再培训的提高，严格按照《旧机动车鉴定评估师国家职业标准》对旧机动车鉴定评估从业人员统一进行培训，实行持证上岗制度。根据旧车车况依照品牌、车型、使用年限、行驶里程、部件性能等不同方面的指数对其残值进行综合评估。另一方面有关行业组织应研究制定全国统一的评估制度和价格标准，提高评估的准确性。这对规范旧机动车的交易行为、保护国家和消费者的合法利益、促进旧车交易必将起到积极的推动作用。

2. 尽快建立旧机动车售后服务体系

加入世贸组织后，国外的汽车销售商已经逐步介入中国的旧机动车经营，由于它们建立了较好的旧机动车服务体系，必然会对我国旧机动车的经营带来冲击。因此旧机动车经营企业要做好销售工作，还应根据各地的实际情况不断增加售后服务内容迎接入世后带来的挑战。一方面应与汽车生产厂家积极开展合作。首先，厂家掌握每一辆车的档案及客户详尽资料，厂家有维修的各种硬件设施、配件以及技术人才，而且网点分布较广；其次，旧机动车在卖出前要对车辆做全面的检测，对所卖车辆的车况有一个全面的了解，实现承诺的售后服务，在这一点上，厂家具有绝对的优势；另一方面，旧机动车经营企业应把服务的重点集中在协助购车人安装尾气净化装置，协助办理车辆年检，代办保险、理赔，并承诺在车辆保养、维修、美容等方面做到跟踪服务，补领车辆牌证，办理车辆转籍手续，并做好新驾驶员的备案、年审、驾驶证转籍等工作。

8.2　旧机动车的销售实务

8.2.1　旧机动车的收购

1. 影响旧机动车收购定价的因素

1）车辆的总体价值

旧机动车收购要充分考虑车辆的总体价值，它包括如下方面。

（1）车辆实体的产品价值。除了用鉴定估价的方法评估车辆实体的产品价值外，还应根据经验结合目前市场行情综合评定。主要评定的项目包括：车身外观整齐程度，漆面质量如何等静态检查项目和发动机怠速声音、尾气排放情况等动态检查项目。另外，配置、装饰、改装等项目也很重要，包括有无 ABS、助力装置、真皮座椅、电动门窗、中控防盗锁、CD 音响等；有效的改装包括动力改装、悬架系统改装、音响改装、座椅及车内装饰改装等。

（2）各项手续的价值。主要包括：登记证、原始购车发票或交易过户票、行驶证、养路费证明、购置税本、车船使用费证明、车辆保险合同等。如果收购车辆的证件和规费凭证不全，就会影响收购价格，因为代办手续不但要耗费人工成本，而且可能造成转籍过户中意想不到的麻烦和带来许多难以解决的后续问题。

2）旧机动车收购后应支出的费用

旧机动车收购除了支付车辆产品的货币以外，从收购到售出时限内，还要支出的费用有：保险费、日常维护费、停车费、收购支出的货币利息和其他管理费等。

3）市场宏观环境的变化

旧机动车收购要注意国家宏观政策、国家和地方法规的变化因素以及这些影响导致的车辆经济性贬值：如车辆燃油消耗量较高，在实行公路养路费的环境中收购该车辆不会引起足够的注意。但该车刚刚收购后不久，国家实施以公路养路费改征燃油附加税，则这辆车因为油耗量高，附加费用高而难以销售出手。很明显，收购这辆车不仅不能给公司带来经济效益，反而可能带来损失。

4）市场微观环境的变化

这里所说的市场微观环境，主要指新车价格的变动以及新车型的上市对收购价格的影响。例如千里马轿车降价后，旧车的保值率就降低了，贬值后收购价格自然也会降低。另外，新款车型问世挤压旧车型，"老面孔"们的身价自然受影响。

5）经营的需要

旧机动车经营者应根据库存车辆的多少提高或降低收购价格。例如本期库存车辆减少、货源紧张时，应适当提高车辆收购价格，以补充货源保证库存的稳定。反之，库存车辆多时，则应降低收购价格。另外一种情况是，某一车型出现断档情况，该车型的收购价格会提高。如某公司本期二手桑塔纳轿车销售一空，该公司会马上提高桑塔纳车型的收购价格。反之，如果某公司本期二手桑塔纳轿车销路不畅，库存积压显著，那么应降低桑塔纳轿车的收购价格，同时库存的桑塔纳轿车的销售价格也会降低。

6）品牌知名度和维修服务条件

对不同品牌的旧机动车，由于其品牌知名度和售后服务的质量不同，也会影响到收购价格的制定。像一汽、上汽、东风、广本等，都是国内颇具实力的企业，其产品具有很高的品牌知名度，技术相对成熟，维修服务体系也很健全，旧机动车收购定价可以适当提高。

2. 旧机动车收购价格的计算

旧机动车收购价格的确定是指在被收购车辆手续齐全的前提下对车辆实体价格的确定。如果所缺失的手续能以货币支出补办，则收购价格应扣除补办手续的货币支出、时间和精力的成本支出，具体采用以下几种方法。

（1）运用重置成本法对旧机动车进行鉴定估价，然后根据快速变现的原则，估定一个折扣率，将被收购车辆的估算价格乘以折扣率，即得旧机动车的收购价格，用数学式表示为

$$收购价格 = 评估价格 × 折扣率$$

（2）运用现行市价法对旧机动车确定评估价格，再根据上述办法计算收购价格，表达式同上式。

折扣率是指车辆能够当即出售的清算价格与现行市场价格之比值。它的确定是经营者对市场销售情况的充分调查和了解凭经验而估算的。如某机动车辆运用重置成本法估算价值为3万元，根据市场销售情况调查，估定折扣率为20%可当即出售，则该车辆收购价格为2.4万元。

（3）运用快速折旧法。首先计算出旧机动车已使用年数累计折旧额，然后将重置成本全价减去累计折旧额，再减去车辆需要维修换件的总费用，即得旧机动车收购价格，用数学式表达为

$$收购价格 = 重置成本全价 - 累计折旧额 - 维修费用$$

重置成本全价一律采用国内现行市场价格作为被收购车辆的重置成本全价。

累计折旧额的计算方法是：先用年份数求和法或余额递减折旧法计算出年折旧额后，再将已使用年限内各年的折旧额汇总累加，即得累计折旧额。

维修费用是指车辆现时状态下，某些功能完全丧失，需要维修和换件的费用总支出。

注意：在快速折旧计算时，一般K_0值取机动车的重置成本全价，而不取机动车原值。

8.2.2 旧机动车的销售

旧机动车的销售价格是决定旧机动车流通企业收入和利润的唯一因素。因此，企业

必须根据成本、需求、竞争及国家方针、政策、法规并运用一定的定价方法和技巧来对其产品制定切实可行的价格政策。

1. 旧机动车销售定价的影响因素分析

1）成本因素

产品成本是定价的基础和最低界限，旧机动车的销售价格如果不能保证成本，企业的经营活动就难以维持。旧机动车流通企业销售定价应分析价格、需求量、成本、销量、利润之间的关系，正确地估算成本，以作为定价的依据。旧机动车销售定价时应考虑收购车辆的总成本费用，总成本费用由固定成本费用和变动成本费用之和构成。

（1）固定成本费用。固定成本费用是指在既定的经营目标内，不随收购车辆的变化而变动的成本费用。如分摊在这一经营项目的固定资产的折旧、管理费等项支出。

（2）固定成本费用摊销率。固定成本费用摊销率是指单位收购价值所包含的固定成本费用，即固定成本费用与收购车辆总价值之比。如某企业根据经营目标，预计某年度收购 100 万元的车辆价值，分摊固定成本费用 1 万元，则单位固定成本费用摊销率为1%。如花费 4 万元收购一辆旧桑塔纳轿车，则应该将 400 元计入固定成本费用。

（3）变动成本费用。变动成本费用指收购车辆随收购价格和其他费用而相应变动的费用。主要包括车辆实体的价格、运输费、公路养路费、保险费、日常维护费、维修翻新费、资金占用的私息等。

由上面成本分析可知，一辆旧机动车收购的总成本费用是这辆车应分摊的固定成本费用与变动成本费用之和，用数学式表达为

一辆旧机动车的总成本费用 = 收购价格 × 固定成本费用摊销率 + 变动成本费用

2）供求关系

在市场经济中，产品的价格由买卖双方的相互作用来决定，以市场供求为前提，所以决定价格的基本因素有两个，即供给与需求。若供大于求，价格会下降；若供小于求，价格则会上升，这就是市场供求规律。供求关系必然会成为影响价格形成的重要因素，它是制定产品价格的一个重要前提。需求大于供给，价格就会上升，需求小于供给，价格就会下降，市场的一切交易活动和价格的变动都受这一定律的支配。这就是供求规律或称供求法则。它是市场变化的基本规律。供求关系表明价格只能围绕价值上下波动，而价值仍然是确定价格水平及其变动的决定性因素，企业在定价决策时，除以产品价值为基础外，还可以自觉运用供求关系来分析和制定产品的价格。

价格受供求影响而有规律性的变动过程中，不同商品的变动幅度是不一样的。因此在销售定价时还要考虑需求价格弹性。需求价格弹性，是指因价格变动而引起的需求相应的变动率，它反映需求变动对价格变动的敏感程度。按照西方经济学理论，当某种产品需求弹性较小时，提高价格可以增加企业利润；反之，当产品需求富有弹性时，降低价格也可以增加企业利润，同时还能起到打击竞争对手，提高自己产品市场占有率的作用。

对于旧机动车来说，其需求弹性较强，即旧机动车价格的上升（或下降）会引起需求量较大幅度的减少（增加）。因此，我们在旧机动车的销售定价时，应该把价格定的低一些，应该以薄利多销达到增加盈利、服务顾客的目的。

3）竞争状况

在产品供不应求时，企业可以自由地选择定价方式。而在供大于求时，竞争必然随之加剧，定价方式的选择只能被动地根据市场竞争的需要来进行。为了稳定维持自己的市场份额，旧机动车的销售定价要考虑本地区同行业竞争对手的价格状况，根据自己的市场地位和定价的目标，选择与竞争对手相同的价格，甚至低于竞争对手的价格进行定价。

4）国家政策法令

任何国家对物价都有适度的管理，所不同的是，各个国家和地区对价格的控制程度、范围、方式等存在着一定的差异，完全放开和完全控制的情况是没有的。一般而言，国家可以通过物价部门直接对企业定价进行干预，也可以用一些财政、税收手段对企业定价实行间接影响。

2. 旧机动车销售定价的目标分析

旧机动车销售定价的目标是指旧机动车流通企业通过制定价格水平，凭借价格产生的效用来达到预期目的要求。企业在定价以前，必须根据企业的内部和外部环境，制定出既不违背国家的方针政策，又能协调企业的其他经营目标的价格。企业定价目标类型较多，旧机动车流通企业要根据自己树立的市场观念和市场微观、宏观环境，确立自己的销售定价目标。企业定价目标主要有两大类即获取利润目标和占领市场目标。

1）获取利润目标

利润是考核和分析旧机动车流通企业营销工作好坏的一项综合性指标，是旧机动车流通企业最主要的资金来源。以利润为定价目标有 3 种具体形式是：预期收益、最大利润和合理利润。

（1）获取预期收益目标。预期收益目标是指旧机动车流通企业以预期利润（包括预交税金）为定价基点，并以利润加上商品的完全成本构成价格出售商品，从而获取预期收益的一种定价目标。预期收益目标有长期和短期之分，大多数企业都采用长期自标。预期收益高低的确定，应当考虑商品的质量与功能、同期的银行利率、消费者对价格的反应以及企业在同类企业中的地位和在市场竞争中的实力等因素。预期收益定得过高，企业会处于市场竞争的不利地位；定得过低，又会影响企业投资的回收。一般情况下，预期收益适中，可能获得长期稳定的收益。

（2）获取最大利润目标。最大利润目标是指旧机动车流通企业在一定时期内综合考虑各种因素后，以总收入减去总成本的最大差额为基点，确定单位商品的价格，以取得最大利润的一种定价目标。最大利润是企业在一定时期内可能并准备实现的最大利润总额，而不是单位商品的最高价格，最高价格不一定能获取最大利润。当企业的产品在市场上处于绝对有利地位时，往往采取这种定价目标，它能够使企业在短期内获得高额利润。最大利润一般应以长期的总利润为目标，在个别时期，甚至允许以低于成本的价格出售，以便招徕顾客。

（3）获取合理利润目标。合理利润目标是指旧机动车流通企业在补偿正常情况下的社会平均成本基础上，适当地加上一定量的利润作为商品价格，以获取正常情况下合理利润的一种定价目标。企业在自身力量不足，不能实行最大利润目标或预期收益目标时，往往采取这一定价目标。这种定价目标以稳定市场价格、避免不必要的竞争、获取长期利润为前提，因而商品价格适中，顾客乐于接受，政府积极鼓励。

2）占领市场目标

以市场占有率为定价目标是一种志存高远的选择方式。市场占有率是指一定时期内某旧机动车流通企业的销售量占当地细分市场销售总量的份额。市场占有率高意味着企业的竞争能力较强，说明企业对消费信息把握得较准确、充分，资料表明，企业利润与市场占有率正向相关。提高市场占有率是增加企业利润的有效途径。

由于企业所处的市场营销环境不同，自身条件与营销目标不同，企业定价目标也大相径庭。因此，旧机动车流通企业应在综合考虑市场环境、自身实力及经营目标的基础上，将利润目标和占领市场目标结合起来，兼顾企业的眼前利益与长远利益，来确定适当的定价目标。

3. 旧机动车销售定价的方法分析

定价方法是旧机动车流通企业为了在目标市场实现定价目标，给产品制定基本价格和浮动范围的技术思路。由于成本、需求和竞争是影响企业定价的最基本因素，产品成本决定了价格的最低限，产品本身的特点，决定了需求状况，从而确定了价格的最高限，竞争者产品与价格又为定价提供了参考的基点，也因此形成了以成本、需求、竞争为导向的三大基本定价思路。

1）成本加成定价法

（1）成本加成定价法。成本加成定价法也称为加额定价法、标高定价法或成本基数法，是一种应用的比较普遍的定价方法。它首先确定单位产品总成本（包括单位变动成本和平均分摊的固定成本），然后在单位产品总成本的基础上加上一定比例的利润从而形成产品的单位销售价格。该方法的计算公式为

$$单位产品价格 = 单位产品总成本 \times （1 + 成本加成率）$$

由此可以看到，成本加成定价法的关键是成本加成率的确定。一般地说，加成率应与单位产品成本成反比，和资金周转率成反比，与需求价格弹性成反比，需求价格弹性不变时加成率也应保持相对稳定。

（2）目标收益定价法。目标收益定价法又称投资收益率定价法，是根据企业的投资总额、预期销量和投资回收期等因素来确定价格。在产品供不应求的条件下，或产品需求的价格弹性很小的细分市场中，目标收益法具有一定的应用价值。

（3）边际成本定价法。边际成本是指每增加或减少单位产品所引起的总成本的增加或减少。采用边际成本定价法时是以单位产品的边际成本作为定价依据和可接受价格的最低界限。在价格高于边际成本的情况下，企业出售产品的收入除完全补偿变动成本外，尚可用来补偿一部分固定成本，甚至可能提供利润。在竞争激烈的市场条件下具有极大的定价灵活性，对于有效地应对竞争、开拓新市场、调节需求的季节差异、形成最优产品组合可以发挥巨大的作用。

2）需求导向定价法

需求导向定价是以消费者的认知价值、需求强度及对价格的承受能力为依据，以市场占有率、品牌形象和最终利润为目标，真正按照有效需求来策划价格。需求导向定价

法又称顾客导向定价法，是旧机动车流通企业根据市场需求状况和消费者的不同反应分别确定产品价格的一种定价方式。其特点是：平均成本相同的同一产品价格随需求的变化而变化，一般是以该产品的历史价格为基础，根据市场需求变化情况，在一定的幅度内变动价格，以致同一商品可以按两种或两种以上价格销售。这种差价可以因顾客的购买能力、对产品的需求情况、产品的型号和式样以及时间、地点等因素而采用不同的形式。

3）竞争导向定价法

竞争导向定价是以企业所处的行业地位和竞争定位而制定价格的一种方法，是旧机动车流通企业根据市场竞争状况确定商品价格的一种定价方式。其特点是：价格与成本和需求不发生直接关系。它主要以竞争对手的价格为基础，与竞争品价格保持一定的比例。即竞争品价格未变，即使产品成本或市场需求变动了，也应维持原价；竞争品价格变动，即使产品成本和市场需求未变，也要相应调整价格。

上述定价方法中，企业要考虑产品成本、市场需求和竞争形势，研究价格怎样适应这些因素，但在实际定价中，企业往往只能侧重于考虑某一类因素，选择某种定价方法，并通过一定的定价政策对计算结果进行修订，而成本加成定价法深受企业界欢迎，主要是由于以下原因。

（1）定价工作简化。由于成本的不确定性一般比需求的不确定性小得多，定价着眼于成本可以使定价工作大大简化，不必随时依需求情况的变化而频繁地调整，因而大大地简化了企业的定价工作。

（2）可降低价格竞争的程度。只要同行业企业都采用这种定价方法，那么在成本与加成率相似的情况下价格也大致相同，这样可以使价格竞争减至最低限度。

（3）对买卖双方都较为公平。卖方不利用买方需求量增大的优势趁机哄抬物价因而有利于买方，固定的加成率也可以使卖方获得相当稳定的投资收益。因此，我们推荐成本加成法来对旧机动车销售进行定价。

4. 旧机动车销售定价的策略分析

在旧机动车的市场营销中，尽管非价格竞争作用在增长，但价格仍然是影响销售的重要因素，是营销组合中的关键因素。定价是否恰当，不仅直接关系到旧机动车的销量和企业的利润，而且还关系到企业其他营销策略的制定。营销中定价策略的意义在于有利于挖掘新的市场机会，实现企业的整体目标。在市场经济条件下，价格决策已成为企业经营者面临的具有现实意义的重大决策课题。

旧机动车销售定价策略是指旧机动车流通企业根据市场中不同变化因素对旧机动车价格的影响程度采用不同的定价方法，制定出适合市场变化的旧机动车销售价格，进而实现定价目标的企业营销战术。

1）阶段定价策略

就是根据产品寿命周期各阶段不同的市场特征而采用不同的定价目标和对策。投入期以打开市场为主，成长期以获取目标利润为主，成熟期以保持市场份额、利润总量最大为主，衰退期以回笼资金为主。另外还要兼顾不同时期的市场行情，相应修改销售价格。

2）心理定价策略

不同的消费者有不同的消费心理，有的着重经济实惠、物美价廉，有的注重名牌产品，有的注重产品的文化情感含量，有的追赶消费潮流。心理定价策略就是在补偿成本的基础上，按不同的需求心理确定价格水平和变价幅度。如尾数定价策略就是企业针对消费者的求廉心理，在旧机动车定价时有意定一个与整数有一定差额的价格。这是一种具有强烈刺激作用的心理定价策略。价格尾数的微小差别，能够明显影响消费者的购买行为，会给消费者一种经过精确计算的、最低价格的心理感觉，如某品牌的旧机动车标价 69998 元，给人以便宜的感觉，认为只要不到 7 万元就能买一台质地不错的品牌旧机动车。

3）折扣定价策略

旧机动车流通企业在市场营销活动中，一般按照确定的目录价格或标价出售商品。但随着企业内外部环境的变化，为了促进销售者，顾客更多地销售和购买本企业的产品，往往根据交易数量、付款方式等条件的不同，在价格上给销售者和顾客一定的减让，这种生产者给销售者或消费者的一定程度的价格减让就是折扣。灵活运用价格折扣策略，可以鼓励需求、刺激购买，有利于企业搞活经营，提高经济效益。

5. 旧机动车销售最终价格的确定

旧机动车流通企业通过以上程序制定的价格只是基本价格，只确定了价格的范围和变化的途径。为了实现定价目标，旧机动车流通企业还需要考虑国家的价格政策、用户的要求、产品的性价比、品牌价值及服务水平，应用各种灵活的定价战术对基本价格进行调整，同时将价格策略和其他营销策略结合起来，如针对不同消费心理的心理定价和让利促销的各种折扣定价等，以确定具体的最终价格。

8.2.3　汽车置换

随着我国汽车产业的快速发展，汽车保有量越来越多，同时人们对汽车的需求也越来越多样化，汽车置换作为汽车交易的一种方式逐渐显示出满足人们需要的优越性和调节汽车流通的重要作用。

从国内正在操作的汽车置换业务来看，对汽车置换的定义有狭义和广义的区别。从狭义上来说，汽车置换就是以旧换新业务。经销商通过二手商品的收购与新商品的对等销售获取利益。目前，狭义的置换业务在世界各国都已成为了流行的销售方式。而广义的汽车置换概念则是指在以旧换新业务基础上，还同时兼容二手商品整新、跟踪服务及二手商品在销售乃至折抵分期付款等项目的一系列业务组合，从而使之成为一种有机而独立的营销方式，1997 年美国新车销量不足 1500 万辆，而旧机动车销量却高达 1850 万辆，现在每年销量已突破 1900 万辆的大关。旧机动车作为替代产品，已经对新车销售构成威胁。国内各地的旧机动车市场虽然起步较晚，但目前的交易规模已经相当可观，狭义置换业务也得到了长足的发展。广义的置换业务在国内尚处于萌芽状态，迫切需要各方面的关心和扶持。

1. 我国汽车置换的发展现状

在产销矛盾与市场压力的双重作用下，各大汽车制造商为提高各自市场占有率，对置换业务给予政策扶持。可以说,汽车置换业务在中国市场诞生的那一刻起,就是作为整车新车市场的一个辅助市场和竞争手段。从根本上讲,目前我国旧机动车置换的主要任务还是加快车辆更新周期,刺激新车消费,这和国外市场的经营宗旨是有所区别的,因而具有现阶段鲜明的中国特色。从另一方面讲,各大汽车制造厂商为扶持这一新市场,也给予了重点照顾,无论是车辆供应品种、资金配套、储运分流还是其他相关的广告宣传,制造商给予的关怀可谓无微不至。这也是置换业务能在竞争日趋白热化的汽车市场获得生存并在短时间内打开局面的一个重要原因。

从 2004 年下半年开始,汽车置换业务已逐渐形成规模,成为促进新车销量的新的销售模式。来自上海通用汽车的统计表明,目前其部分经销商月置换量已达到其新车月销量的 15%以上。

1)国内主要汽车置换商简介

过去,由于用户对车辆残值和旧机动车交易行情缺少了解,且缺乏规范、有公信力的专业技术评估手段,导致旧机动车交易障碍重重,市场发展不够规范。2004 年品牌旧机动车的兴起,成为了旧机动车市场的一个亮点。具有原厂质量保证的旧机动车认证和置换服务,为消费者提供了车辆更新和购置的新选择。继上海通用汽车率先进入旧机动车领域后,上海大众、一汽大众、东风日产等厂家也纷纷进军旧机动车市场。

(1)上海通用"诚新旧机动车"。上海通用汽车是国内较早涉足品牌旧机动车领域的汽车制造商,在服务经验、规范化程度,以及开展的业务等方面比较领先,其"诚新旧机动车"品牌已逐渐成为旧机动车市场的一面标杆。目前开展的业务主要还是新车置换,但是业务开展深度较强,认证旧机动车数量较多,可以在全国范围内开展旧机动车的销售。在这个过程当中,积极引入灵活多变的销售策略。2004 年,上海通用汽车开始将中国第一个旧机动车品牌全面升级,由原来的"别克诚新旧机动车"升级为"上海通用汽车诚新旧机动车",并宣布,从 2004 年 8 月 26 日至 9 月 30 日,覆盖全国26 个省、46 个城市的"诚新旧机动车"置换别克新车活动向用户隆重推出旧车免费估价、置换价格优惠、延长质量担保等优惠活动。

(2)一汽大众认证旧机动车。相比上海通用,一汽大众进入旧机动车领域较晚,2004 年 8 月 28 日,一汽大众认证旧机动车首批样板店开业典礼,宣布进军旧机动车业务。相比前者来说,经验和方式等多样性方面不够理想,但也逐渐开展了拍卖等销售方式。首批样板店是一汽大众从全国 347 家特许经销商当中选取了 13 个城市的 16 家信誉较好的,保证能够赢得良好的口碑。

(3)上海大众特选旧机动车。上海大众集团早在 2003 年 11 月就推出了自己的旧机动车交易品牌——上海大众特选旧机动车。其在发展的形势方面和一汽大众认证旧机动车基本相同。上海大众在 20 年的时间里累计销售出 287 万辆汽车,目前保有量达到230 多万辆,是国内汽车品牌中最大保有量的拥有者,车源和用户丰富也是上海大众进行旧机动车交易(包括旧车置换业务)的优势。

从汽车整车制造商进入汽车置换领域的经验看,旧机动车认证及质量保证体系构成了整车厂商与经销商进入品牌旧机动车市场的核心竞争力之一。诚新旧机动车的服务标准对过去缺乏规范的旧机动车交易产生巨大冲击,新的旧机动车交易模式和旧机动车交易标准正在由厂家主导逐渐建立,整车制造商将在汽车置换中起到越来越重要的作用。

另外，开展旧机动车置换业务将成为促进新车销量的新的销售模式，在未来还将成为汽车制造商掌握市场的有力王牌。由此可见，未来汽车市场加强旧机动车的运作能力、抓住市场机遇的能力，对汽车厂家与品牌经销商是至关重要的。

2）国内汽车置换的发展前景

随着国家经济发展，尤其是经济发展重心已经逐渐从沿海向内地省份转移，中西部大开发战略实施必将减少地区间的经济差异，经济趋于同化是不可逆转的趋势。不同地区之间的消费水平会逐渐接近，利用地区需求差别而获得利润即使有也将逐步变得十分有限。与此同时，基于初始阶段的高利润与各大汽车厂商的互相进入策略，可以预见机动车置换领域的竞争将会不断升级。因此，可以依赖的利润来源只能是规模化和服务化，这也将是未来机动车置换竞争的最主要舞台。总之，机动车置换业务是顺应汽车市场激烈竞争和市场需求多样化的必然产物，是促进和发展汽车流通产业的必然趋势。

除了置换业务目的不同之外，在国内开展车辆置换业务的许多客观经营条件如相关法律法规、税制收费政策的制定和完善，旧机动车市场经营、消费环境，旧机动车残余价值评估制度的建立和运作乃至于大众消费者的消费心态等，与发达国家相比，还存在着很大一段距离。

2. 国内主要汽车置换运作模式

从国内的交易情况来看，目前在我国进行汽车置换有 3 种模式。

（1）用本厂旧车置换新车（即以旧换新）。如厂家为"一汽大众"，车主可将旧捷达车折价卖给一汽大众的零售店，再买一辆新宝来。

（2）用本品牌旧车置换新车。如品牌为"大众"，假设拥有一辆旧捷达的车主看上了帕萨特，那么他可以在任何一家"大众"的零售店里置换到一辆他喜欢的帕萨特。

（3）只要购买本厂或本厂家的新车，置换的旧车不限品牌。国外基本上采用的是这种汽车置换方式。上海通用汽车诚新二手车开展的就是这种汽车置换模式，消费者可以用各种品牌的旧机动车置换别克品牌的新车。

如果考虑买车人的选择余地和便利程度，当然是第 3 种方式最佳。不过，这种方式对厂商和经销商而言非常具有挑战性。这是因为，中国的车主一般既不从一而终地在指定维修点维护修理，也不保留车辆的维修档案，车况极不透明；再者，不同品牌、不同型号的车在技术和零部件上千差万别；而且，对于个别已经停产车型更换零部件将越来越麻烦。

对于车主来说，车辆更新是一个繁琐的过程，甚至更新一部车比买新车麻烦得多。在生活节奏日益加快的今天，人们期盼能否有一种便捷的以旧换新业务，使他们在自由选择新车的同时，很方便地处理要更新的旧车。因此，具有汽车置换资质的经销商作为中介的重要作用就显现出来。

3. 汽车置换授权经销商是我国汽车置换运作的中介主体

汽车置换授权经销商的车辆置换服务将消费者淘汰旧车和购买新车的过程结合在一起，一次完成甚至一站完成，为用户解决了先要卖掉旧车再去购买新车的麻烦。

我国汽车置换授权经销商的汽车置换服务一般具有以下特点。

1）打破车型限制

与以往的一些开展汽车置换的厂家或品牌专卖店不同，汽车置换授权经销商对所要置换的旧车以及选择购买的新车，都没有品牌及车型的限制，可以任意置换。汽车置换授权经销商采用汽车连锁超市的模式经营新车的销售，连锁超市中经营的汽车品牌众多，可以满足消费者的不同需求，也可根据顾客的要求，到指定的经销商处，为顾客购进指定的车辆，真正做到了无品牌限制的置换。

2）让利置换，旧车增值

汽车置换授权经销商将车辆置换作为顾客购买新车的一项增值服务，与顾客将旧车出售给旧机动车经纪公司不同，汽车置换授权经销商通常是以旧机动车交易市场旧机动车收购的最高价格甚至高出的价格，确定旧机动车价格，经双方认可后，置换旧机动车的钱款直接冲抵新车的价格。

汽车置换授权经销商有自己的旧机动车经纪公司，同时与旧机动车交易市场中的众多经纪公司保持联系，保证市场信息渠道的畅通，以及所置换的旧车能够有快速的通路。车况较好的旧车，汽车置换授权经销商经过整修后，补充到租赁车队中投放低端租车市场，用租赁收入弥补旧车的增值部分后，到旧机动车市场处置；或者发挥汽车置换授权经销商租车网络优势，在周边中小城市租赁运营。

3）"全程一对一"的置换服务

汽车置换授权经销商汽车连锁销售提供的车辆置换服务，是一种"全程一对一"的服务模式。由于汽车置换授权经销商的业务涉及汽车租赁、销售、汽车金融以及旧机动车经纪，因此顾客在汽车置换授权经销商选择置换的购车方式后，从旧车定价、过户手续、到新车的贷款、购买、保险、牌照等过程都由汽车置换授权经销商公司内部的专业部门完成，保证了效率和服务水准。

4）完善的售后服务

在汽车置换授权经销商通过置换购买的新车，汽车置换授权经销商将提供包括保险、救援、替换车、异地租车等服务在内的完善的售后服务。对于符合条件的顾客，汽车置换授权经销商还提供更加个性化的车辆保值回购计划，使顾客可以无须考虑再次更新时的车辆残值，安心使用车辆。

4. 汽车置换质量认证

汽车置换中一个最重要、最容易引起争议的问题就是置换旧车的质量问题。和新车交易相比，旧机动车市场存在很多不透明的地方，旧机动车评估本身就比较复杂，加上旧机动车交易又是"一旦售出，后果自理"，所以在购买旧机动车的时候，大部分的消费者并不信任卖家。为了保障交易双方权益、减少纠纷，国外汽车厂商从20世纪90年代就开始对汽车进行质量认证，我国的汽车厂商也开始逐步开展这一业务。汽车厂家利用自己的技术、设备、人员以及信誉优势，对回购的旧机动车进行检测、修复，给当前庞大的旧机动车消费群体提供"放心车"、"明白车"，即使价格高于其他市场上的旧机动车，消费者也认为值得。同时汽车厂家介入旧机动车市场也为规范旧机动车市场、降低交通安全隐患带来了积极的影响。

旧机动车认证方案的开展是市场对旧机动车刮目相看的首要原因，现在已经得到广泛的支持，很多汽车生产厂家还针对旧机动车推出一些令人鼓舞的消费措施。目前，认证方案项目一般包括：合格的质量要求、严格的检测标准、质量改进保证、过户保证以及比照新车销售推出的送货方案，一些大公司开展的认证还包括提供与新车一样利率的购车贷款。通过认证，顾客和经销商双方都从中得到了实惠。首先顾客对自己购买旧机动车的心态更加趋于平和，相应地，经销商也实现了认证车辆的溢价销售。而且，顾客再不会有车刚到手就发生故障的经历，经销商也不必再面对恼怒顾客的争吵。

我国旧机动车认证主要是在一些合资企业中开展，这其中以上汽通用公司和一汽大众公司为代表。

1）上汽通用公司的旧机动车认证

上海通用汽车认证的旧机动车要经过多道程序的严格筛选。首先，认证的旧机动车有自己统一的品牌，是和诚信谐音的"诚新"，能通过认证，并打上这个牌子的旧机动车要达到以下条件：首先是无法律纠纷，非事故车，无泡水经历；其次使用不超过5年，行驶10万km以内；原来用途不是用于营运和租赁。

上汽通用的旧机动车认证有106项检验项目，这106项检验要进行两次，进场时进行一次，整修后还要进行一次。106项检验主要包括车身、电气、底盘、制动等六大类，基本囊括了整个汽车的零配件。通过筛选的旧机动车，经过整修，再进行106项检测，全部合格后才能获得上海通用公司的认证书。经认证过的旧机动车出售后能获得半年1万km的质量保证，在质保期间，如果车辆出现质量问题，客户可以在全国联网的品牌专业维修店获得免费修理和零配件更换。

2）一汽大众的旧机动车认证

一汽大众的旧机动车认证有138项检测标准，包括：发动机（检查压缩比、排放、点火正时等11项）；离合器（离合器线束调整、噪声检测等5项）；变速器（变速器各挡位操控性、变速器油油位等8项）；悬架（减振器泄漏等5项）；传动系统（差速器泄漏和噪声等4项）；转向系统（转向齿条等7项）；制动（制动蹄片磨损情况等s项）；制冷系统（管道泄漏等4项）；轮胎轮辋（前轮定位等5项）；仪表（仪表灯亮度等15项）；灯光系统（车内外灯光光线、报警灯等10项）；电子电器（蓄电池、各种熔断器等8项）；车辆外部（刮水器胶皮磨损等7项）；车辆内部（座椅、杯架、后视镜等9项）；空调（气流、风向等6项）；收音机及CD（播放器、扬声器等3项）；内饰外观洛种塑料件、装饰件等3项）；车身及漆面（破裂、刮蹭等5项）；完备性（备胎、说明书等7项）；最终路试（操控性、循迹性等11项）。

5. 汽车置换的服务程序

汽车置换包括旧车出售和新车购买二个环节。不同的汽车置换授权经销商对汽车置换流程的规定不完全一样。

国内一般汽车置换程序如下。

（1）顾客通过电话或直接到汽车置换授权经销商处进行咨询，也可以登录汽车置换授权经销商的网站进行置换登记。

（2）汽车评估定价。

（3）汽车置换授权经销商销售顾问陪同选订新车。

（4）签订旧车购销协议以及置换协议。

（5）置换旧车的钱款直接冲抵新车的车款，顾客补足新车差价后，办理提车手续，或由汽车置换授权经销商的销售顾问协助在指定的经销商处提取所订车辆，汽车置换授权经销商提供一条龙服务。

（6）顾客如需贷款购新车，则置换旧车的钱款作为新车的首付款，汽车置换授权经销商为顾客办理购车贷款手续，建立提供因汽车消费信贷所产生的资信管理服务，并建立个人资信数据库。

（7）汽车置换授权经销商办理旧车过户手续，顾客提供必要的协助和材料。

（8）汽车置换授权经销商为顾客提供全程后续服务。在汽车置换中，新车可选择仍使用原车牌照，或上新牌照，购买新车需交钱款 = 新车价格 – 旧车评估价格，如果旧车贷款尚未还清，可由经销商垫付还清贷款，款项计入新车需交钱款。

8.3 旧机动车交易手续及变更程序

8.3.1 旧机动车的交易手续

旧机动车的手续是指机动车上路行驶，按照国家法规和地方法规应该办理的各项有效证件和应该交纳的各项税费凭证。旧机动车属特殊商品，它的价值包括车辆实体本身的有形价值和以各项手续构成的无形价值，只有这些手续齐全，才能发挥机动车辆的实际效用，才能构成车辆的全价值。如果某汽车购买使用一段时间以后，一直不按规定年检、交纳各种规费，那么这辆车只能闲置库房，不能发挥效用，这样的车技术状况再好，其价值几乎是等于零。

1. 旧机动车交易的证件

1）机动车来历凭证

机动车来历凭证分新车来历凭证和旧车来历凭证。

新车来历凭证是指经国家工商行政管理机关验证盖章的机动车销售发票。其中没收的走私、非法拼（组）装汽车、摩托车的销售发票是国家指定的机动车销售单位的销售发票。

旧车来历凭证是指经国家工商行政管理机关验证盖章的旧机动车交易发票。除此而外，还有因经济赔偿、财产分割等所有权发生转移，由人民法院出具的发生法律效力的判决书、裁定书、调解书。

从机动车来历凭证，可以看出车主购置车辆日期和原始价值。机动车原值是旧机动车鉴定评估的评估参数之一。从目前情况看，由于旧机动车鉴定评估没有统一的、科学的定价标准，故旧机动车交易凭证不能反映车辆购置日期的购进价格。

2）机动车行驶证

机动车行驶证是由公安车辆管理机关依法对机动车辆进行注册登记核发的证件，它是机动车取得合法行驶权的凭证。农用拖拉机由当地公安交通管理部门委托农机监理部门核发证件。机动车行驶证是机动车上路行驶必须携带的证件，也是旧机动车过户、转籍必不可少的证件。

3）机动车号牌

机动车号牌是由公安车辆管理机关依法对机动车辆进行注册登记核发的号牌，它和机动车行驶证一同核发，其号牌字码与行驶证号牌应该一致。公安交通管理机关严禁无号牌的机动车辆上路行驶，机动车号牌严禁转借、涂改和伪造。

4）道路运输证

道路运输证是县级以上人民政府交通主管部门设置的道路运输管理机构对从事旅客运输（包括城市出租客运）、货物运输的单位和个人核发的随车携带的证件，营运车辆转籍过户时，应到运管机构及相关部门办理营运过户有关手续。

5）准运证

准运证是广东、福建、海南三省口岸进口并需运出三省以及三省从其他口岸进口需销往外省市的进口新旧汽车，必须经国家内贸局审批核发的证件。准运证一车一证，不能一证多车。

6）其他证件

其他证件即买卖双方证明或居民身份证。这些证件主要是向注册登记机关证明机动车所有权转移的车主身份证明和住址证明。

2. 旧机动车的税费缴纳凭证

1）车辆购置附加费

车辆购置附加费是由国务院于 1985 年 4 月 2 日发文，决定对所有购置车辆的单位和个人，包括国家机关和单位一律征收车辆购置附加费，其目的是切实解决发展公路运输事业与国家财力紧张的突出矛盾，将车辆购置附加费作为我国公路建设的一项长期稳定的资金来源，车辆购置附加费由交通部门负责征收工作，基金的使用由交通部按照国家有关规定统一安排，车辆购置附加费的征收标准，一般是车辆价格的 10% 左右。按照国家规定，车辆购置附加费的征收和免征范围如下。

（1）车辆购置附加费的征收范围。

① 国内生产和组装（包括各种形式的中外合资和外资企业生产和组装的）并在国内销售和使用的大、小客车、通用型载货汽车、越野车、客货两用汽车、摩托车（二轮、三轮）、牵引车、半挂牵引车以及其他运输车（如厢式车、集装箱车、自卸汽车、液罐车、粉状粒状物散装车、冷冻车、保温车、牲畜车、邮政车等）和挂车、半挂车、特种挂车等。

② 国外进口的（新的和旧的）前款所列车辆。

（2）下列车辆免征车辆购置附加费。

① 设有固定装置的非运输用车辆。

② 外国驻华使领馆自用车辆，联合国所属驻华机构和国际金融组织自用车辆。

③ 其他经交通部、财政部批准免征购置附加费的车辆。

2）机动车辆保险费

机动车辆保险费是为了防止机动车辆发生意外事故，避免用户发生较大损失而向保险公司所交付的费用。该项费用各地区还有所不同，交纳时按本地区保险费用交付。机动车辆保险，就是各种机动车辆在使用过程中发生肇事车辆造成车辆本身以及第三者人身伤亡和财产损失后的一种经济补偿制度。保险险种有 6 个：车辆损失险、第三者责任险、车辆风窗玻璃单独破碎险、乘客意外伤害责任险、驾驶员意外伤害责任险和机动车辆盗抢险。其中，第三者责任险是强制性的，必须投保。再就是车辆损失险和机动车辆盗抢险两种应重点投保。

3）车船使用税

国务院 1986 年发布《中华人民共和国车船使用税暂行条例》规定，凡在中华人民共和国境内拥有车船的单位和个人，都应该依照规定缴纳车船使用税，这项税收按年征收，分期缴纳。

4）客、货运附加费

客、货运附加费是国家本着取之于民、用之于民的原则，向从事客、货营运的单位或个人征收的专项基金。它属于地方建设专项基金，各地征收的名称叫法不一，收取的标准也不尽相同。客运附加费的征收是用于公路汽车客运站点设施建设的专项基金；货运附加费的征收是用于港航、站场、公路和车船技术改造的专项基金。

3. 旧机动车交易的证件检查

一般旧机动车交易应该检查的证件和凭证如下：买卖双方证明或居民身份证、购车发票复印件、机动车行驶证、营运车辆外卖单、车辆购置附加费、公路养路费缴讫证、车辆保险、车船使用税、客运、货运附加费及地方政府规定交纳的税费凭证。有些地方对轿车进行控购的，还应检查轿车定编证。由广东、福建、海南三省口岸进口运出三省，以及三省从其他口岸进口需销往外省市的进口旧机动车，还应检查准运证。检查基本内容如下。

（1）核实委托评估的车辆产权。上述证件分别是一车一证，一套证件其车主的单位名称或个人姓名、发动机号、车架号等均应该一致。

（2）检查车辆原始发票或旧机动车交易凭证，了解购置日期和账面原值，是否经工商行政管理机关验证盖章。

（3）交易车辆是否到公安车辆管理机关临时检验，查看机动车行驶证副页检验栏目是否盖有检验专用章，填注检验有效时间是否失效。

（4）证件上的号牌、发动机号、车架号码与车辆实物是否一致，如发现不一致或有改动、有凿痕、挫痕、重新打刻、垫支金属块等人为改变或毁坏的现象，应及时向公安机关报告，扣车审查。

（5）车辆购置附加费是否真实有效。

（6）是否缴纳当年的车船使用税。

（7）是否按国家规定购买交强险。

（8）检查营运车辆外卖单。外卖单是营运车辆转籍过户时向运输管理机构及相关部门办理的一套手续，该手续涉及车主各项规费的交纳，是否违法经营等综合管理方面的问题。故这一手续，一般由营运单位或个人自己办理后，再行交易。

（9）检查各种证件的真伪。

4. 旧机动车交易中证件识伪

旧机动车是高价商品，一方面违法者总是试图从这里寻找突破口，从中获取暴利；

另一方面用户利益一旦受到损失，不仅金额巨大，而且往往带来许多难以解决的后续问题。因此，提醒大家要防止假冒欺骗行为。

旧机动车交易的手续证件和税费凭证，违法者都可能伪造，他们伪造的主要目的有3个：一是将非法车辆挂上伪造牌号，携带伪造行驶证非法上路行使，以蒙骗公安交通管理部门的检查；二是伪造各种税费凭证，企图拖、欠、漏、逃应交纳的各种规费；三是在交易中以伪造证件，蒙骗用户从中获取暴利。常见的伪造证件和凭证有：机动车号牌、机动车行驶证、车辆购置附加费凭证、公路养路费票证、准运证。

1）机动车号牌的识伪

非法者常以非法加工，偷牌拼装等手段伪造机动车号牌。国家规定，机动车号牌生产实行准产管理制度，凡生产号牌的企业，必须申请号牌准产证，经省级公安交通管理部门综合评审，对符合条件的企业发给《机动车号牌准产证》，其号牌质量必须达到公安行业标准。号牌上加有防伪合格标记。因些，机动车号牌的识伪方法：一是看号牌的识伪标记；二是看号牌底漆颜色深浅；三是看白底色或白字体是否涂以反光材料；四是查看号牌是否按规格冲压边框，字体是否模糊等。

2）机动车行驶证的识伪

国家对行驶证制作，也有统一规定，为了防止伪造行驶证，行驶证塑封套上有用紫光灯可识别的不规则的与行驶证卡片上图形相同的暗记，并且行驶证上按要求粘贴车辆彩色照片。因此机动车行驶证最好的识伪方法，就是先查看识伪标记，再查看车辆彩照与实物是否相符；再次将被查行驶证上的印刷字体字号、纸质、印刷质量与车辆管理机关核发的行驶证式样进行比较认定。一般来说，伪造行驶证纸质差，印刷质量模糊。

3）车辆购置附加费和公路养路费凭证的识伪

车辆购置附加费单位价值大，曾经有一段时间，有些单位和个人千方百计逃避附加费的征收，造成漏征现象；有些地方少数不法分子伪造，倒卖车辆购置附加费凭证。他们对那些漏征或来历不明的车辆，在交易市场上以伪造凭证蒙骗坑害用户，从中获取暴利。车辆购置附加费凭证真伪的识别一是以对比法进行认定；二是到征收机关查验。

4）准运证的识伪

一段时期以来，伪造"准运证"的现象十分突出，有时这些假证还会在路途检查中蒙混过关。因此，内地购买这类车辆时要注意这些证件的真伪和有效性。鉴别方法：一是请当地市以上的工商行政管理机关、内贸管理部门或公安车辆管理部门帮助认定；二是自己寻找现行的由国家内贸部门会同有关部门下发的"准运证"式样进行对比认定。国家内贸部门发放的"准运证"式样是不定期更换的，要注意"准运证"的时效性。

8.3.2　旧机动车交易过户、转籍的办理程序

1997年5月20日，公安部关于印发《机动车注册登记工作规范》的通知中，规范了旧机动车交易过户、转籍登记行为，全国车辆管理机关在执行这一法定程序时，由于各地区情况不一，在执行时根据实际情况略有变化。对旧机动车鉴定评估人员来说，除了掌握旧机动车交易过户、转籍的办理程序以外，也有必要熟悉新机动车牌号、行驶证

的核发程序。

1. 新车注册登记

没有注册的机动车辆向公安车辆管理机关申请号牌和行驶证的登记。

1）准备事项

（1）领取和填写（机动车登记表）一式三份，经单位、自检组盖章，填写自检组代码，私车还需填写车主居民身份证号码并带车主居民身份证复印件一份。

（2）提供车辆合法来历证明。车辆销售发票（须经工商行政管理机关验证盖章）、车辆合格证（或货物进口证明书及商检证或没收证明书）。

（3）在当地财产保险公司参加第三者责任法定保险。

（4）在当地车辆购置附加费办公室办理"缴费凭证"或"免缴凭证"。

2）办理程序

车辆检验—登记审核—核发号牌—固封号牌—车辆照相—核发行驶证。

（1）车主持登记表、车辆发票、合格证到车辆管理所办理"市内移动证"，车辆到车辆管理所机动车安全技术检测站进行安全技术检验（对部分国产车型不再进行安全性能检测，仅确认车辆型号、车身颜色、车架号码、发动机号码），领取车辆检测记录单。

（2）车主持上述资料到车辆管理所办理登记审核手续并交费后，领取机动车行驶证（待办凭证），凭《待办凭证》领取新号牌，将车开到车辆管理所"车辆装牌、照相处"接受安装、固封号牌和车辆照相，15天内凭《待办凭证》到车辆管理所领取行驶证。

车主领到行驶证后还应办理车船使用税的纳税事宜；办理"车辆购置附加费"回执登记。

2. 旧车转籍登记

1）车辆转入

车辆转入是指在外地登记注册的车辆办理转出手续后，持外地车辆管理所封装的档案在本地申领号牌和行驶证。

（1）外地转入的机动车档案。

（2）车辆财产转移证明或车主工作地址变动申请入籍报告。

（3）领填（机动车登记表）一式三份，经单位、自检组盖章，填写自检组代码，私车还须填写居民身份证号码并带车主居民身份证复印件一份。

车主持上述资料在车辆管理所办理转入档案的审核，经审核符合要求并签注意见后，车主参照新车初次注册登记程序依次进行。

2）车辆转出

车辆转出是指本地已注册登记的车辆，因车主工作地址变动或车辆转往外地时，办理的车辆档案转出。

（1）车主持双方证明和行驶证在车辆管理所签发《机动车辆交易申请单》后到机动车交易市场取得交易发票。

（2）凭车辆财产转移证明（交易发票、调拨证明、司法证明、政府批文、车主工作地址变动申请报告）到原车主所辖交通大队提取该车《机动车登记表》。

（3）出让方填写《机动车定期检验表》一份并加盖公章、《机动车档案异动卡》一份。

（4）机动车行驶证和号牌。

持上述资料到车辆管理所办理转出手续后，领取临时号牌并交费盖章后，领取密封好的车辆转出档案。

各类机动车辆办理车辆转出手续后，持车辆财产转移证明或工作地址变动申请报告、转出车辆档案到各有关部门办理"车辆购置附加费凭证"的转出事宜。

3. 旧机动车过户

1）跨区过户

准备事项如下。

（1）车主持双方证明和行驶证在车辆管理所签发《机动车辆交易申请单》后到机动车交易市场取得交易发票。

（2）新车主（受让方）填写《机动车登记表》一式三份，经单位、自检组盖章，填写自检组代码，私车还须填写车主居民身份证号码并带车主居民身份证复印件一份。

（3）凭车辆财产转移证明（交易发票、调拨证明、司法证明、政府批文）到原车主所辖交通大队提取该车《机动车登记表》。

（4）车辆原号牌和行驶证。

车主持上述资料到车辆管理所办理过户登记手续，领取《待办凭证》，凭《待办凭证》领取新号牌，将车开到车辆管理所的车辆装牌、照相处接受安装、固封号牌和车辆照相，15天内凭《待办凭证》到车辆管理所领取新行驶证。

2）本区过户

准备事项如下。

（1）车主持双方证明和行驶证在车辆管理所签发《机动车辆交易申请单》后到机动车交易市场取得交易发票。

（2）新车主（受让方）填写《机动车过户审批申请表》一式两份，经单位、自检组盖章，填写自检组代码，私车还须填写车主居民身份证号码并带新车主居民身份证复印件一份。

（3）机动车行驶证。

（4）交易发票或调拨证明、司法证明、政府批文。

车主持上述资料到车辆管理所办理过户登记手续，领取《待办凭证》后，将车并到车辆管理所的车辆装牌、照相处进行车辆照相。15天内凭（待办凭证）到车辆管理所领取新行驶证。

各类机动车过户领取行驶证后，新车主须持车辆财产转移证明到主管部门办理"车辆购置附加费凭证"的过户、回执事宜。

旧机动车交易和评估相关政策法规

二手车流通管理办法

第一章 总 则

第一条 为加强二手车流通管理，规范二手车经营行为，保障二手车交易双方的合法权益，促进二手车流通健康发展，依据国家有关法律、行政法规，制定本办法。

第二条 在中华人民共和国境内从事二手车经营活动或者与二手车相关的活动，适用本办法。

本办法所称二手车，是指从办理完注册登记手续到达到国家强制报废标准之前进行交易并转移所有权的汽车（包括三轮汽车、低速载货汽车，即原农用运输车，下同）、挂车和摩托车。

第三条 二手车交易市场是指依法设立、为买卖双方提供二手车集中交易和相关服务的场所。

第四条 二手车经营主体是指经工商行政管理部门依法登记，从事二手车经销、拍卖、经纪、鉴定评估的企业。

第五条 二手车经营行为是指二手车经销、拍卖、经纪、鉴定评估等。

（一）二手车经销是指二手车经销企业收购、销售二手车的经营活动；

（二）二手车拍卖是指二手车拍卖企业以公开竞价的形式将二手车转让给最高应价者的经营活动；

（三）二手车经纪是指二手车经纪机构以收取佣金为目的，为促成他人交易二手车而从事居间、行纪或者代理等经营活动；

（四）二手车鉴定评估是指二手车鉴定评估机构对二手车技术状况及其价值进行鉴定评估的经营活动。

第六条 二手车直接交易是指二手车所有人不通过经销企业、拍卖企业和经纪机构将车辆直接出售给买方的交易行为。二手车直接交易应当在二手车交易市场进行。

第七条 国务院商务主管部门、工商行政管理部门、税务部门在各自的职责范围内负责二手车流通有关监督管理工作。

省、自治区、直辖市和计划单列市商务主管部门（以下简称省级商务主管部门）、工商行政管理部门、税务部门在各自的职责范围内负责辖区内二手车流通有关监督管理工作。

第二章　设立条件和程序

第八条 二手车交易市场经营者、二手车经销企业和经纪机构应当具备企业法人条件，并依法到工商行政管理部门办理登记。

第九条 二手车鉴定评估机构应当具备下列条件：

（一）是独立的中介机构；

（二）有固定的经营场所和从事经营活动的必要设施；

（三）有3名以上从事二手车鉴定评估业务的专业人员（包括本办法实施之前取得国家职业资格证书的旧机动车鉴定估价师）；

（四）有规范的规章制度。

第十条 设立二手车鉴定评估机构，应当按下列程序办理：

（一）申请人向拟设立二手车鉴定评估机构所在地省级商务主管部门提出书面申请，并提交符合本办法第九条规定的相关材料；

（二）省级商务主管部门自收到全部申请材料之日起20个工作日内作出是否予以核准的决定，对予以核准的，颁发《二手车鉴定评估机构核准证书》；不予核准的，应当说明理由；

（三）申请人持《二手车鉴定评估机构核准证书》到工商行政管理部门办理登记手续。

第十一条 外商投资设立二手车交易市场、经销企业、经纪机构、鉴定评估机构的申请人，应当分别持符合第八条、第九条规定和《外商投资商业领域管理办法》、有关外商投资法律规定的相关材料报省级商务主管部门。省级商务主管部门进行初审后，自收到全部申请材料之日起1个月内上报国务院商务主管部门。合资中方有国家计划单列企业集团的，可直接将申请材料报送国务院商务主管部门。国务院商务主管部门自收到全部申请材料3个月内会同国务院工商行政管理部门，作出是否予以批准的决定，对予以批准的，颁发或者换发《外商投资企业批准证书》；不予批准的，应当说明理由。

申请人持《外商投资企业批准证书》到工商行政管理部门办理登记手续。

第十二条 设立二手车拍卖企业（含外商投资二手车拍卖企业）应当符合《中华人民共和国拍卖法》和《拍卖管理办法》有关规定，并按《拍卖管理办法》规定的程序办理。

第十三条 外资并购二手车交易市场和经营主体及已设立的外商投资企业增加二手车经营范围的，应当按第十一条、第十二条规定的程序办理。

第三章　行　为　规　范

第十四条　二手车交易市场经营者和二手车经营主体应当依法经营和纳税，遵守商业道德，接受依法实施的监督检查。

第十五条　二手车卖方应当拥有车辆的所有权或者处置权。二手车交易市场经营者和二手车经营主体应当确认卖方的身份证明，车辆的号牌、《机动车登记证书》、《机动车行驶证》，有效的机动车安全技术检验合格标志、车辆保险单、交纳税费凭证等。

国家机关、国有企事业单位在出售、委托拍卖车辆时，应持有本单位或者上级单位出具的资产处理证明。

第十六条　出售、拍卖无所有权或者处置权车辆的，应承担相应的法律责任。

第十七条　二手车卖方应当向买方提供车辆的使用、修理、事故、检验以及是否办理抵押登记、交纳税费、报废期等真实情况和信息。买方购买的车辆如因卖方隐瞒和欺诈不能办理转移登记，卖方应当无条件接受退车，并退还购车款等费用。

第十八条　二手车经销企业销售二手车时应当向买方提供质量保证及售后服务承诺，并在经营场所予以明示。

第十九条　进行二手车交易应当签订合同。合同示范文本由国务院工商行政管理部门制定。

第二十条　二手车所有人委托他人办理车辆出售的，应当与受托人签订委托书。

第二十一条　委托二手车经纪机构购买二手车时，双方应当按以下要求进行：

（一）委托人向二手车经纪机构提供合法身份证明；

（二）二手车经纪机构依据委托人要求选择车辆，并及时向其通报市场信息；

（三）二手车经纪机构接受委托购买时，双方签订合同；

（四）二手车经纪机构根据委托人要求代为办理车辆鉴定评估，鉴定评估所发生的费用由委托人承担。

第二十二条　二手车交易完成后，卖方应当及时向买方交付车辆、号牌及车辆法定证明、凭证。车辆法定证明、凭证主要包括：

（一）《机动车登记证书》；

（二）《机动车行驶证》；

（三）有效的机动车安全技术检验合格标志；

（四）车辆购置税完税证明；

（五）养路费缴付凭证；

（六）车船使用税缴付凭证；

（七）车辆保险单。

第二十三条　下列车辆禁止经销、买卖、拍卖和经纪：

（一）已报废或者达到国家强制报废标准的车辆；

（二）在抵押期间或者未经海关批准交易的海关监管车辆；

（三）在人民法院、人民检察院、行政执法部门依法查封、扣押期间的车辆；

（四）通过盗窃、抢劫、诈骗等违法犯罪手段获得的车辆；

（五）发动机号码、车辆识别代号或者车架号码与登记号码不相符，或者有凿改迹象的车辆；

（六）走私、非法拼（组）装的车辆；

（七）不具有第二十二条所列证明、凭证的车辆；

（八）在本行政辖区以外的公安机关交通管理部门注册登记的车辆；

（九）国家法律、行政法规禁止经营的车辆。

二手车交易市场经营者和二手车经营主体发现车辆具有（四）、（五）、（六）情形之一的，应当及时报告公安机关、工商行政管理部门等执法机关。

对交易违法车辆的，二手车交易市场经营者和二手车经营主体应当承担连带赔偿责任和其他相应的法律责任。

第二十四条　二手车经销企业销售、拍卖企业拍卖二手车时，应当按规定向买方开具税务机关监制的统一发票。

进行二手车直接交易和通过二手车经纪机构进行二手车交易的，应当由二手车交易市场经营者按规定向买方开具税务机关监制的统一发票。

第二十五条　二手车交易完成后，现车辆所有人应当凭税务机关监制的统一发票，按法律、法规有关规定办理转移登记手续。

第二十六条　二手车交易市场经营者应当为二手车经营主体提供固定场所和设施，并为客户提供办理二手车鉴定评估、转移登记、保险、纳税等手续的条件。二手车经销企业、经纪机构应当根据客户要求，代办二手车鉴定评估、转移登记、保险、纳税等手续。

第二十七条　二手车鉴定评估应当本着买卖双方自愿的原则，不得强制进行；属国有资产的二手车应当按国家有关规定进行鉴定评估。

第二十八条　二手车鉴定评估机构应当遵循客观、真实、公正和公开原则，依据国家法律法规开展二手车鉴定评估业务，出具车辆鉴定评估报告；并对鉴定评估报告中车辆技术状况，包括是否属事故车辆等评估内容负法律责任。

第二十九条　二手车鉴定评估机构和人员可以按国家有关规定从事涉案、事故车辆鉴定等评估业务。

第三十条　二手车交易市场经营者和二手车经营主体应当建立完整的二手车交易购销、买卖、拍卖、经纪以及鉴定评估档案。

第三十一条　设立二手车交易市场、二手车经销企业开设店铺，应当符合所在地城市发展及城市商业发展有关规定。

第四章　监督与管理

第三十二条　二手车流通监督管理遵循破除垄断，鼓励竞争，促进发展和公平、公正、公开的原则。

第三十三条　建立二手车交易市场经营者和二手车经营主体备案制度。凡经工商行政管理部门依法登记，取得营业执照的二手车交易市场经营者和二手车经营主体，应当自取得营业执照之日起2个月内向省级商务主管部门备案。省级商务主管部门应当将二手车交易市场经营者和二手车经营主体有关备案情况定期报送国务院商务主管部门。

第三十四条 建立和完善二手车流通信息报送、公布制度。二手车交易市场经营者和二手车经营主体应当定期将二手车交易量、交易额等信息通过所在地商务主管部门报送省级商务主管部门。省级商务主管部门将上述信息汇总后报送国务院商务主管部门。国务院商务主管部门定期向社会公布全国二手车流通信息。

第三十五条 商务主管部门、工商行政管理部门应当在各自的职责范围内采取有效措施，加强对二手车交易市场经营者和经营主体的监督管理，依法查处违法违规行为，维护市场秩序，保护消费者的合法权益。

第三十六条 国务院工商行政管理部门会同商务主管部门建立二手车交易市场经营者和二手车经营主体信用档案，定期公布违规企业名单。

第五章 附 则

第三十七条 本办法自 2005 年 10 月 1 日起施行，原《商务部办公厅关于规范旧机动车鉴定评估管理工作的通知》（商建字〔2004〕第 70 号）、《关于加强旧机动车市场管理工作的通知》（国经贸贸易〔2001〕1281 号）、《旧机动车交易管理办法》（内贸机字〔1998〕第 33 号）及据此发布的各类文件同时废止。

汽车贸易政策

第一章 总 则

第一条 为建立统一、开放、竞争、有序的汽车市场,维护汽车消费者合法权益,推进我国汽车产业健康发展,促进消费,扩大内需,特制定本政策。

第二条 国家鼓励发展汽车贸易,引导汽车贸易业统筹规划,合理布局,调整结构,积极运用现代信息技术、物流技术和先进的经营模式,推进电子商务,提高汽车贸易水平,实现集约化、规模化、品牌化及多样化经营。

第三条 为创造公平竞争的汽车市场环境,发挥市场在资源配置中的基础性作用,坚持按社会主义市场经济规律,进一步引入竞争机制,扩大对内对外开放,打破地区封锁,促进汽车商品在全国范围内自由流通。

第四条 引导汽车贸易企业依法、诚信经营,保证商品质量和服务质量,为消费者提供满意的服务。

第五条 为提高我国汽车贸易整体水平,国家鼓励具有较强的经济实力、先进的商业经营管理经验和营销技术以及完善的国际销售网络的境外投资者投资汽车贸易领域。

第六条 充分发挥行业组织、认证机构、检测机构的桥梁纽带作用,建立和完善独立公正、规范运作的汽车贸易评估、咨询、认证、检测等中介服务体系,积极推进汽车贸易市场化进程。

第七条 积极建立、完善相关法规和制度,加快汽车贸易法制化建设。设立汽车贸易企业应当具备法律、行政法规规定的有关条件,国务院商务主管部门会同有关部门研究制定和完善汽车品牌销售、二手车流通、汽车配件流通、报废汽车回收等管理办法、规范及标准,依法管理、规范汽车贸易的经营行为,维护公平竞争的市场秩序。

第二章 政 策 目 标

第八条 通过本政策的实施,基本实现汽车品牌销售和服务,形成多种经营主体与经营模式并存的二手车流通发展格局,汽车及二手车销售和售后服务功能完善、体系健全;汽车配件商品来源、质量和价格公开、透明,假冒伪劣配件商品得到有效遏制,报废汽车回收拆解率显著提高,形成良好的汽车贸易市场秩序。

第九条 到 2010 年,建立起与国际接轨并具有竞争优势的现代汽车贸易体系,拥有一批具有竞争实力的汽车贸易企业,贸易额有较大幅度增长,贸易水平显著提高,对外贸易能力明显增强,实现汽车贸易与汽车工业的协调发展。

第三章 汽 车 销 售

第十条 境内外汽车生产企业凡在境内销售自产汽车的,应当尽快建立完善的汽车品牌销售和服务体系,确保消费者在购买和使用过程中得到良好的服务,维护其合法权益。汽车生产企业可以按国家有关规定自行投资或授权汽车总经销商建立品牌销售和服务体系。

第十一条　实施汽车品牌销售和服务。自 2005 年 4 月 1 日起，乘用车实行品牌销售和服务；自 2006 年 12 月 1 日起，除专用作业车外，所有汽车实行品牌销售和服务。

从事汽车品牌销售活动应当先取得汽车生产企业或经其授权的汽车总经销商授权。汽车（包括二手车）经销商应当在工商行政管理部门核准的经营范围内开展汽车经营活动。

第十二条　汽车供应商应当制订汽车品牌销售和服务网络规划。为维护消费者的利益，汽车品牌销售和与其配套的配件供应、售后服务网点相距不得超过 150km。

第十三条　汽车供应商应当加强品牌销售和服务网络的管理，规范销售和服务，在国务院工商行政管理部门备案并向社会公布后，要定期向社会公布其授权和取消授权的汽车品牌销售和服务企业名单，对未经品牌授权或不具备经营条件的经销商不得提供汽车资源。汽车供应商有责任及时向社会公布停产车型，并采取积极措施在合理期限内保证配件供应。

第十四条　汽车供应商和经销商应当通过签订书面合同明确双方的权利和义务。汽车供应商要对经销商提供指导和技术支持，不得要求经销商接受不平等的合作条件，以及强行规定经销数量和进行搭售，不应随意解除与经销商的合作关系。

第十五条　汽车供应商应当按国家有关法律法规以及向消费者的承诺，承担汽车质量保证义务，提供售后服务。

汽车经销商应当在经营场所向消费者明示汽车供应商承诺的汽车质量保证和售后服务，并按其授权经营合同的约定和服务规范要求，提供相应的售后服务。

汽车供应商和经销商不得供应和销售不符合机动车国家安全技术标准、未获国家强制性产品认证、未列入《道路机动车辆生产企业及产品公告》的汽车。进口汽车未按照《中华人民共和国进出口商品检验法》及其实施条例规定检验合格的，不准销售使用。

第四章　二手车流通

第十六条　国家鼓励二手车流通。建立竞争机制，拓展流通渠道，支持有条件的汽车品牌经销商等经营主体经营二手车，以及在异地设立分支机构开展连锁经营。

第十七条　积极创造条件，简化二手车交易、转移登记手续，提高车辆合法性与安全性的查询效率，降低交易成本，统一规范交易发票；强化二手车质量管理，推动二手车经销商提供优质售后服务。

第十八条　加快二手车市场的培育和建设，引导二手车交易市场转变观念，强化市场管理，拓展市场服务功能。

第十九条　实施二手车自愿评估制度。除涉及国有资产的车辆外，二手车的交易价格由买卖双方商定，当事人可以自愿委托具有资格的二手车鉴定评估机构进行评估，供交易时参考。除法律、行政法规规定外，任何单位和部门不得强制或变相强制对交易车辆进行评估。

第二十条　积极规范二手车鉴定评估行为。二手车鉴定评估机构应当本着"客观、真实、公正、公开"的原则，依据国家有关法律法规，开展二手车鉴定评估经营活动，出具车辆鉴定评估报告，明确车辆技术状况（包括是否属事故车辆等内容）。

第二十一条　二手车经营、拍卖企业在销售、拍卖二手车时，应当向买方提供真实情况，不得有隐瞒和欺诈行为。所销售和拍卖的车辆必须具有机动车号牌、《机动车登记证书》、《机动车行驶证》、有效的机动车安全技术检验合格标志、车辆保险单和交纳税费凭证等。

第二十二条　二手车经营企业销售二手车时，应当向买方提供质量保证及售后服务承诺。在产品质量责任担保期内的，汽车供应商应当按国家有关法律法规以及向消费者的承诺，承担汽车质量保证和售后服务。

第二十三条　从事二手车拍卖和鉴定评估经营活动应当经省级商务主管部门核准。

第五章　汽车配件流通

第二十四条　国家鼓励汽车配件流通采取特许、连锁经营的方式向规模化、品牌化、网络化方向发展，支持配件流通企业进行整合，实现结构升级，提高规模效应及服务水平。

第二十五条　汽车及配件供应商和经销商应当加强质量管理，提高产品质量及服务质量。汽车及配件供应商和经销商不得供应和销售不符合国家法律、行政法规、强制性标准及强制性产品认证要求的汽车配件。

第二十六条　汽车及配件供应商应当定期向社会公布认可和取消认可的特许汽车配件经销商名单。

汽车配件经销商应当明示所销售的汽车配件及其他汽车用品的名称、生产厂家、价格等信息，并分别对原厂配件、经汽车生产企业认可的配件、报废汽车回用件及翻新件予以注明。汽车配件产品标识应当符合《产品质量法》的要求。

第二十七条　加快规范报废汽车回用件流通，报废汽车回收拆解企业对按有关规定拆解的可出售配件，必须在配件的醒目位置标明"报废汽车回用件"。

第六章　汽车报废与报废汽车回收

第二十八条　国家实施汽车强制报废制度。根据汽车安全技术状况和不同用途，修订现行汽车报废标准，规定不同的强制报废标准。

第二十九条　报废汽车所有人应当将报废汽车及时交售给具有合法资格的报废汽车回收拆解企业。

第三十条　地方商务主管部门要按《报废汽车回收管理办法》（国务院令第307号）的有关要求，对报废汽车回收拆解行业统筹规划，合理布局。

从事报废汽车回收拆解业务，应当具备法律法规规定的有关条件。国务院商务主管部门应当将符合条件的报废汽车回收拆解企业向社会公告。

第三十一条　报废汽车回收拆解企业必须严格按国家有关法律、法规开展业务，及时拆解回收的报废汽车。拆解的发动机、前后桥、变速器、方向机、车架"五大总成"

应当作为废钢铁，交售给钢铁企业作为冶炼原料。

　　第三十二条　各级商务主管部门要会同公安机关建立报废汽车回收管理信息交换制度，实现报废汽车回收过程实时控制，防止报废汽车及其"五大总成"流入社会。

　　第三十三条　为合理和有效利用资源，国家适时制定报废汽车回收利用的管理办法。

　　第三十四条　完善老旧汽车报废更新补贴资金管理办法，鼓励老旧汽车报废更新。

　　第三十五条　报废汽车回收拆解企业拆解的报废汽车零部件及其他废弃物、有害物（如油、液、电池、有害金属等）的存放、转运、处理等必须符合《环境保护法》、《大气污染防治法》等法律、法规的要求，确保安全、无污染（或使污染降至最低）。

第七章　汽车对外贸易

　　第三十六条　自 2005 年 1 月 1 日起，国家实施汽车自动进口许可管理，所有汽车进口口岸保税区不得存放以进入国内市场为目的的汽车。

　　第三十七条　国家禁止以任何贸易方式进口旧汽车及其总成、配件和右置方向盘汽车（用于开发出口产品的右置方向盘样车除外）。

　　第三十八条　进口汽车必须获得国家强制性产品认证证书，贴有认证标志，并须经检验检疫机构抽查检验合格，同时附有中文说明书。

　　第三十九条　禁止汽车及相关商品进口中的不公平贸易行为。国务院商务主管部门依法对汽车产业实施反倾销、反补贴和保障措施，组织有关行业协会建立和完善汽车产业损害预警系统，并开展汽车产业竞争力调查研究工作。汽车供应商和经销商有义务及时准确地向国务院有关部门提供相关信息。

　　第四十条　鼓励发展汽车及相关商品的对外贸易。支持培育和发展国家汽车及零部件出口基地，引导有条件的汽车供应商和经销商采取多种方式在国外建立合资、合作、独资销售及服务网络，优化出口商品结构，加大开拓国际市场的力度。

　　第四十一条　利用中央外贸发展基金支持汽车及相关商品对外贸易发展。

　　第四十二条　汽车及相关商品的出口供应商和经销商应当根据出口地区相关法规建立必要的销售和服务体系。

　　第四十三条　加强政府间磋商，支持汽车及相关商品出口供应商参与反倾销、反补贴和保障措施的应诉，维护我国汽车及相关商品出口供应商的合法权益。

　　第四十四条　汽车行业组织要加强行业自律，建立竞争有序的汽车及相关商品对外贸易秩序。

第八章　其　　他

　　第四十五条　设立外商投资汽车贸易企业，除符合相应的资质条件外，还应当符合外商投资有关法律法规，并经省级商务主管部门初审后报国务院商务主管部门审批。

　　第四十六条　加快发展和扩大汽车消费信贷，支持有条件的汽车供应商建立面向全行业的汽车金融公司，引导汽车金融机构与其他金融机构建立合作机制，使汽车消费信贷市场规模化、专业化程度显著提高，风险管理体系更加完善。

第四十七条　完善汽车保险市场，鼓励汽车保险品种向个性化与多样化方向发展，提高汽车保险服务水平，初步实现汽车保险业专业化、集约化经营。

第四十八条　各地政府制定的与汽车贸易相关的各种政策、制度和规定要符合本政策要求并做到公开、透明，不得对非本地生产和交易的汽车在流通、服务、使用等方面实施歧视政策，坚决制止强制或变相强制本地消费者购买本地生产汽车，以及以任何方式干预经营者选择国家许可生产、销售的汽车的行为。

第四十九条　本政策自发布之日起实施，由国务院商务主管部门负责解释。

附件：汽车贸易政策使用术语说明

一、"汽车贸易"包括新车销售、二手车流通、汽车配件流通、汽车报废与报废汽车回收、汽车对外贸易等方面。

二、除涉及汽车品牌销售外，本政策所称"汽车"包括低速载货汽车、三轮汽车（原农用运输车）、挂车和摩托车。

三、"二手车"是指从办理完注册登记手续到达到国家强制报废标准之前进行交易并转移所有权的汽车。

四、"供应商"是指汽车或汽车配件生产企业及其总经销商。

五、"经销商"是指汽车或配件零售商。

《机动车强制报废标准规定（征求意见稿）》

第一条　为保障道路交通和人民群众生命财产安全、鼓励技术进步、加快建设资源节约型、环境友好型社会，根据《中华人民共和国道路交通安全法》及其实施条例、《中华人民共和国大气污染防治法》，制定本规定。

第二条　根据机动车使用和安全技术、排放检验状况，国家对达到报废条件的机动车实施强制报废，对达到一定行驶里程的机动车鼓励报废。

第三条　凡在我国境内注册登记的机动车，属下列情况之一的应强制报废：

（一）达到使用年限的；

（二）经修理和调整仍不符合机动车国家安全技术标准的要求；

（三）经修理和调整或者采用排放控制技术后，排气污染物及噪声不符合在用机动车排放国家标准；

（四）因故损坏，车辆发动机、车架（或承载式车身）需要更换的；

（五）因故损坏，车辆发动机、车架（或承载式车身）之一需要更换，且变速器总成、驱动桥总成、非驱动桥总成、转向系统、前悬架、后悬架中3个或3个以上总成需要更换的；

（六）在1个机动车安全技术检验周期内连续3次检验不合格的；

（七）在检验合格有效期届满后连续2个机动车安全技术检验周期内未参加检验或者未取得机动车检验合格标志的。

第四条　各类机动车使用年限分别如下：

（一）小、微型出租载客汽车使用8年，中型出租载客汽车使用10年，大型出租载客汽车使用12年；

（二）小、微型租赁载客汽车使用10年，大、中型租赁载客汽车使用15年；

（三）小、微型教练载客汽车使用10年，中型教练载客汽车使用12年，大型教练载客汽车使用15年；

（四）公共汽车、无轨电车使用13年；

（五）大型旅游、公路客运汽车使用15年；

（六）其他小、微型营运载客汽车使用8年，其他大、中型营运载客汽车使用15年；

（七）大、中型非营运载客汽车使用20年；

（八）三轮汽车、装用单缸发动机的低速载货汽车使用9年，装用单缸以上发动机的低速载货汽车以及微型载货汽车使用12年，半挂牵引汽车及其他载货汽车使用15年；

（九）全挂车使用10年，半挂车、中置轴挂车使用15年；

（十）正三轮摩托车使用10年～12年，其他摩托车使用11年～13年，具体使用年限由各省、自治区、直辖市人民政府有关部门在上述使用年限范围内，结合本地实际情况确定。小、微型非营运载客汽车和专项作业车无使用年限限制。

第五条　小、微型非营运载客汽车转为营运载客汽车或者不同类型小、微型营运载客汽车之间的转换，以及自注册登记之日起使用 4 年以内的小、微型营运载客汽车转为非营运载客汽车，应按附件二所列公式核算累计使用年限，且不得超过 15 年；自注册登记之日起使用超过 4 年的小、微型营运载客汽车转为非营运载客汽车，以及变更使用性质的大、中型载客汽车和再次变更使用性质的小、微型载客汽车，一律按有关营运载客汽车的规定报废。

距本规定要求报废年限 1 年以内的载客汽车，不得变更使用性质。

第六条　达到下列行驶里程或累计工作时间的机动车，其所有人可将车辆交售报废机动车回收拆解企业，并办理注销登记：

（一）小、微型出租载客汽车行驶 60 万 km，中型出租载客汽车行驶 50 万 km，大型出租载客汽车行驶 60 万 km；

（二）小、微型租赁载客汽车行驶 50 万 km，大、中型租赁载客汽车行驶 60 万 km；

（三）小、微型和中型教练载客汽车行驶 50 万 km，大型教练载客汽车行驶 60 万 km；

（四）公共汽车、无轨电车行驶 40 万 km；

（五）大型旅游、公路客运汽车行驶 60 万 km；

（六）其他小、微型及大型营运载客汽车行驶 60 万 km，其他中型营运载客汽车行驶 50 万 km；

（七）小、微型非营运载客汽车行驶 60 万 km，大、中型非营运载客汽车行驶 50 万 km；

（八）装用单缸以上发动机的低速载货汽车行驶 30 万 km，微型载货汽车行驶 50 万 km，半挂牵引汽车及其他载货汽车行驶 60 万 km；

（九）专项作业车行驶 50 万 km；

（十）正三轮摩托车行驶 10 万 km，其他摩托车行驶 12 万 km；第七条本规定所称机动车是指上道路行驶的汽车、挂车和摩托车；非营运载客汽车是指个人或单位不以获取利润为目的而使用的载客汽车；变更使用性质是指使用性质由营运转为非营运或者由非营运转为营运，以及小、微型出租、租赁、教练等不同类型的营运载客汽车之间的相互转换。

本规定所称检验周期是指《中华人民共和国道路交通安全法实施条例》规定的机动车安全技术检验周期。

第七条　上道路行驶的拖拉机的报废标准规定另行制定。

第八条　本规定自　年　月　日起施行。原《关于发布＜汽车报废标准＞的通知》（国经贸经［1997］456 号）、《关于调整轻型载货汽车报废标准的通知》（国经贸经［1998］407 号）、《关于调整汽车报废标准若干规定的通知》（国经贸资源［2000］1202 号）、《关于印发＜农用运输车报废标准＞的通知》（国经贸资源［2001］234 号）、《摩托车报废标准暂行规定》（国家经贸委、发展计划委、公安部、环保总局令第 33 号）及据此发布的各类文件同时废止。

附件一：

机动车使用年限及行驶里程参考值汇总表

车辆类型与用途				使用年限	行驶里程/万 km
汽车	载客	营运	出租车 小、微型	8	60
			出租车 中型	10	50
			出租车 大型	12	60
			租赁车 小、微型	10	50
			租赁车 大、中型	15	60
			教练车 小、微型	10	50
			教练车 中型	12	50
			教练车 大型	15	60
			公共汽车	13	40
			旅游、公路客运车 大型	15	60
			其他 小、微型	8	60
			其他 中型	15	50
			其他 大型	15	60
		非营运	小、微型	—	60
			大、中型	20	50
	载货		微型	12	50
			重、中、轻型	15	60
	其他		半挂牵引车	15	60
			三轮汽车、装用单缸发动机的低速货车	9	
			装用单缸以上发动机的低速货车	12	30
			专项作业车	—	50
			无轨电车	13	40
挂车			半挂车、中置轴挂车	15	—
			全挂车	10	—
摩托车			正三轮摩托车	10 ~ 12	10
			其他摩托车	11 ~ 13	12

附件二：小、微型载客汽车变更使用性质后累计使用年限计算公式

累计使用年限 = 原状态已使用年限 + （1 − 原状态已使用年限/原状态使用年限）× 状态改变后的年限

备注：已使用年中不足一年的按一年计算，如已使用 2.5 年按照 3 年计算；对于小型、微型非营运载客汽车，在公式中原状态使用年限、状态改变后使用年限数值分别取定为20；计算结果向下圆整为整数。

机动车报废年限一览表						
车型		报废年限	可否延缓报废	最高可延缓	强制报废年限	依据
非营运客车	9座以下（含）	15	可	16～20 年每年检 2 次，21 年起每年检 4 次	不限	签注至 2099 年 12 月 31 日	《关于调整汽车报费标准若干规定的通知》（国经贸资源［2000］1202 号）、公安部关于实施《关于调整汽车报废标准若干规定的通知》有关问题的通知（公交管［2001］2 号）
	9座以上	10	可	11～15 年每年检 2 次，16 年起每年检 4 次	10	20 年	
旅游客车		10	可	10 年起每年检 4 次	10	20 年	
营运（非出租）客车		10	可	10 年起每年检 4 次	5	15 年	汽车报废标准（1997 年修订）国经贸经［1997］456 号）、《关于调整轻型载货汽车报废标准的通知》（国经贸经［1998］407 号）
轻货、大货		10	可	10 年起每年检 2 次	5	15 年	
微货、19 座以下出租车		8	否			8 年	
20 座以上出租车		8	可	8 年起每年检 4 次	4	12 年	
带拖挂货车、矿山作业车		8	可	8 年起每年检 2 次	4	12 年	汽车报废标准（1997 年修订）（国经贸经［1997］456 号）
吊车、消防车、钻探车等专用车		10	可	10 年起每年检 1 次	适当	签注至 2099 年 12 月 31 日	
全挂车		10	可	10 年起每年检 2 次	5	15 年	《关于实施〈汽车报废标准〉有关事项的通知》（公交管［1997］261 号）
半挂车		10	可	10 年起每年检 2 次	5	15 年	
半挂牵引车		10	可	10 年起每年检 2 次	5	15 年	
三轮农用		6	可	6 年起每年检 2 次	3	9 年	农用运输车报废标准
四轮农用		9	可	9 年起每年检 2 次	3	12 年	国经贸资源［2001］234 号
正三轮摩托		7～9	可	9 年起每年检 2 次	3	10 年～12 年	摩托车报废标准暂行规定（经贸委、计委、公安部、环保总局联合发文第 33 号）
其他摩托		8～10	可	10 年起每年检 2 次	3	11 年～13 年	
其他汽车		10	可	10 年起每年检 2 次	5	15 年	汽车报废标准（1997 年修订）（国经贸［1997］456 号）

汽车报废现行相关规定

关于发布"汽车报废标准"的通知

1997 年 7 月 15 日，原国家经济贸易委员会、国家计划委员会、国内贸易部、机械工业部、公安部、国家环境保护局联合下发"关于发布'汽车报废标准'的通知"（国经贸经〔1997〕456 号），全文如下：

凡在我国境内注册的民用汽车，属下列情况之一的应当报废：

一、轻、微型载货汽车（含越野型）、矿山作业专用车累计行驶 30 万 km，重、中型载货汽车（含越野型）累计行驶 40 万 km，特大、大、中、轻、微型客车（含越野型）、轿车累计行驶 50 万 km，其他车辆累计行驶 45 万 km；

二、轻、微型载货汽车（含越野型）、带拖挂的载货汽车、矿山作业专用车及各类出租汽车使用 8 年，其他车辆使用 10 年；

三、因各种原因造成车辆严重损坏或技术状况低劣，无法修复的；

四、车型淘汰，已无配件来源的；

五、汽车经长期使用，耗油量超过国家定型车出厂标准规定值 15% 的；

六、经修理和调整仍达不到国家对机动车运行安全技术条件要求的；

七、经修理和调整或采用排气污染控制技术后，排放污染物仍超过国家规定的汽车排放标准的。

除 19 座以下出租车和轻、微型载货汽车（含越野型）外，对达到上述使用年限的客、货车辆，经公安车辆管理部门依据国家机动车安全排放有关规定严格检验，性能符合规定的，可延缓报废，但延长期不得超过本标准第二条规定年限的一半。对于吊车、消防车、钻探车等从事专门作业的车辆，还可根据实际使用和检验情况，再延长使用年限。所有延长使用年限的车辆，都需按公安部规定增加检验次数，不符合国家有关汽车安全排放规定的应当强制报废。

八、本标准自发布之日超施行。在本标准发布前已达到本标准规定报废条件的车辆，允许在本标准发布后 12 个月之内报废。本标准由全国汽车更新领导小组办公室负责解释。

关于调整汽车报废标准若干规定的通知

2000 年 12 月 18 日，国家经贸委、国家计委、公安部、国家环保总局联合下发了"关于调整汽车报废标准若干规定的通知"（国经贸资源〔2000〕1202 号），全文如下：

为了鼓励技术进步、节约资源，促进汽车消费，现决定将 1997 年制定的汽车报废标准中非营运载客汽车和旅游载客汽车的使用年限及办理延缓的报废标准调整为：

一、9 座（含 9 座）以下非营运载客汽车（包括轿车、含越野型）使用 15 年。

二、旅游载客汽车和 9 座以上非营运载客汽车使用 10 年。

三、上述车辆达到报废年限后需继续使用的，必须依据国家机动车安全、污染物排放有关规定进行严格检验，检验合格后可延长使用年限。但旅游载客汽车和 9 座以上非营运载客汽车可延长使用年限最长不超过 10 年。

四、对延长使用年限的车辆，应当按照公安交通管理部门和环境保护部门的规定，增加检验次数。一个检验周期内连续 3 次检验不符合要求的，应注销登记，不允许再上路行驶。

五、营运车辆转为非营运车辆或非营运车辆转为营运车辆，一律按营运车辆的规定报废。

六、本通知没有调整的内容和其他类型的汽车（包括右置方向盘汽车），仍按照国家经贸委等部门《关于发布〈汽车报废标准〉的通知》（国经贸经〔1997〕456 号）和《关于调整轻型载货汽车报废标准的通知》（国经贸经〔1998〕407 号）执行。

七、本通知所称非营运载客汽车是指：单位和个人不以获取运输利润为目的的自用载客汽车；旅游载客汽车是指：经各级旅游主管部门批准的旅行社专门运载游客的自用载客汽车。

八、本通知自发布之日起施行。（完）

关于印发《农用运输车报废标准》的通知

国经贸资源〔2001〕234 号

一、本标准适用于在中华人民共和国境内注册的农用运输车（包括三轮农用运输车和四轮农用运输车，下同）。

二、农用运输车有下列情形之一的应当报废：

（一）三轮农用运输车和装配单缸柴油机的四轮农用运输车，使用期限达 6 年的；

（二）装配多缸柴油机的四轮农用运输车，使用期限达 9 年的；

（三）装配多缸柴油机的四轮农用运输车，累计行驶里程达 25 万 km 的；

（四）因各种原因造成农用运输车严重损坏或者技术状况低劣，无法修复的；

（五）长期使用后，整车耗油量超过企业定型车出厂标准规定值 15% 的；

（六）不符合国家标准《机动车运行安全技术条件》（GB 7258—1997），经修理和调整后仍达不到要求的；

（七）排放污染物超过国家或地方规定的排放标准，经修理、调整或采用尾气污染控制技术后，仍不符合要求的。

三、达到报废年限或者累计行驶里程的农用运输车，依据国家机动车安全、污染物排放有关标准检验合格的，可以适当延长使用年限，但最长不得超过 3 年。

延长使用年限的车辆，应当按照公安交通管理部门和环境保护部门的规定，增加检验次数，一个检验周期内连续两次检验不符合标准要求的，应当强制报废。

四、本标准自发布之日起实施。

在本标准发布时已达到本标准规定的报废条件的车辆，可以在本标准发布后 12 个月内报废。

五、本标准由国家经济贸易委员会负责解释。（完）

机动车登记规定

第一章　总　　则

第一条　根据《中华人民共和国道路交通安全法》及其实施条例的规定，制定本规定。

第二条　本规定由公安机关交通管理部门负责实施。

省级公安机关交通管理部门负责本省（自治区、直辖市）机动车登记工作的指导、检查和监督。直辖市公安机关交通管理部门车辆管理所、设区的市或者相当于同级的公安机关交通管理部门车辆管理所负责办理本行政辖区内机动车登记业务。

县级公安机关交通管理部门车辆管理所可以办理本行政辖区内摩托车、三轮汽车、低速载货汽车登记业务。条件具备的，可以办理除进口机动车、危险化学品运输车、校车、中型以上载客汽车以外的其他机动车登记业务。具体业务范围和办理条件由省级公安机关交通管理部门确定。

警用车辆登记业务按照有关规定办理。

第三条　车辆管理所办理机动车登记，应当遵循公开、公正、便民的原则。

车辆管理所在受理机动车登记申请时，对申请材料齐全并符合法律、行政法规和本规定的，应当在规定的时限内办结。对申请材料不齐全或者其他不符合法定形式的，应当一次告知申请人需要补正的全部内容。对不符合规定的，应当书面告知不予受理、登记的理由。

车辆管理所应当将法律、行政法规和本规定的有关机动车登记的事项、条件、依据、程序、期限以及收费标准、需要提交的全部材料的目录和申请表示范文本等在办理登记的场所公示。

省级、设区的市或者相当于同级的公安机关交通管理部门应当在互联网上建立主页，发布信息，便于群众查阅机动车登记的有关规定，下载、使用有关表格。

第四条　车辆管理所应当使用计算机登记系统办理机动车登记，并建立数据库。不使用计算机登记系统登记的，登记无效。

计算机登记系统的数据库标准和登记软件全国统一。数据库能够完整、准确记录登记内容，记录办理过程和经办人员信息，并能够实时将有关登记内容传送到全国公安交通管理信息系统。计算机登记系统应当与交通违法信息系统和交通事故信息系统实行联网。

第二章　登　　记

第一节　注册登记

第五条　初次申领机动车号牌、行驶证的，机动车所有人应当向住所地的车辆管理所申请注册登记。

第六条　机动车所有人应当到机动车安全技术检验机构对机动车进行安全技术检

验，取得机动车安全技术检验合格证明后申请注册登记。但经海关进口的机动车和国务院机动车产品主管部门认定免予安全技术检验的机动车除外。

免予安全技术检验的机动车有下列情形之一的，应当进行安全技术检验：

（一）国产机动车出厂后两年内未申请注册登记的；

（二）经海关进口的机动车进口后两年内未申请注册登记的；

（三）申请注册登记前发生交通事故的。

第七条　申请注册登记的，机动车所有人应当填写申请表，交验机动车，并提交以下证明、凭证：

（一）机动车所有人的身份证明；

（二）购车发票等机动车来历证明；

（三）机动车整车出厂合格证明或者进口机动车进口凭证；

（四）车辆购置税完税证明或者免税凭证；

（五）机动车交通事故责任强制保险凭证；

（六）法律、行政法规规定应当在机动车注册登记时提交的其他证明、凭证。

不属于经海关进口的机动车和国务院机动车产品主管部门规定免予安全技术检验的机动车，还应当提交机动车安全技术检验合格证明。

车辆管理所应当自受理申请之日起二日内，确认机动车，核对车辆识别代号拓印膜，审查提交的证明、凭证，核发机动车登记证书、号牌、行驶证和检验合格标志。

第八条　车辆管理所办理消防车、救护车、工程抢险车注册登记时，应当对车辆的使用性质、标志图案、标志灯具和警报器进行审查。

车辆管理所办理全挂汽车列车和半挂汽车列车注册登记时，应当对牵引车和挂车分别核发机动车登记证书、号牌和行驶证。

第九条　有下列情形之一的，不予办理注册登记：

（一）机动车所有人提交的证明、凭证无效的；

（二）机动车来历证明被涂改或者机动车来历证明记载的机动车所有人与身份证明不符的；

（三）机动车所有人提交的证明、凭证与机动车不符的；

（四）机动车未经国务院机动车产品主管部门许可生产或者未经国家进口机动车主管部门许可进口的；

（五）机动车的有关技术数据与国务院机动车产品主管部门公告的数据不符的；

（六）机动车的型号、发动机号码、车辆识别代号或者有关技术数据不符合国家安全技术标准的；

（七）机动车达到国家规定的强制报废标准的；

（八）机动车被人民法院、人民检察院、行政执法部门依法查封、扣押的；

（九）机动车属于被盗抢的；

（十）其他不符合法律、行政法规规定的情形。

第二节　变更登记

第十条　已注册登记的机动车有下列情形之一的，机动车所有人应当向登记地车辆管理所申请变更登记：

（一）改变车身颜色的；

（二）更换发动机的；

（三）更换车身或者车架的；

（四）因质量问题更换整车的；

（五）营运机动车改为非营运机动车或者非营运机动车改为营运机动车等使用性质改变的；

（六）机动车所有人的住所迁出或者迁入车辆管理所管辖区域的。

机动车所有人为两人以上，需要将登记的所有人姓名变更为其他所有人姓名的，可以向登记地车辆管理所申请变更登记。

属于本条第一款第（一）项、第（二）项和第（三）项规定的变更事项的，机动车所有人应当在变更后 10 日内向车辆管理所申请变更登记；属于本条第一款第（六）项规定的变更事项的，机动车所有人申请转出前，应当将涉及该车的道路交通安全违法行为和交通事故处理完毕。

第十一条 申请变更登记的，机动车所有人应当填写申请表，交验机动车，并提交以下证明、凭证：

（一）机动车所有人的身份证明；

（二）机动车登记证书；

（三）机动车行驶证；

（四）属于更换发动机、车身或者车架的，还应当提交机动车安全技术检验合格证明；

（五）属于因质量问题更换整车的，还应当提交机动车安全技术检验合格证明，但经海关进口的机动车和国务院机动车产品主管部门认定免予安全技术检验的机动车除外。

车辆管理所应当自受理之日起一日内，确认机动车，审查提交的证明、凭证，在机动车登记证书上签注变更事项，收回行驶证，重新核发行驶证。

车辆管理所办理本规定第十条第一款第（三）项、第（四）项和第（六）项规定的变更登记事项的，应当核对车辆识别代号拓印膜。

第十二条 车辆管理所办理机动车变更登记时，需要改变机动车号牌号码的，收回号牌、行驶证，确定新的机动车号牌号码，重新核发号牌、行驶证和检验合格标志。

第十三条 机动车所有人的住所迁出车辆管理所管辖区域的，车辆管理所应当自受理之日起 3 日内，在机动车登记证书上签注变更事项，收回号牌、行驶证，核发有效期为 30 日的临时行驶车号牌，将机动车档案交机动车所有人。机动车所有人应当在临时行驶车号牌的有效期限内到住所地车辆管理所申请机动车转入。

申请机动车转入的，机动车所有人应当填写申请表，提交身份证明、机动车登记证书、机动车档案，并交验机动车。机动车在转入时已超过检验有效期的，应当在转入地进行安全技术检验并提交机动车安全技术检验合格证明和交通事故责任强制保险凭证。车辆管理所应当自受理之日起 3 日内，确认机动车，核对车辆识别代号拓印膜，审查相关证明、凭证和机动车档案，在机动车登记证书上签注转入信息，核发号牌、行驶证和检验合格标志。

第十四条 机动车所有人为两人以上，需要将登记的所有人姓名变更为其他所有人姓名的，应当提交机动车登记证书、行驶证、变更前和变更后机动车所有人的身份证明和共同所有的公证证明，但属于夫妻双方共同所有的，可以提供《结婚证》或者证明夫妻关系的《居民户口簿》。

变更后机动车所有人的住所在车辆管理所管辖区域内的，车辆管理所按照本规定第十一条第二款的规定办理变更登记。变更后机动车所有人的住所不在车辆管理所管辖区域内的，迁出地和迁入地车辆管理所按照本规定第十三条的规定办理变更登记。

第十五条 有下列情形之一的，不予办理变更登记：

（一）改变机动车的品牌、型号和发动机型号的，但经国务院机动车产品主管部门许可选装的发动机除外；

（二）改变已登记的机动车外形和有关技术数据的，但法律、法规和国家强制性标准另有规定的除外；

（三）有本规定第九条第（一）项、第（七）项、第（八）项、第（九）项规定情形的。

第十六条 有下列情形之一，在不影响安全和识别号牌的情况下，机动车所有人不需要办理变更登记：

（一）小型、微型载客汽车加装前后防撞装置；

（二）货运机动车加装防风罩、水箱、工具箱、备胎架等；

（三）增加机动车车内装饰。

第十七条 已注册登记的机动车，机动车所有人住所在车辆管理所管辖区域内迁移或者机动车所有人姓名（单位名称）、联系方式变更的，应当向登记地车辆管理所备案。

（一）机动车所有人住所在车辆管理所管辖区域内迁移、机动车所有人姓名（单位名称）变更的，机动车所有人应当提交身份证明、机动车登记证书、行驶证和相关变更证明。车辆管理所应当自受理之日起一日内，在机动车登记证书上签注备案事项，重新核发行驶证。

（二）机动车所有人联系方式变更的，机动车所有人应当提交身份证明和行驶证。车辆管理所应当自受理之日起一日内办理备案。

机动车所有人的身份证明名称或者号码变更的，可以向登记地车辆管理所申请备案。机动车所有人应当提交身份证明、机动车登记证书。车辆管理所应当自受理之日起一日内，在机动车登记证书上签注备案事项。

发动机号码、车辆识别代号因磨损、锈蚀、事故等原因辨认不清或者损坏的，可以向登记地车辆管理所申请备案。机动车所有人应当提交身份证明、机动车登记证书、行驶证。车辆管理所应当自受理之日起一日内，在发动机、车身或者车架上打刻原发动机号码或者原车辆识别代号，在机动车登记证书上签注备案事项。

第三节 转 移 登 记

第十八条 已注册登记的机动车所有权发生转移的，现机动车所有人应当自机动车交付之日起 30 日内向登记地车辆管理所申请转移登记。

机动车所有人申请转移登记前，应当将涉及该车的道路交通安全违法行为和交通事故处理完毕。

第十九条　申请转移登记的，现机动车所有人应当填写申请表，交验机动车，并提交以下证明、凭证：

（一）现机动车所有人的身份证明；

（二）机动车所有权转移的证明、凭证；

（三）机动车登记证书；

（四）机动车行驶证；

（五）属于海关监管的机动车，还应当提交《中华人民共和国海关监管车辆解除监管证明书》或者海关批准的转让证明；

（六）属于超过检验有效期的机动车，还应当提交机动车安全技术检验合格证明和交通事故责任强制保险凭证。

现机动车所有人住所在车辆管理所管辖区域内的，车辆管理所应当自受理申请之日起一日内，确认机动车，核对车辆识别代号拓印膜，审查提交的证明、凭证，收回号牌、行驶证，确定新的机动车号牌号码，在机动车登记证书上签注转移事项，重新核发号牌、行驶证和检验合格标志。

现机动车所有人住所不在车辆管理所管辖区域内的，车辆管理所应当按照本规定第十三条的规定办理。

第二十条　有下列情形之一的，不予办理转移登记：

（一）机动车与该车档案记载内容不一致的；

（二）属于海关监管的机动车，海关未解除监管或者批准转让的；

（三）机动车在抵押登记、质押备案期间的；

（四）有本规定第九条第（一）项、第（二）项、第（七）项、第（八）项、第（九）项规定情形的。

第二十一条　被人民法院、人民检察院和行政执法部门依法没收并拍卖，或者被仲裁机构依法仲裁裁决，或者被人民法院调解、裁定、判决机动车所有权转移时，原机动车所有人未向现机动车所有人提供机动车登记证书、号牌或者行驶证的，现机动车所有人在办理转移登记时，应当提交人民法院出具的未得到机动车登记证书、号牌或者行驶证的《协助执行通知书》，或者人民检察院、行政执法部门出具的未得到机动车登记证书、号牌或者行驶证的证明。车辆管理所应当公告原机动车登记证书、号牌或者行驶证作废，并在办理转移登记的同时，补发机动车登记证书。

第四节　抵　押　登　记

第二十二条　机动车所有人将机动车作为抵押物抵押的，应当向登记地车辆管理所申请抵押登记；抵押权消灭的，应当向登记地车辆管理所申请解除抵押登记。

第二十三条　申请抵押登记的，机动车所有人应当填写申请表，由机动车所有人和抵押权人共同申请，并提交下列证明、凭证：

（一）机动车所有人和抵押权人的身份证明；

（二）机动车登记证书；

（三）机动车所有人和抵押权人依法订立的主合同和抵押合同。

车辆管理所应当自受理之日起一日内，审查提交的证明、凭证，在机动车登记证书上签注抵押登记的内容和日期。

第二十四条 申请解除抵押登记的,机动车所有人应当填写申请表,由机动车所有人和抵押权人共同申请,并提交下列证明、凭证:

(一) 机动车所有人和抵押权人的身份证明;

(二) 机动车登记证书。

人民法院调解、裁定、判决解除抵押的,机动车所有人或者抵押权人应当填写申请表,提交机动车登记证书、人民法院出具的已经生效的《调解书》、《裁定书》或者《判决书》,以及相应的《协助执行通知书》。

车辆管理所应当自受理之日起一日内,审查提交的证明、凭证,在机动车登记证书上签注解除抵押登记的内容和日期。

第二十五条 机动车抵押登记日期、解除抵押登记日期可以供公众查询。

第二十六条 有本规定第九条第(一)项、第(七)项、第(八)项、第(九)项或者第二十条第(二)项规定情形之一的,不予办理抵押登记。对机动车所有人提交的证明、凭证无效,或者机动车被人民法院、人民检察院、行政执法部门依法查封、扣押的,不予办理解除抵押登记。

第五节 注 销 登 记

第二十七条 已达到国家强制报废标准的机动车,机动车所有人向机动车回收企业交售机动车时,应当填写申请表,提交机动车登记证书、号牌和行驶证。机动车回收企业应当确认机动车并解体,向机动车所有人出具《报废机动车回收证明》。报废的大型客、货车及其他营运车辆应当在车辆管理所的监督下解体。

机动车回收企业应当在机动车解体后 7 日内将申请表、机动车登记证书、号牌、行驶证和《报废机动车回收证明》副本提交车辆管理所,申请注销登记。

车辆管理所应当自受理之日起一日内,审查提交的证明、凭证,收回机动车登记证书、号牌、行驶证,出具注销证明。

第二十八条 除本规定第二十七条规定的情形外,机动车有下列情形之一的,机动车所有人应当向登记地车辆管理所申请注销登记:

(一) 机动车灭失的;

(二) 机动车因故不在我国境内使用的;

(三) 因质量问题退车的。

已注册登记的机动车有下列情形之一的,登记地车辆管理所应当办理注销登记:

(一) 机动车登记被依法撤销的;

(二) 达到国家强制报废标准的机动车被依法收缴并强制报废的。

属于本条第一款第(二)项和第(三)项规定情形之一的,机动车所有人申请注销登记前,应当将涉及该车的道路交通安全违法行为和交通事故处理完毕。

第二十九条 属于本规定第二十八条第一款规定的情形,机动车所有人申请注销登记的,应当填写申请表,并提交以下证明、凭证:

(一) 机动车登记证书;

(二) 机动车行驶证;

(三) 属于机动车灭失的,还应当提交机动车所有人的身份证明和机动车灭失证明；

（四）属于机动车因故不在我国境内使用的，还应当提交机动车所有人的身份证明和出境证明，其中属于海关监管的机动车，还应当提交海关出具的《中华人民共和国海关监管车辆进（出）境领（销）牌照通知书》；

（五）属于因质量问题退车的，还应当提交机动车所有人的身份证明和机动车制造厂或者经销商出具的退车证明。

车辆管理所应当自受理之日起一日内，审查提交的证明、凭证，收回机动车登记证书、号牌、行驶证，出具注销证明。

第三十条　因车辆损坏无法驶回登记地的，机动车所有人可以向车辆所在地机动车回收企业交售报废机动车。交售机动车时应当填写申请表，提交机动车登记证书、号牌和行驶证。机动车回收企业应当确认机动车并解体，向机动车所有人出具《报废机动车回收证明》。报废的大型客、货车及其他营运车辆应当在报废地车辆管理所的监督下解体。

机动车回收企业应当在机动车解体后七日内将申请表、机动车登记证书、号牌、行驶证和《报废机动车回收证明》副本提交报废地车辆管理所，申请注销登记。

报废地车辆管理所应当自受理之日起一日内，审查提交的证明、凭证，收回机动车登记证书、号牌、行驶证，并通过计算机登记系统将机动车报废信息传递给登记地车辆管理所。

登记地车辆管理所应当自接到机动车报废信息之日起一日内办理注销登记，并出具注销证明。

第三十一条　已注册登记的机动车有下列情形之一的，车辆管理所应当公告机动车登记证书、号牌、行驶证作废：

（一）达到国家强制报废标准，机动车所有人逾期不办理注销登记的；

（二）机动车登记被依法撤销后，未收缴机动车登记证书、号牌、行驶证的；

（三）达到国家强制报废标准的机动车被依法收缴并强制报废的；

（四）机动车所有人办理注销登记时未交回机动车登记证书、号牌、行驶证的。

第三十二条　有本规定第九条第（一）项、第（八）项、第（九）项或者第二十条第（一）项、第（三）项规定情形的之一的，不予办理注销登记。

第三章　其他规定

第三十三条　申请办理机动车质押备案或者解除质押备案的，由机动车所有人和典当行共同申请，机动车所有人应当填写申请表，并提交以下证明、凭证：

（一）机动车所有人和典当行的身份证明；

（二）机动车登记证书。

车辆管理所应当自受理之日起一日内，审查提交的证明、凭证，在机动车登记证书上签注质押备案或者解除质押备案的内容和日期。

有本规定第九条第（一）项、第（七）项、第（八）项、第（九）项规定情形之一的，不予办理质押备案。对机动车所有人提交的证明、凭证无效，或者机动车被人民法院、人民检察院、行政执法部门依法查封、扣押的，不予办理解除质押备案。

第三十四条　机动车登记证书灭失、丢失或者损毁的，机动车所有人应当向登记地车辆管理所申请补领、换领。申请时，机动车所有人应当填写申请表并提交身份证明，属于补领机动车登记证书的，还应当交验机动车。车辆管理所应当自受理之日起一日内，确认机动车，审查提交的证明、凭证，补发、换发机动车登记证书。

启用机动车登记证书前已注册登记的机动车未申领机动车登记证书的，机动车所有人可以向登记地车辆管理所申领机动车登记证书。但属于机动车所有人申请变更、转移或者抵押登记的，应当在申请前向车辆管理所申领机动车登记证书。申请时，机动车所有人应当填写申请表，交验机动车并提交身份证明。车辆管理所应当自受理之日起 5 日内，确认机动车，核对车辆识别代号拓印膜，审查提交的证明、凭证，核发机动车登记证书。

第三十五条　机动车号牌、行驶证灭失、丢失或者损毁的，机动车所有人应当向登记地车辆管理所申请补领、换领。申请时，机动车所有人应当填写申请表并提交身份证明。

车辆管理所应当审查提交的证明、凭证，收回未灭失、丢失或者损毁的号牌、行驶证，自受理之日起一日内补发、换发行驶证，自受理之日起 15 日内补发、换发号牌，原机动车号牌号码不变。

补发、换发号牌期间应当核发有效期不超过 15 日的临时行驶车号牌。

第三十六条　机动车具有下列情形之一，需要临时上道路行驶的，机动车所有人应当向车辆管理所申领临时行驶车号牌：

（一）未销售的；

（二）购买、调拨、赠予等方式获得机动车后尚未注册登记的；

（三）进行科研、定型试验的；

（四）因轴荷、总质量、外廓尺寸超出国家标准不予办理注册登记的特型机动车。

第三十七条　机动车所有人申领临时行驶车号牌应当提交以下证明、凭证：

（一）机动车所有人的身份证明；

（二）机动车交通事故责任强制保险凭证；

（三）属于本规定第三十六条第（一）项、第（四）项规定情形的，还应当提交机动车整车出厂合格证明或者进口机动车进口凭证；

（四）属于本规定第三十六条第（二）项规定情形的，还应当提交机动车来历证明，以及机动车整车出厂合格证明或者进口机动车进口凭证；

（五）属于本规定第三十六条第（三）项规定情形的，还应当提交书面申请和机动车安全技术检验合格证明。

车辆管理所应当自受理之日起一日内，审查提交的证明、凭证，属于本规定第三十六条第（一）项、第（二）项规定情形，需要在本行政辖区内临时行驶的，核发有效期不超过 15 日的临时行驶车号牌；需要跨行政辖区临时行驶的，核发有效期不超过 30 日的临时行驶车号牌。属于本规定第三十六条第（三）项、第（四）项规定情形的，核发有效期不超过 90 日的临时行驶车号牌。

因号牌制作的原因，无法在规定时限内核发号牌的，车辆管理所应当核发有效期不超过 15 日的临时行驶车号牌。

对具有本规定第三十六条第（一）项、第（二）项规定情形之一，机动车所有人需要多次申领临时行驶车号牌的，车辆管理所核发临时行驶车号牌不得超过 3 次。

第三十八条 机动车所有人发现登记内容有错误的，应当及时要求车辆管理所更正。车辆管理所应当自受理之日起 5 日内予以确认。确属登记错误的，在机动车登记证书上更正相关内容，换发行驶证。需要改变机动车号牌号码的，应当收回号牌、行驶证，确定新的机动车号牌号码，重新核发号牌、行驶证和检验合格标志。

第三十九条 已注册登记的机动车被盗抢的，车辆管理所应当根据刑侦部门提供的情况，在计算机登记系统内记录，停止办理该车的各项登记和业务。被盗抢机动车发还后，车辆管理所应当恢复办理该车的各项登记和业务。

机动车在被盗抢期间，发动机号码、车辆识别代号或者车身颜色被改变的，车辆管理所应当凭有关技术鉴定证明办理变更备案。

第四十条 机动车所有人可以在机动车检验有效期满前 3 个月内向登记地车辆管理所申请检验合格标志。

申请前，机动车所有人应当将涉及该车的道路交通安全违法行为和交通事故处理完毕。申请时，机动车所有人应当填写申请表并提交行驶证、机动车交通事故责任强制保险凭证、机动车安全技术检验合格证明。

车辆管理所应当自受理之日起一日内，确认机动车，审查提交的证明、凭证，核发检验合格标志。

第四十一条 除大型载客汽车以外的机动车因故不能在登记地检验的，机动车所有人可以向登记地车辆管理所申请委托核发检验合格标志。申请前，机动车所有人应当将涉及机动车的道路交通安全违法行为和交通事故处理完毕。申请时，应当提交机动车登记证书或者行驶证。

车辆管理所应当自受理之日起一日内，出具核发检验合格标志的委托书。

机动车在检验地检验合格后，机动车所有人应当按照本规定第四十条第二款的规定向被委托地车辆管理所申请检验合格标志，并提交核发检验合格标志的委托书。被委托地车辆管理所应当自受理之日起一日内，按照本规定第四十条第三款的规定核发检验合格标志。

第四十二条 机动车检验合格标志灭失、丢失或者损毁的，机动车所有人应当持行驶证向机动车登记地或者检验合格标志核发地车辆管理所申请补领或者换领。车辆管理所应当自受理之日起一日内补发或者换发。

第四十三条 办理机动车转移登记或者注销登记后，原机动车所有人申请办理新购机动车注册登记时，可以向车辆管理所申请使用原机动车号牌号码。

申请使用原机动车号牌号码应当符合下列条件：

（一）在办理转移登记或者注销登记后 6 个月内提出申请；

（二）机动车所有人拥有原机动车 3 年以上；

（三）涉及原机动车的道路交通安全违法行为和交通事故处理完毕。

第四十四条 确定机动车号牌号码采用计算机自动选取和由机动车所有人按照机动车号牌标准规定自行编排的方式。

第四十五条　机动车所有人可以委托代理人代理申请各项机动车登记和业务，但申请补领机动车登记证书的除外。对机动车所有人因死亡、出境、重病、伤残或者不可抗力等原因不能到场申请补领机动车登记证书的，可以凭相关证明委托代理人代理申领。

代理人申请机动车登记和业务时，应当提交代理人的身份证明和机动车所有人的书面委托。

第四十六条　机动车所有人或者代理人申请机动车登记和业务，应当如实向车辆管理所提交规定的材料和反映真实情况，并对其申请材料实质内容的真实性负责。

第四章　法律责任

第四十七条　有下列情形之一的，由公安机关交通管理部门处警告或者200元以下罚款：

（一）重型、中型载货汽车及其挂车的车身或者车厢后部未按照规定喷涂放大的牌号或者放大的牌号不清晰的；

（二）机动车喷涂、粘贴标识或者车身广告，影响安全驾驶的；

（三）载货汽车、挂车未按照规定安装侧面及后下部防护装置、粘贴车身反光标识的；

（四）机动车未按照规定期限进行安全技术检验的；

（五）改变车身颜色、更换发动机、车身或者车架，未按照本规定第十条规定的时限办理变更登记的；

（六）机动车所有权转移后，现机动车所有人未按照本规定第十八条规定的时限办理转移登记的；

（七）机动车所有人办理变更登记、转移登记，机动车档案转出登记地车辆管理所后，未按照本规定第十三条规定的时限到住所地车辆管理所申请机动车转入的。

第四十八条　除本规定第十条和第十六条规定的情形外，擅自改变机动车外形和已登记的有关技术数据的，由公安机关交通管理部门责令恢复原状，并处警告或者500元以下罚款。

第四十九条　以欺骗、贿赂等不正当手段取得机动车登记的，由公安机关交通管理部门收缴机动车登记证书、号牌、行驶证，撤销机动车登记；申请人在3年内不得申请机动车登记。对涉嫌走私、盗抢的机动车，移交有关部门处理。

以欺骗、贿赂等不正当手段办理补、换领机动车登记证书、号牌、行驶证和检验合格标志等业务的，由公安机关交通管理部门处警告或者200元以下罚款。

第五十条　省、自治区、直辖市公安厅、局可以根据本地区的实际情况，在本规定的处罚幅度范围内，制定具体的执行标准。

对本规定的道路交通安全违法行为的处理程序按照《道路交通安全违法行为处理程序规定》执行。

第五十一条　交通警察违反规定为被盗抢、走私、非法拼（组）装、达到国家强制报废标准的机动车办理登记的，按照国家有关规定给予处分，经教育不改又不宜给予开除处分的，按照《公安机关组织管理条例》规定予以辞退；对聘用人员予以解聘。

构成犯罪的，依法追究刑事责任。

第五十二条　交通警察有下列情形之一的，按照国家有关规定给予处分；对聘用人员予以解聘。构成犯罪的，依法追究刑事责任：

（一）不按照规定确认机动车和审查证明、凭证的；

（二）故意刁难，拖延或者拒绝办理机动车登记的；

（三）违反本规定增加机动车登记条件或者提交的证明、凭证的；

（四）违反本规定第四十四条的规定，采用其他方式确定机动车号牌号码的；

（五）违反规定跨行政辖区办理机动车登记和业务的；

（六）超越职权进入计算机登记系统办理机动车登记和业务，或者不按规定使用机动车登记系统办理登记和业务的；

（七）向他人泄漏、传播计算机登记系统密码，造成系统数据被篡改、丢失或者破坏的；

（八）利用职务上的便利索取、收受他人财物或者谋取其他利益的；

（九）强令车辆管理所违反本规定办理机动车登记的。

第五十三条　公安机关交通管理部门有本规定第五十一条、第五十二条所列行为之一的，按照国家有关规定对直接负责的主管人员和其他直接责任人员给予相应的处分。

公安机关交通管理部门及其工作人员有本规定第五十一条、第五十二条所列行为之一，给当事人造成损失的，应当依法承担赔偿责任。

第五章　附　　则

第五十四条　机动车登记证书、号牌、行驶证、检验合格标志的种类、式样，以及各类登记表格式样等由公安部制定。机动车登记证书由公安部统一印制。

机动车登记证书、号牌、行驶证、检验合格标志的制作应当符合有关标准。

第五十五条　本规定下列用语的含义：

（一）进口机动车是指：

1. 经国家限定口岸海关进口的汽车；

2. 经各口岸海关进口的其他机动车；

3. 海关监管的机动车；

4. 国家授权的执法部门没收的走私、无合法进口证明和利用进口关键件非法拼（组）装的机动车。

（二）进口机动车的进口凭证是指：

1. 进口汽车的进口凭证，是国家限定口岸海关签发的《货物进口证明书》；

2. 其他进口机动车的进口凭证，是各口岸海关签发的《货物进口证明书》；

3. 海关监管的机动车的进口凭证，是监管地海关出具的《中华人民共和国海关监管车辆进（出）境领（销）牌照通知书》；

4. 国家授权的执法部门没收的走私、无进口证明和利用进口关键件非法拼（组）装的机动车的进口凭证，是该部门签发的《没收走私汽车、摩托车证明书》。

（三）机动车所有人是指拥有机动车的个人或者单位。

1. 个人是指我国内地的居民和军人（含武警）以及香港、澳门特别行政区、台湾地区居民、华侨和外国人；

2. 单位是指机关、企业、事业单位和社会团体以及外国驻华使馆、领馆和外国驻华办事机构、国际组织驻华代表机构。

（四）身份证明是指：

1. 机关、企业、事业单位、社会团体的身份证明，是该单位的《组织机构代码证书》、加盖单位公章的委托书和被委托人的身份证明。机动车所有人为单位的内设机构，本身不具备领取《组织机构代码证书》条件的，可以使用上级单位的《组织机构代码证书》作为机动车所有人的身份证明。上述单位已注销、撤销或者破产，其机动车需要办理变更登记、转移登记、解除抵押登记、注销登记、解除质押备案、申领机动车登记证书和补、换领机动车登记证书、号牌、行驶证的，已注销的企业的身份证明，是工商行政管理部门出具的注销证明。已撤销的机关、事业单位、社会团体的身份证明，是其上级主管机关出具的有关证明。已破产的企业的身份证明，是依法成立的财产清算机构出具的有关证明；

2. 外国驻华使馆、领馆和外国驻华办事机构、国际组织驻华代表机构的身份证明，是该使馆、领馆或者该办事机构、代表机构出具的证明；

3. 居民的身份证明，是《居民身份证》或者《临时居民身份证》。在暂住地居住的内地居民，其身份证明是《居民身份证》或者《临时居民身份证》，以及公安机关核发的居住、暂住证明；

4. 军人（含武警）的身份证明，是《居民身份证》或者《临时居民身份证》。在未办理《居民身份证》前，是指军队有关部门核发的《军官证》、《文职干部证》、《士兵证》、《离休证》、《退休证》等有效军人身份证件，以及其所在的团级以上单位出具的本人住所证明；

5. 香港、澳门特别行政区居民的身份证明，是其入境时所持有的《港澳居民来往内地通行证》或者《港澳同胞回乡证》、香港、澳门特别行政区《居民身份证》和公安机关核发的居住、暂住证明；

6. 台湾地区居民的身份证明，是其所持有的有效期 6 个月以上的公安机关核发的《台湾居民来往大陆通行证》或者外交部核发的《中华人民共和国旅行证》和公安机关核发的居住、暂住证明；

7. 华侨的身份证明，是《中华人民共和国护照》和公安机关核发的居住、暂住证明；

8. 外国人的身份证明，是其入境时所持有的护照或者其他旅行证件、居（停）留期为 6 个月以上的有效签证或者居留许可，以及公安机关出具的住宿登记证明；

9. 外国驻华使馆、领馆人员、国际组织驻华代表机构人员的身份证明，是外交部核发的有效身份证件。

（五）住所是指：

1. 单位的住所为其主要办事机构所在地的地址；

2. 个人的住所为其身份证明记载的地址。在暂住地居住的内地居民的住所是公安机关核发的居住、暂住证明记载的地址。

（六）机动车来历证明是指：

1. 在国内购买的机动车，其来历证明是全国统一的机动车销售发票或者二手车交易发票。在国外购买的机动车，其来历证明是该车销售单位开具的销售发票及其翻译文本，但海关监管的机动车不需提供来历证明；

2. 人民法院调解、裁定或者判决转移的机动车，其来历证明是人民法院出具的已经生效的《调解书》、《裁定书》或者《判决书》，以及相应的《协助执行通知书》；

3. 仲裁机构仲裁裁决转移的机动车，其来历证明是《仲裁裁决书》和人民法院出具的《协助执行通知书》；

4. 继承、赠予、中奖、协议离婚和协议抵偿债务的机动车，其来历证明是继承、赠予、中奖、协议离婚、协议抵偿债务的相关文书和公证机关出具的《公证书》；

5. 资产重组或者资产整体买卖中包含的机动车，其来历证明是资产主管部门的批准文件；

6. 机关、企业、事业单位和社会团体统一采购并调拨到下属单位未注册登记的机动车，其来历证明是全国统一的机动车销售发票和该部门出具的调拨证明；

7. 机关、企业、事业单位和社会团体已注册登记并调拨到下属单位的机动车，其来历证明是该单位出具的调拨证明。被上级单位调回或者调拨到其他下属单位的机动车，其来历证明是上级单位出具的调拨证明；

8. 经公安机关破案发还的被盗抢且已向原机动车所有人理赔完毕的机动车，其来历证明是《权益转让证明书》。

（七）机动车整车出厂合格证明是指：

1. 机动车整车厂生产的汽车、摩托车、挂车，其出厂合格证明是该厂出具的《机动车整车出厂合格证》；

2. 使用国产或者进口底盘改装的机动车，其出厂合格证明是机动车底盘生产厂出具的《机动车底盘出厂合格证》或者进口机动车底盘的进口凭证和机动车改装厂出具的《机动车整车出厂合格证》；

3. 使用国产或者进口整车改装的机动车，其出厂合格证明是机动车生产厂出具的《机动车整车出厂合格证》或者进口机动车的进口凭证和机动车改装厂出具的《机动车整车出厂合格证》；

4. 人民法院、人民检察院或者行政执法机关依法扣留、没收并拍卖的未注册登记的国产机动车，未能提供出厂合格证明的，可以凭人民法院、人民检察院或者行政执法机关出具的证明替代。

（八）机动车灭失证明是指：

1. 因自然灾害造成机动车灭失的证明是，自然灾害发生地的街道、乡、镇以上政府部门出具的机动车因自然灾害造成灭失的证明；

2. 因失火造成机动车灭失的证明是，火灾发生地的县级以上公安机关消防部门出具的机动车因失火造成灭失的证明；

3. 因交通事故造成机动车灭失的证明是，交通事故发生地的县级以上公安机关交通管理部门出具的机动车因交通事故造成灭失的证明。

（九）本规定所称"一日"、"二日"、"三日"、"五日"、"七日"、"十日"、"十五日"，是指工作日，不包括节假日。

临时行驶车号牌的最长有效期"十五日"、"三十日"、"九十日"，包括工作日和节假日。

本规定所称以下、以上、以内，包括本数。

第五十六条　本规定自 2008 年 10 月 1 日起施行。2004 年 4 月 30 日公安部发布的《机动车登记规定》（公安部令第 72 号）同时废止。本规定实施前公安部发布的其他规定与本规定不一致的，以本规定为准。

参 考 文 献

［1］韩建保．旧车鉴定及评估［M］．北京：高等教育出版社，2004.

［2］李天明，明平顺．旧机动车鉴定估价［M］．北京：人民交通出版社，2006.

［3］鲁植雄．二手车鉴定评估实用手册［M］．南京：江苏科学技术出版社，2006.

［4］姜正根．二手车鉴定评估实用技术［M］．北京：中国劳动社会保障出版社，2007.

［5］王永盛．汽车评估［M］．北京：机械工业出版社，2006.

［6］刘仲国，鲁植雄．旧机动车鉴定与评估［M］．北京：人民交通出版社，2006.

［7］王若平，葛如海．汽车评估师［M］．北京：北京理工大学出版社，2005.

［8］Michael Crandell. 事故汽车修理评估［M］．北京：高等教育出版社，2003.